小山重郎［著］

昆虫と害虫

害虫防除の歴史と社会

築地書館

目次

第2章 農薬のヘリコプター散布を減らすために

第3章 沖縄のミバエ類の根絶防除

プロローグ

一九六一年、わたしが秋田県農業試験場に勤めはじめた頃、ある農家の人が研究室にやって来た。

「先生、イネの穂が急に枯れてきたので、持ってきたし」と差し出すイネ株を見ると、穂が白く枯れている。茎を割いて中を見ると、一センチほどの体に茶色の縞のある幼虫が入っている（図）。

「これはニカメイチュウという害虫だよ。イネの茎を食われたので、穂に水が上がらなくなって枯れたんだ」

「せば、なに振ればいいすか」

ここで「振る」というのは薬剤散布のことである。

「そうだな。もう時期が遅いのでＢＨＣでは効かないだろう。ＥＰＮなら効くはずだ」

農家の人は一安心という顔で帰って行った。

この頃は農薬全盛時代で、農業試験場の害虫担当技師のやることは、こうやって害虫の種類を鑑定することと、防除薬剤を教えることであった。

一九六二年に、アメリカの生物学者、レイチェル・カーソンが、有名な『サイレント・スプリング

図　イネの白穂（上）、ニカメイガ幼虫（下）。ニカメイガの幼虫に入られるとイネの穂は白く枯れる

（沈黙の春）』を出版し、二年遅れて日本でもこの本が『生と死の妙薬』（青樹簗一訳）という書名で翻訳され、農薬一辺倒の害虫防除に反省がせまられてからも、農薬への依存は続き、それは現在に至っても大きく変わってはいない。

確かに、農薬の人畜毒性や魚毒性などは改良された。それと、害虫には特定の農薬への抵抗性系統があらわれるため、絶えず新しい化合物が合成されてきた。

また、一九七〇年頃から「総合防除」が叫ばれるようになった。これは、低毒性農薬とそれ以外の害虫防除手段を組み合わせて、害虫を経済的な被害が起こらないレベルに維持しようという考えである。この考え方は、のちに発展して「総合的有害生物管理＝ＩＰＭ」と呼ばれるようになった。そして、農薬以外の防除手段として、性フェロモンや天敵、不妊虫、防虫網や照明条件などの物理的な方法、害虫抵抗性品種など、いろいろな防除手段が開発されてきた。しかし、これらの新しい防除手段の使用は限られており、依然として害虫防除の主流は農薬散布である。

例えば、現在でも、東北地方のほとんどの農家は田植えの前にイネの苗に殺虫剤と殺菌剤を振りまいてから植えつける。これは、田植え後に発生する病害虫の予防のためと言われているが、病害虫の発生の有無にかかわらず、半ば習慣的に行われている。イネの穂が出ると、今度は殺虫剤が無人ヘリコプターから振りまかれる。これは斑点米カメムシ類という害虫が米に斑点をつけるのを予防するためとされているが、その効果については、のちに述べるように限界がある。

今のような農薬が開発される以前には、農業試験場では害虫と作物の栽培条件との関係を調べる研究がさかんであった。例えば、ニカメイチュウは、春に早く植えたイネで発生が多くなる。そこで、イネを意識的に遅く植えることによって、ニカメイチュウの被害を減らそうとする試みが行われてきた。しかし、農薬が開発されると、こうした害虫の生態にもとづく防除の研究は下火になり、農薬によって害虫問題はすべて解決するという考えが起こってきたのだった。

わたしは大学の理学部生物学科で昆虫生態学を学んだ。そこでは、フランスの昆虫学者ファーブルのように、対象の昆虫をひたすら無心に観察することを教えられた。こうした研究は本当に楽しかった。しかし、こうした昆虫の生態の研究をいつまでも続けることはできなかった。

わたしは生活のために農業試験場に就職し害虫係になった。そこで、待っていたのは、最初に述べたような農薬一辺倒の害虫防除であった。わたしはこれに反発し、なるべく農薬にかかわらないような研究をしようとしたが、逃げきることはできなかった。やがて、わたしはカーソンの『沈黙の春』を読み、農薬以外の害虫防除法にひかれて、不妊虫放飼法にたどりついた。しかし、この方法にも限界があることがわかった。

そして最後に得た結論は「害虫は社会が生み出したものだから、社会のありかたを変えなければ、害虫はなくならない」というものであった。

わたしが研究対象とした害虫は、アワヨトウ、ニカメイチュウ、ミバエ類、森林害虫、斑点米カメムシ類などである。

これらの害虫は、もともとは、ただの昆虫であり、自然の片隅で細々と生きていた。ところが、これらの昆虫の餌となる植物を人々が作物として広く栽培するようになったために、餌としての条件や栽培環境がこれらの昆虫にとって好適になった。そのため数が増え、作物にも被害を与えるようになり、「害虫」と呼ばれることになったのである。わたしは、それぞれの昆虫の生態と作物被害の実態を調べ、なぜ害虫になったのか、農薬以外に対処法はないのかを考えてきた。

この本では、その研究の経過を述べてみたい。

そして、「社会はどのように昆虫とかかわっていくべきか」について、考えてみたいと思う。

コラム1

コブアシヒメイエバエの群飛行動——最初の研究

わたしは東京で生まれた。医師だった父は跡を継がせようと思ったのか、わたしを上野の国立科学博物館やプラネタリウムに連れて行ったり、雑誌『子供の科学』を与えたりしたので、わたしは理科好きの少年に育った。

それが、小学校五年生のとき、太平洋戦争による東京空襲を逃れて父の郷里、山形県米沢市に一家で引っ越してからは、野山を自由に駆けまわり、昆虫採集に熱中する「昆虫少年」となった。

そして大学では、父の期待に反して理学部の生物学科に進み、昆虫の生態研究の道に入ったのである。

わたしが入った東北大学生物学教室の教育方針は、「自然を無心に観察して、なにか面白いことを見つけるのが研究だ」というものであった。参考書を最初から読むと先入観にとらわれるし、「世の中の役に立つ研究をしよう」などと思うと観察の眼が曇るというのである。

大学院に進学して、なにかよい研究テーマはないかと探しているとき、ある日、仙台市の柳の街路樹の下で、朝晩におびただしい数のハエが群れ飛んでいるのに出合った。このハエはいったいなにをしているのかという素朴な疑問から、わたしはこれを研究対象に選び観察を始めたのである。

図A　コブアシヒメイエバエ雄成虫

このハエはコブアシヒメイエバエ（**図A**）と言って、雄の中脚にあるコブが特徴である。雄も雌も柳の葉にいるアブラムシが出す甘露を舐めているが、樹冠の下で群れ飛ぶのは雄だけである。雄は互いに追いかけ合っているが、そこに雌が飛びこんでくると、これを捕まえようとしてもつれ合う。しかし多くの雌は空中で離れてしまう。ごく一部の雌が雄と交尾して樹の幹などにとまり、交尾を終えると飛び去る[1][2]。

わたしはこうした行動を観察したあと、いろいろな行動をしている雄と雌を捕まえて解剖し、雄の精巣と雌の卵巣、そして雌が雄から受け取った精子を貯めておく受精嚢内の精子の有無などを調べてみた[3]（**図B**）。

その結果わかったことは次のとおりである。

雄は精巣が成熟して交尾可能になったものだけが樹冠の下で飛びまわる。

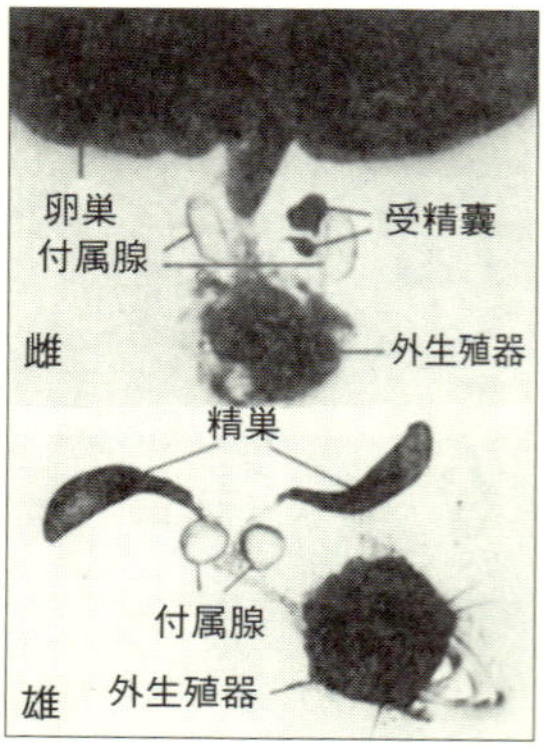

図 B　雌と雄の内部生殖器（小山、1974）

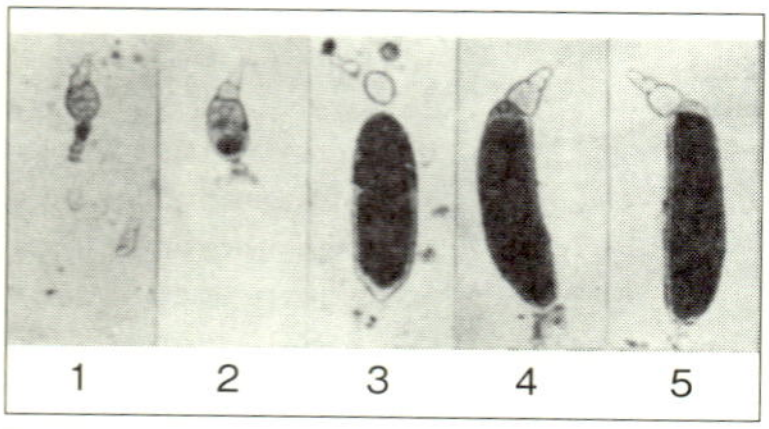

図 C　卵巣小管の発育段階（小山、1974 を改変）

樹の葉にとまっている雌と、樹冠の下に飛び出してきて雄に捕まえられてもすぐに離れる雌は、ある卵巣発育段階（**図C**）を境にして、それ以前は精子をもたず、それ以後のものは精子をもっている。

ところが交尾した雌はその約七〇パーセントが精子をもち、約三〇パーセントが精子をもたない（**図D**）。

わたしはこの結果から、雄を受け入れた雌は、まだ交尾したことのない雌で、はじめは精子をもたず、採集されて強制的に雄から引きはなされるまでに、その約七〇パーセントは精子を受け取っているが、三〇パーセントはまだ精子を受け取っていないのであると解釈した。

つまり、未交尾の雌だけが雄を受け入れ、すでに交尾して精子をもっている雌は雄を拒否して離れるのである。そして、成熟した雄が群れ飛ぶのは、まだ交尾したことない雌を残さず捕まえようとする行動であると考えられた。

ここまでわかったときに、わたしは教室の図書館に行って多くの文献を読んだ。その結果、このような行動は「群飛」と名づけられ、ハエ目に広く見られることを知った。

夏の夕方、軒先などで飛びまわるアカイエカの雄の群れもこの群飛である。[4] 文献の間では、群飛行動と交尾との関連について賛否両論があったが、わたしの研究は群飛と交尾との関連を明らかに示すものであった。

この研究結果は、直接、世の中の役に立つというものではなかった。しかし、わたしがその後、農業試験場に就職して害虫防除の研究をするようになってからも、「まず自然を無心に観察する」という研究態度は、わたしの研究生活の中で一貫したものとなったのである。

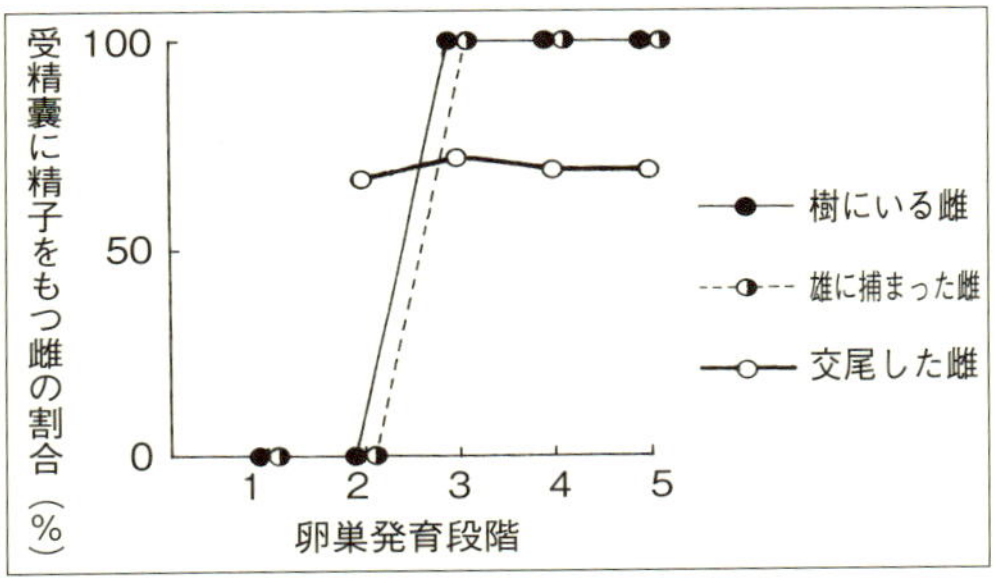

図 D　雌の卵巣発育段階と精子をもつ個体の割合（小山、1974 を改変）

第1章　アワヨトウ大発生の謎

1　秋田県農業試験場

田んぼ作業の春夏秋冬

一九六一年四月、わたしは秋田県農業試験場に就職し、病害虫防除を担当する「病虫科（びょうちゅう）」に配属された。

農業試験場は秋田市の市街地の北のはずれにあり、二年後には建てかえられることになっている古い木造平屋の庁舎の前には、広い試験用の水田が広がっていた。四月とはいえ北国秋田はまだ寒く、研究室の真ん中に置いてある大きいコンクリート製の火鉢の炭火が恋しい頃であった。

病虫科は科長の下に、二名の病害担当の技師と、わたしを含む二名の害虫担当技師がいて、それに研究助手三名、事務職員の一名を合わせて九人という小所帯であった。当時秋田県は耕地の九割が水田という稲作県であり、病害虫試験もほとんどイネに限られていたので、これでも間に合うということであったのだろう。

勤めはじめてからまもなく、「今日は種まきだ！」という号令がかかると、わたしたちは、品種別に袋に入れて、あらかじめ水に浸けて温めた種籾を持って苗代にむかう。

手に取ると、湿って温かい種籾は少し割れて一ミリほどの白い芽が出ている。これをきれいに均して水を張った苗代の泥の上に、品種ごとにむらなく播いてゆく。これが「水苗代」である。また、泥を短冊状に盛りあげて水面から露出させたところに種籾を播き、これをクンタンと呼ぶ籾殻を焼いたもので覆い、その上に油紙をかけて保温する「保温折衷苗代」がある。これはイネの芽が出そろったあと油紙をはずし、水を張って苗を育てる。このほかに、畑に種籾を播いて土をかけ、ビニールをトンネル状にかけて保温する「畑苗代」もある。これは芽が出て葉が伸びるとビニールをはずし、水を張ることなく畑作物のように管理する。当時はこの三種類の苗代が並行的に作られていたのだった。

五月になり苗の葉が五～六枚になると「今日は田植えだ！」という日がくる。畑苗代は五月一五日頃、保温折衷苗代は五月二〇日前後、そして水苗代は五月三〇日頃と、病虫科の田植えの日は毎年決まっていた。その日には研究室の全員が苗代に出て苗を抜き、品種ごとに束ねて試験田まで運ぶ。田植え作業そのものは管理科の女性作業員がしてくれるが、植える試験田の場所をまちがえてはいけないので、苗取りと苗運びは研究員が行い、田植えに立ち会うのであった。

田植えの日、わたしも生まれてはじめての田植えをしてみた。その頃には、まだ水田長靴というものは一般に普及していなかったので、作業ズボンの裾を膝までまくりあげて裸足で田んぼに入った。冷たい水の中のヌルッとした泥の感触。左手に持った苗の束から三本ずつ苗を取りわけて、右手の三本の指でつかみ泥の中にそっと挿していく。どれくらいの深さに植えたらいいのかわからないが適当に挿すと、そのあとにまわりから泥が集まってきて苗は田んぼの中でどうやら立っていてくれた。一週間ほどしてから見に行くと、苗はもう根を伸ばしていて手で引っ張っても抜けてこない。これを苗の活着（かっちゃく）という。これを見て自分にも田植えができるのだと思って嬉しくなった。

就職するときに指導教授の加藤陸奥雄（むつお）先生に「イネの害虫を研究するなら、まずイネの勉強をしなさい」と言われていたので、わたしはこの教えを守ろうと思った。

少年時代、米沢の自宅の裏には自家用の小さい野菜畑があって、そこから細い水路を一本へだてて、広いひろい水田が遠くの山際まで続いていた。三月、雪が降りやむと、山際の農家から堆肥を積んだ馬橇（ばそり）が何台も出てきて雪の上に黒い山を作っていく。雪が解けると、この堆肥を田んぼに振りまき、そのあとを馬が引く鋤（すき）で耕す。やがて田に水が入り、牛を使って泥を均す代掻（しろか）きをする。そのあとたくさんの女の人が並んでする田植え。日に日に苗は伸びて夏の日差しを浴びて大きく繁り、やがてイネの穂が出そろい、秋には黄金色に稔る。そしてみんなでするイネ刈り。刈り取ったイネは田んぼに並べたたくさんの木の杭（くい）にかけて天日乾燥される。イネが乾くと、馬車で農家の納屋に運ばれて脱穀され米になる。やがて雪が降ってきて一年の稲作作業が終わる。この風景は、少年のわたしの頭に染みついていた。

わたしが就職した一九六〇年頃には、牛馬に代わって耕耘機（こううんき）がようやく普及し出したばかりで、稲作の姿は、わたしが少年時代に眺めていたものと、そう大きく違うものではなかった。しかし、それを実際に自分でやる立場になると、まさに「見るとやるとは大違い」であった。

田植えが終わると、畦の草刈りや除草、イネ刈りなどは管理科でやってくれるが、田んぼを見まわって水の深さを調節するような、細かい水田管理作業は研究室でやらなければならない。「新入り」のわたしはこの水管理をまかされた。

毎朝出勤すると、まず試験田に行く。水が少なくなっていれば、「水口」という水の取り入れ口を開けて水路から水を入れる。大雨で水が多くなりすぎれば、「水尻」という排水口を開けて余分な水を流し出す。一時間ほどたつとまた田んぼに行き、「水口」や「水尻」を閉めなければならない。苗が大きくなるまで一日中気が休まるときがない。でも、毎日田んぼに行ってイネがスクスク育っていく姿を見るのは楽しい仕事でもあった。

病害虫発生予察情報を出す

病虫科の仕事は大きく言って二つある。その一つは、今年のイネの病害虫が多いか少ないかを調べて「病害虫発生予察情報」を出すことである。気象台の病害虫版と言ってもよいだろう。これは国の「病害虫発生予察事業」[1]の一環として行われた。

そのために、試験田の一角に「発生予察田」と言って、農薬をいっさい撒かない水田を作り、毎日午前一〇時に捕虫網で五〇回往復のすくいとりをする（232ページ図6-5参照）。取れた虫は研究室に持ち帰り、その中の害虫の種類と数を記録する。取れる害虫の種類は、イネドロオイムシ（和名はイネクビボソハムシ）、イネハモグリバエ、イネヒメハモグリバエ（イネミギワバエ）、イネカラバエ（イネキモグリバエ）、セジロウンカ、ヒメトビウンカなどの成虫である。

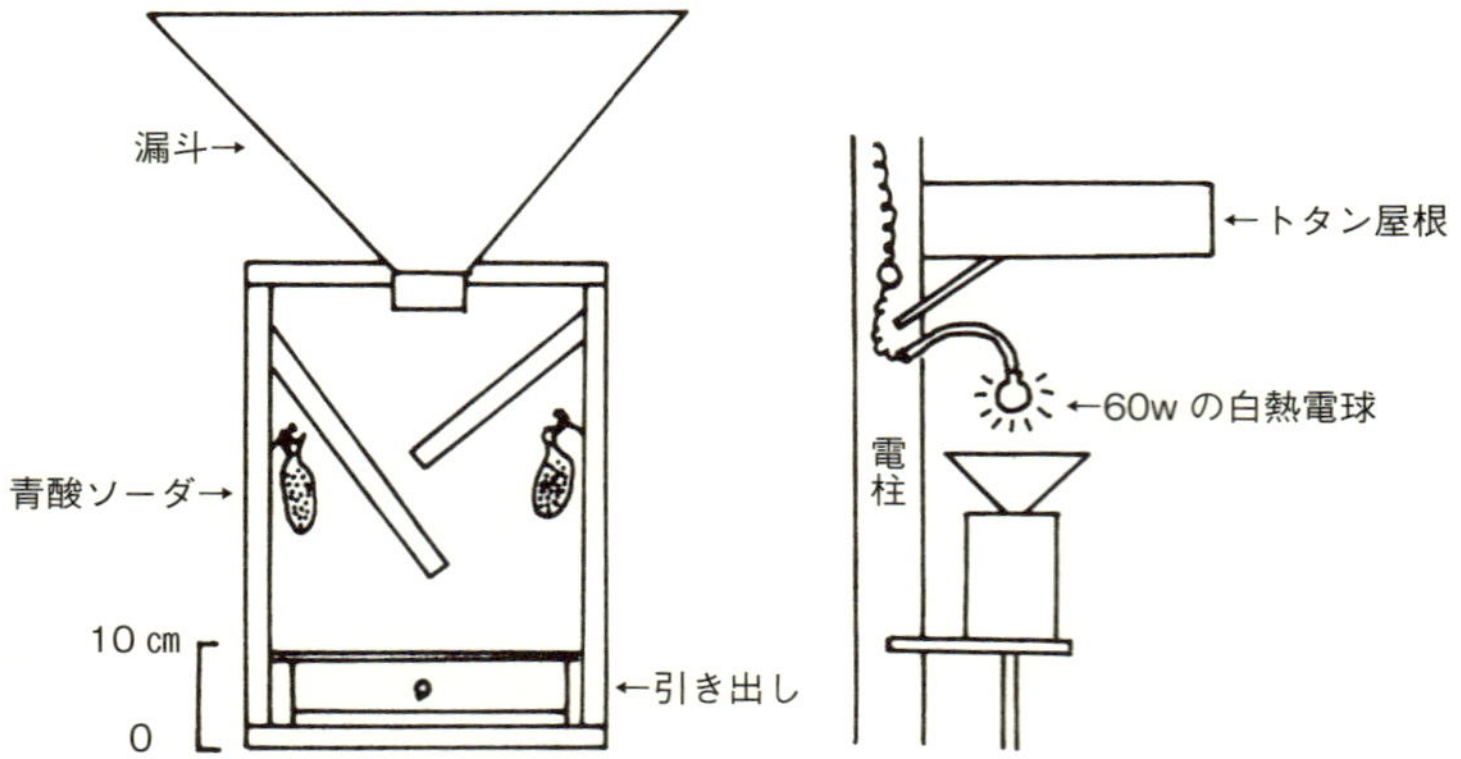

図 1-1　予察灯（農林省農政局、1965 を改変）

もう一つの調査法として「予察灯（よさっとう）」（図 1-1）がある。これは田んぼの一角に電柱を立て、六〇ワットの白熱電球を取りつけ、その下に大きい漏斗のついた箱を置く。箱の中には毒薬の青酸ソーダの結晶を入れた袋が吊るしてある。夜、電球の光に集まった虫は漏斗から箱の中に落ちて青酸ソーダから出る青酸ガスで殺される（青酸ソーダは危険なので、今では人に無害な揮発性の殺虫剤に変わっている）。

毎朝この虫を持ち帰り、その中から害虫だけを拾い出して種類と数を記録する。予察灯で取れる害虫はニカメイチュウ（ニカメイガ）、イネアオムシ（フタオビコヤガ）、セジロウンカ、ヒメトビウンカなどの成虫であった。こうした調査は五月から九月いっぱいまで毎日続けられ、休日も交代で当番が出勤しておこなった。

そのほか、予察田では定期的に決まった数のイネ株を調べて、イネの病気や害虫の数を調べる。「いもち病」や「もんがれ病」、イネカラバエ（イネキモグリバエ）の卵などは、こうした方法で調べられた。

秋田県では当時県内八カ所に発生予察田を置き、「地区予察員」という肩書きをもった専任の県職員が同じ調査をやってきた。これに対して、病虫科には「県予察員」がいて「予察本部」となる。すべてのデータはこの予察本部に集められ、その年の気象予報などとあわせて「病害虫発生予察情報」を定期的に出す。これを病虫科の事務職員が謄写版（とうしゃばん）で印刷し、みんなで手分けして封筒に入れて、農林省（現・農林水産省）や県内の全市町村、農協、報道機関などに発送する。ある病害虫の大発生が予想されるときは、その緊急度に応じて、「発生注意報」や「発生警報」が発せられる。したがって県予察員にとっては、これも一年中気の抜けない仕事なのであった。

農薬の効果試験

病虫科の、もう一つの仕事は病害虫の防除法の開発と農家への指導であった。ただ、当時の防除法は農薬散布が主であったから、それは新しい農薬の効果試験だけと言ってもよかった。

当時、秋田県のイネの最大の病気は「いもち病」であり、害虫はニカメイチュウであった。「いもち病」には有機水銀剤、ニカメイチュウにはＢＨＣとパラチオンという農薬が使われてきたが、どちらも毒性が強かったので、やがて使用禁止となり、これにかわる各種の低毒性の農薬が農薬会社で開発されるようになった。こうした農薬は、その効果が農業試験場で確認されなければ、国によって農薬登録されず、農家にすすめることもできない。そこで毎年開発される農薬の効果試験が病虫科の大きな仕事となっていた。

農薬効果試験は、試験場内の試験田や付近の農家から借りた水田で春から夏まで続けられる。これは水田を小さく区切って、薬を撒いたところと撒かないところを作り、その後の病気の発生程度や害虫の数を数えて比較して薬剤の効果を判定する。

わたしも害虫担当の先輩技師の薬剤試験を手伝って忙しく働いた。夏の炎天下に、農薬の液剤や粉剤を水に溶かして散布器具で水田に撒く作業は苦しいものであった。低毒性になったとはいえ農薬は有毒である。これを広い田んぼで汗まみれになって散布している農家の苦労がしのばれた。

八月に入るとイネの穂が出はじめる。旧暦のお盆も過ぎた頃、恒例の「農業試験場参観デー」が行われた。この日には全県からたくさんの農家が集まってきて、今年はどんな新しいイネの品種ができたか、新しい栽培法はないかと試験田の畦を見てまわる。庭にはテントがけの農事相談所も開かれて、病虫科では農家が持ってきた病気にかかったイネや害虫を見ては新しい農薬の使い方の説明に追われるのであった。

ようやく秋になった。試験田のイネ刈りは管理科でやってくれるが、これに立ち会い、刈り取った田んぼに立てた杭に、品種や試験区の札をつけたイネ束をかけていく。これがよく乾燥すると、秋の晴れた日に「イネあげだぞー」という号令がかかり、研究室総出で乾いたイネ束を収納舎（しゅうのうしゃ）という建物に納める。やがて秋雨がみぞれに変わり、そして鉛色の空から降ってくる雪に秋田地方は半年閉じこめられるのであった。あとは冬の間、イネ束から籾をはずす脱穀と、籾から玄米を取り出す籾摺（もみす）りをして、試験区ごとに玄米の重さを量ってデータとして記録すると、一年の仕事はようやく終わるのであった。

わくわくするような研究がしたい！

こうして勤めて最初の忙しい一年が過ぎた。ホッとすると同時に、わたしの中にはなにか物足りなさが残った。発生予察事業も農薬の効果試験も秋田県農業にとって確かに大切な仕事にはちがいない。しかし、それはある意味で型にはまった「業務」であった。

わたしは大学にいたときのように、害虫の生態の謎を解く、なにかわくわくするような「研究」がしたかったのである。給料をもらっていてそれをしたいというのは贅沢かもしれない。しかし、少年の頃からつちかわれてきた研究心は今の仕事だけでは満たされないことを感じていたのであった。

それに気がついていたのであろう。ある日、病害担当の先輩技師である小林次郎さんが、「農業試験場の仕事はどうですか。君は大学で研究をしていた人のわりには農作業もよくやってくれるのでみんなが喜んでいるよ。でもそれだけでは少し物足りないのではないかな」と言ってくれた。

「じつはそうなんです」というわたしに、小林さんは、「秋田県の害虫にこの頃少し変わったことがあるんだよ。その一つは、ニカメイチュウという一年に二世代発生する害虫が、以前は田植え後まもない時期の第一世代が多く、第二世代つまりイネの穂が出てからの時期には発生が少なかったのが、この頃第一世代が少なく、第二世代が多くなったことだ。二つ目は、イネアオムシというイネの葉を食う害虫が増えたこと、そして三つ目はアワヨトウだ」。

アワヨトウはその名のとおりアワやトウモロコシのようなイネ科の畑作物の葉を食う害虫で、水田のイネにはこれまでほとんど出ることがなかった。まれに水害跡のイネに発生することはあったのが、最近では、水害とまったく関係のない水田に毎年発生するようになったという。

小林さんは「この三つの問題について、どれか研究してみたいものがあったら、科長に話してあげよう」と親切にすすめてくれたのである。わたしは嬉しくなって、少し考えたあと、「アワヨトウが、いちばん謎が多いように思うので、この虫を調べてみたい」と答えた。

2 アワヨトウはなぜ増えたのか

アワヨトウとはどんな虫か

アワヨトウはその名のとおり、アワやトウモロコシ、ムギなどイネ科の畑作物の害虫であり、水田のイネにはあまり発生しなかった。成虫は体長二センチぐらいの淡褐色のガで、前翅(ぜんし)に淡白色の二つの斑紋(はんもん)があるのでほかのガと区別できる(**図1–2**)。卵は枯れ葉の隙間などに数十個がまとめて産みつけられる。卵から孵化(ふか)(卵から幼虫が出ること)した幼虫は細長いイモムシではじめは淡黄色であるが、大きくなるにつれて暗緑色に変わる(**図1–3**)。

アワヨトウという名前を漢字で書くと「粟夜盗」となる。夜盗とは幼虫が昼は植物の根元でじっとしているが、夜暗くなると植物の上に登ってきて葉を食うところからきている。このような性質をもち○○ヨトウの名前をもつ虫はほかにも多い。

アワヨトウが大発生して幼虫の密度(一定面積当たりの虫の数)が高いときには、幼虫の体の色が黒くなり、昼間でも葉に登ってきて食うようになる。幼虫が小さいうちは、葉を食う量が少ないので目立たないが、育ちきると長さが五センチほどになり、食欲旺盛で、ひどいときには葉の軸だけを残して作物を丸坊主にするので、はじめて気がつき大騒ぎになる。しかしそのときはもう手遅れだ。薬をかけて幼虫は死んでも、食われた葉はもどらない。こういうときには幼虫は一株に何十匹もいて、葉を食いつくした畑からぞろぞろと行列をなして、まだ食っていない隣の畑に移動する。

その姿が軍隊の行進のように見えるところから英語では、このような行動をとるヨトウ類のことをアーミー（兵隊）・ワーム（イモムシ）と呼ぶ。成長しきった幼虫は株元や浅い土の中で蛹になり、やがて成虫となって飛び去っていく。

図1-2　アワヨトウの成虫（安田慶次氏撮影）

図1-3　アワヨトウの幼虫（石谷正博氏撮影）

このように幼虫の密度が低いときには目立たない虫だが、密度が高くなると凶暴になる性質は、アフリカなどで大発生する「トビバッタ」と似ている。

「トビバッタ」については、ロシアのウヴァロフという学者が詳しく研究した。それによると、通常の低い密度ではバッタの色が淡く、翅もあまり長くなく「孤独相（こどくそう）」と呼ばれるが、発育条件がよいと密度が高まり、色が濃く、翅が長くなり「群棲相（ぐんせいそう）」と呼ばれる。そして、たくさんの虫が地上を行進し、空を覆うように飛んで移動しながら草木を食いつくす。同じ種類の虫がこのように条件によって体の形や行動まで変えることをウヴァロフは「相変異（そうへんい）」と呼んだ。

アワヨトウを研究した京都大学の巌俊一（いわおしゅんいち）さんは、幼虫を小さい容器に一匹ずつ入れたものと、一〇匹ずつ入れたものとを作り、ムギの葉で飼ってみた。そうすると、一匹入れた場合は幼虫の体の色が淡く、不活発で暗所を好み夜間に餌を食うのに対し、一〇匹入れて飼ったものは、色が黒くなって昼も活発に餌を食うようになった。これはアワヨトウの野外での密度による性質の変化を再現したものであり、これも一種の相変異であると結論した(2)。

アワヨトウは水田のイネに発生することはまれであったが、大雨が降って洪水になり、水浸しになった水田の跡地で大発生することがあった。こうしたことから、川の上流で産まれた卵や幼虫が洪水で押し流されて水田に集まったのではないかという説が生まれたが、確かなことはわからなかった。それが秋田県では、洪水とはまったく関係のない水田で頻々と大発生が起こるようになったので、その原因を明らかにして大発生を未然に予測しようというのである。

こうして、わたしの研究テーマは、「アワヨトウの発生予察」という課題で、病虫科の発生予察事業の一環として正式に認められたのであった。

秋田県での過去の大発生

わたしが最初に取り組んだのは、秋田県内の水田での過去のアワヨトウの大発生記録を調べることであった。それと同時に秋田気象台に行って降水量と水害の記録も調べた。これによって、水害とアワヨトウの大発生の関係がどうなっているかを確かめてみようとしたのである。

記録を調べると、水田でのアワヨトウの大発生は一九一二年、一八年、二三年、三二年、三五年、四〇年、四七年、五二年、五三年、五五年と、とびとびの年に起こっていて、その場所はほとんどが秋田県南の由利郡であった。ここに芋川という氾濫しやすい川があり、そこで水没した水田の跡地で大発生が起きていたのであった。ところが一九五五年頃を境に様相は一変する。それ以降は、大発生は毎年県内のどこかで起こるようになり、それも水害とはまったく関係のない水田や畑で起きているのであった。

では、アワヨトウは一年のうちいつ頃発生するのであろうか。記録によれば、秋田では年に二回発生して、第一世代は六月中旬~七月上旬に牧草などで幼虫が発生し、第二世代は七月下旬~八月中旬に水田で幼虫が発生する。この第二世代の幼虫が蛹になり、羽化（蛹から成虫が出ること）した成虫はどこに行ったのかまったく見られなかった。それが、一九六一年の一一月に、当時干拓中だった秋田県の八郎潟の堤防の牧草に幼虫が大発生したことから、第三世代の発生もあることがわかった。

わたしは、春から夏まで苗代や水田で成虫や幼虫を採集し、これにムギの葉などを与えて飼育した結果、秋田県では一年にアワヨトウが三回発生する可能性があることを確かめた。しかし、八郎潟干拓地で発生した幼虫は、その後蛹にまではなったものの、翌年春に見に行くとみんな死んでいた。おそらく冬の寒さに耐えられなかったのであろう。となると、春にあらわれる第一世代幼虫の親の成虫は、いったいどこから来るのだろうか。それが謎であった。

大発生の現地を見に行く

わたしは、アワヨトウの大発生の原因をさぐるには、どうしても発生している現地を見なければならないと思った。そこで、アワヨトウが大発生したという知らせが地区予察員から入ると、取るものもとりあえず現地に出かけた。

当時はまだ農業試験場に自動車が一台しかない時代である。もちろん自分で運転もできないから、朝早く電車に乗って最寄りの駅まで行き、そこで待っている担当の地区予察員の一二五CCのバイクの後ろに乗せてもらって現地にむかう。

アワヨトウが大発生している現地の水田に行くと、すべての水田が一面に丸坊主というわけではない。被害のひどい水田は例外なく葉の緑色が濃く、多くの場合いもち病にかかっていた。隣り合った水田でも葉の色が淡いイネでは被害が軽いことに気がついた。イネは一般に窒素肥料を多く施すと、葉が柔らかく緑色が濃くなる。そしていもち病などの病気にかかりやすくなる。どうも大発生の原因は窒素肥料ではないかと思った。

そこで秋田県の農林統計から、過去の秋田県内への窒素肥料の入荷量を調べてみた。秋田県は耕地の九割が水田であり、耕地面積にはあまり変動がなかったので、窒素肥料の入荷量が水田への投入量を代表すると考えてよい。

図1–4に示すように、窒素肥料入荷量は一九五三年頃から増えはじめ、年々増加して一九六一年頃から横ばいとなったが、これまでにほぼ二倍に増えている。このように水田に施す窒素肥料が増えた時期と、水害に関係のないアワヨトウの大発生が起こるようになった時期は、ともに一九五五年頃でほぼ

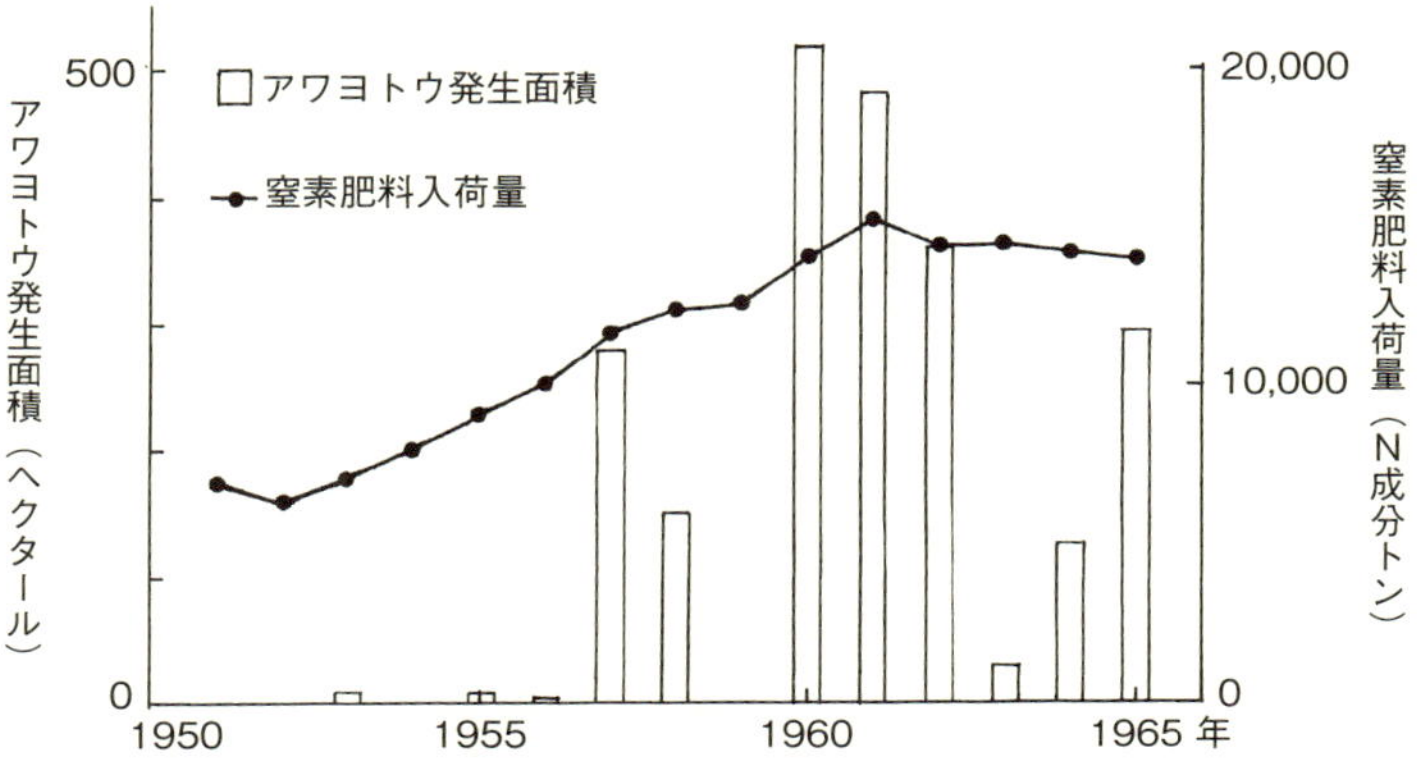

図 1-4　秋田県のアワヨトウ第 2 世代発生面積と窒素肥料入荷量の推移（小山、1966 を改変）

一致していたのであった。

一九五五年頃から起こった、水害と関係のないアワヨトウの大発生の頻発は、水田に窒素肥料を多く施すためではないだろうか。しかし、それは単なる並行的現象であるという人がいるかもしれない。もっと直接的な証拠がほしいとわたしは考えた。

窒素肥料との関係を調べる

わたしは現地調査のときに採集したアワヨトウの幼虫を持ち帰り、実験室で草を与えて飼育した。やがて蛹から成虫が羽化してきたので、これに卵を産ませた。自然では、卵は枯れ葉の隙間などに多く産まれるというので、パラフィン紙を細く折り重ねて、成虫を入れた網カゴの中に入れてやった。そうすると、雌が紙の隙間に卵をたくさん産んでくれる。一方ではイネの苗を鉢植えにして、これに通常の量の窒素肥料を与えたものと、三倍の量の窒素肥料を与えたものとを用意した。そして、肥料が効いてきた頃をみはからって、アワヨトウの卵を一株に一〇〇個ずつ葉につ

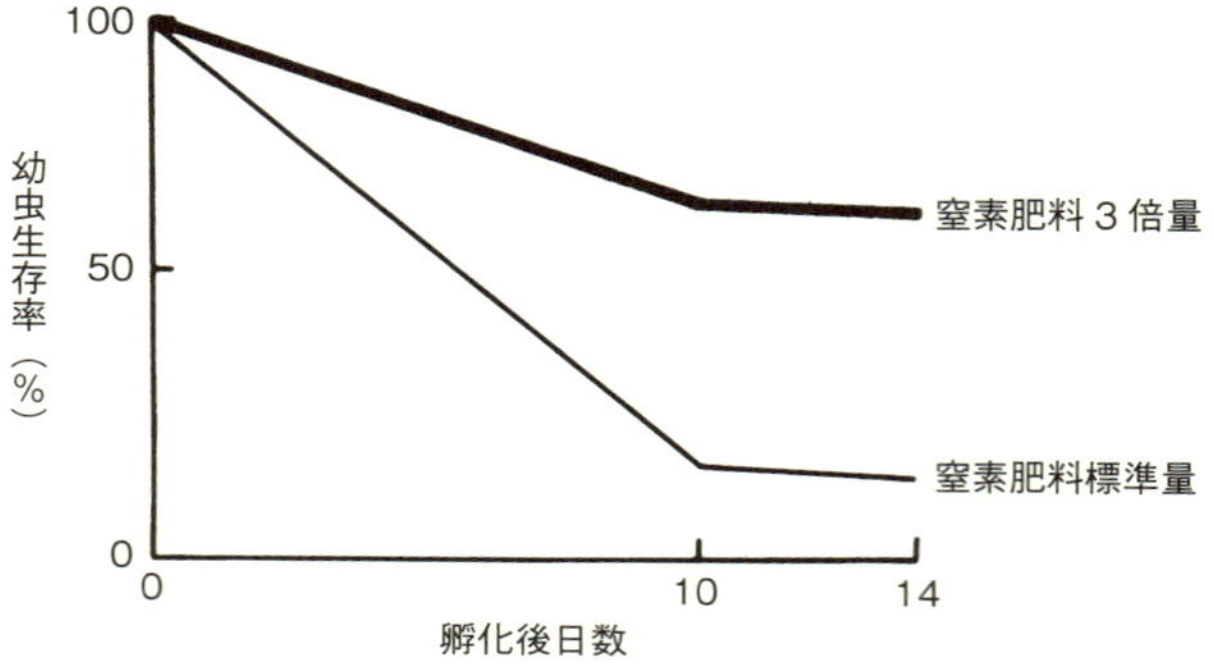

図 1-5　イネの窒素肥料とアワヨトウ幼虫の生存率（小山、1966 を改変）

けてやったのである。このとき、三倍の窒素肥料を与えたイネの色は普通のイネよりも濃い緑色になっており、若い柔らかい葉がたくさん出ていた。

卵は三日後にすべて孵化して幼虫になったので、それから一〇日後に幼虫を数えてみた。そうすると**図1-5**に示すように、通常の量の窒素肥料を与えたイネでは多くの幼虫が死んで一八・七パーセントしか生き残っていないのに対して、窒素肥料を三倍与えたイネでは幼虫の六五パーセントが生き残っていた。卵が孵化してから一四日後でも、生き残っている幼虫の数にはあまり変わりがなかったので、今度は幼虫の体重を量ってみた。そうすると、普通の窒素肥料のイネの場合、その平均体重は約七〇ミリグラムであるのに対して、窒素肥料三倍のイネでは平均約一三〇ミリグラムであった。窒素肥料を多く施したイネでは幼虫の発育もよかったのである。

この実験から、通常のイネでは多くの幼虫は若いうち死んでしまうのに対し、窒素肥料を多く与えると、生き残るアワヨトウ幼虫が多くなり、その発育もよくなることが明らかになった。そこで、秋田県の農林統計から見たように、窒素肥料が水田に多く施されるようになったことがアワヨトウ幼虫の発育をよくして、一九五五年頃からアワヨトウの水害と関係のない大発生が起こるようになったのだとわたしは確信したのである[3]。

それでは水害跡にアワヨトウが大発生したのはなぜなのだろうか。イネは長く水没すると弱って枯れはじめる。しかし水が引くと、再生しようとして新しい葉を出す。このとき出る若い柔らかい葉が幼虫の発育に適していたのだろう。わたしは、鉢植えにしたイネの株を貯水池に一〇日間沈めて、枯れたイネ株から再生した葉に卵をつけてみたところ、案の定、幼虫の発育がよくなった。また洪水と一緒に運ばれてきた泥の中には窒素肥料分が多く含まれていたのかもしれない。窒素肥料を多く与えたイネと、ある期間水没したイネは、アワヨトウにとって似た条件にあったのではないかとわたしは考えた。

しかし、この研究結果をアワヨトウの発生予察のために実際にどう役立てるかということになると、問題はまったく解決していないのであった。それは、「いつどこでアワヨトウの大発生が起こるか」がまったくわからなかったからである。

3 アワヨトウはどこから来たのか

大発生は狭い範囲で起こる

アワヨトウの発生予察をするには、まだまだ研究が必要だと考えたわたしは、次の二つのことを始め

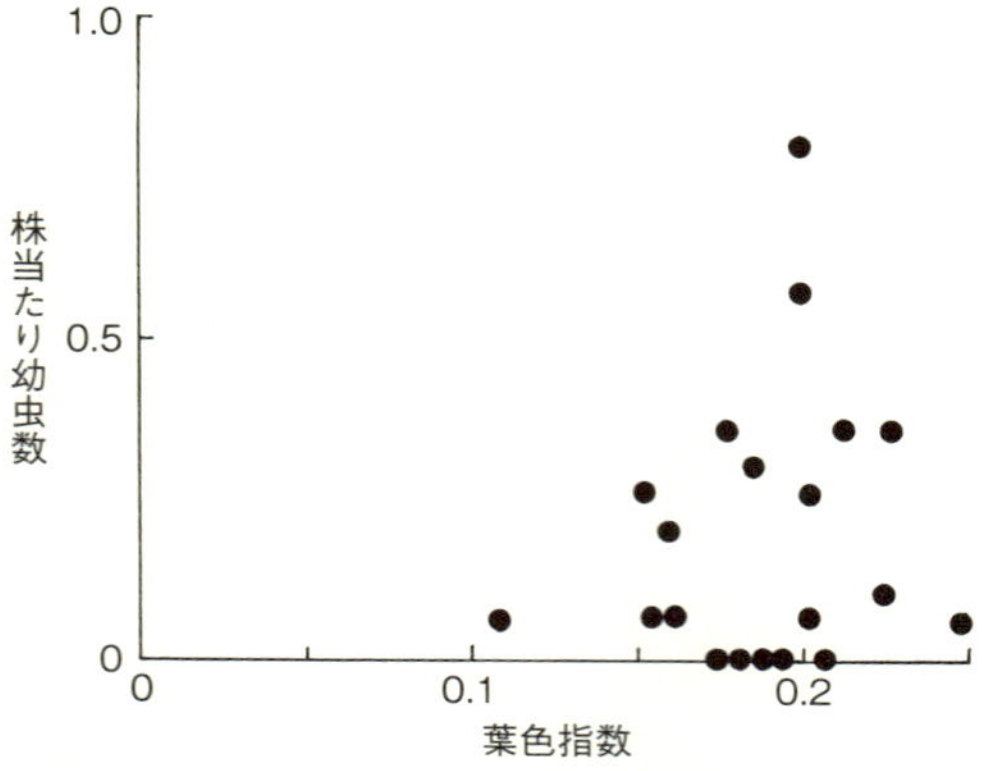

図1–6　イネの葉色指数とアワヨトウ幼虫密度の関係（小山、1966）

た。一つはアワヨトウの大発生した現地をもっと詳しく観察することである。もう一つは、アワヨトウが大発生した場所の記録を全国的に集めることであった。

まず現地調査であるが、わたしは毎年二～五カ所ほどの大発生地点の現地を見に行った。その多くは八～九月にかけてイネの穂が出たあとの水田であったが、大発生の起こった水田だけでなく、その周囲一キロくらいの範囲を見ることを心がけた。そうすると、大発生が起こっているのは、せいぜい二〇〇～三〇〇メートルの範囲内であった。そのまわりでは、たとえイネの葉の色が濃くても被害がなく、幼虫や蛹の密度も低いのであった。

わたしは一キロくらいの範囲内のいろいろな場所で幼虫とともにイネの葉を切りとって持ち帰り、メチルアルコールで葉緑素を抽出して、その濃度を「比色計（ひしょくけい）」という機械で調べて「葉色指数」を計算し、その場所の幼虫の密度と比べてみた。**図1–6**に示したように、葉色指数が低い（葉色が淡い）と幼虫は少ないが、指数が高い（葉色が濃い）と幼虫が多い場合と少ない場合がある。つまり、葉の色が濃いことは、アワヨトウが多くなるために必要な条件ではあっても、それだけでは十分でないということであった。

ある年には、春に果樹園の下に生やしている牧草にアワヨトウが大発生した。そのときには、この幼虫を食いに集まったムクドリの大群のとまった電線が切れそうだったことを覚えている。また、秋にトウモロコシ畑に出たこともある。いずれの場合も、同じような条件の場所が連続しているのに、アワヨトウの被害は二〇〇～三〇〇メートルの範囲内だけに集中していた。

　こうした調査は地区予察員のバイクの後ろに乗せてもらって、ぐるりと現地を一回りして帰るというやりかたで行った。それは忙しい予察員への遠慮もあったからである。しかし、これでは自分の思うとおりの観察はできない。もっと詳しい調査をしてみたいと思っていたところ、一九六六年八月三一日に、秋田県北部の八森（はちもり）町浜田（はまだ）（現・八峰（はちみね）町八森浜田）地区でアワヨトウの大発生が起こったという連絡を、担当地区予察員からもらった。そこでわたしは、翌九月一日に現地にむかった。

　浜田地区は海岸と山に挟まれた幅一キロ、長さ一・五キロほどの狭い小盆地で、そこに二〇アールごとに区画整理された水田が整然と並んでいた。この盆地の真ん中を五能（ごのう）線が走っている。そして水田地帯の西側は海岸沿いの人家をへだてて日本海に面していた。

　まず水田の山側にある小高い場所から見下ろすと、イネはすでに穂を垂れていたが、アワヨトウが発生してイネの葉が食われた場所は田んぼの色が変わっているのですぐにわかった。それは水田地帯の南三分の二ほどの範囲であった。次に田んぼにおりて被害の激しいところへ行くと、そこには黒くなった大きい幼虫と葉をひどく食われたイネがあった。その様子は、これまでわたしが見てきたどの大発生地点とも同様であった。わたしは、この場所をもっと詳しく調べてみようと思った。

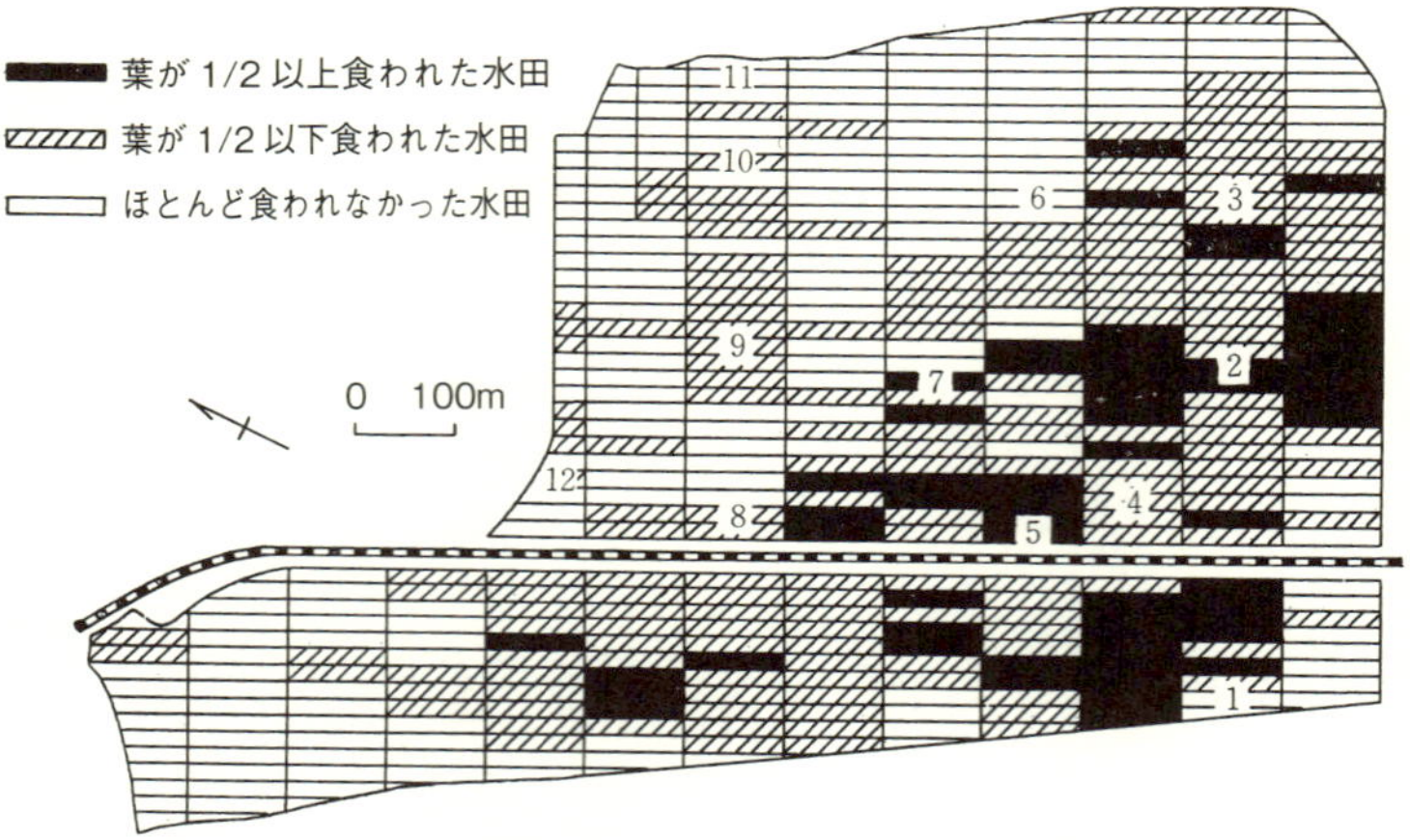

図 1–7　秋田県八森町浜田地区のアワヨトウ大発生状況。番号は幼虫、蛹、イネの葉の採集地点（小山、1970）

再び八森の大発生地点へ

一日おいた九月三日、朝一番の電車に乗って、再び八森町に向かった。現地に着くやいなや、わたしは小走りに田んぼの畦をめぐりはじめた。この日一日かかっても浜田地区のすべての田んぼを調べてみたいと思ったからである。

そして、アワヨトウによってイネの葉の面積が「半分以上食われた水田」「半分以下しか食われていない水田」「ほとんど食われなかった水田」を区別して地図に記録していった。

水田の数はおよそ四〇〇枚あった。朝から歩きはじめ、昼飯も歩きながら食べるという具合で、一日中、田んぼの畦を走りまわり、全部の田んぼをめぐりおわる頃には夕日が日本海に沈もうとしていた。

図1–7はそのとき作った地図である。アワヨトウが多い場所は山の上から見たように南三分の二ほどである。しかし、その中には被害が多い水田と少ない水田が入り混じっている。北部には被害がほとんどない

水田が多いが、ここでも少し被害の出た水田が混じっている。この地区全体の一二地点から持ち帰った葉の葉色指数と、そこでのアワヨトウの幼虫と蛹の密度との関係を調べてみた。そうすると南三分の二では色が濃い水田でアワヨトウ幼虫が多く、色が淡い水田では幼虫が少ない。しかし、北三分の一では、葉色が濃い水田でも、淡い水田でも幼虫の数は少なかった[4]。

このことは南三分の二の水田ではアワヨトウの卵が多く産まれたが、そのうち葉色の濃い水田で幼虫の生き残りが多く、葉色が淡い水田では生き残りが少なかったと考えられる。しかし北三分の一の水田ではもともと産卵が少なかったので、葉色の濃い水田でも幼虫が少なかったのであろう。

結論として、「浜田地区の水田地帯の南三分の二に、なんらかの理由で卵が多く産まれた」と言えるのであった。

卵を産むのは成虫である。あれだけの被害を出す数の幼虫をもたらすためには、かなりの数の成虫がどこからか飛んできたと考えるべきであろう。この年、秋田県内で大発生が起こったのは、浜田地区一カ所で、ほかに、どこにも大発生の報告はなかった。そうして見ると、浜田地区の水田に卵を産んだ大量の成虫はいったいどこから来たのだろうか。どこか遠いところから飛んできたと考える以外にはない。

ここまで考えたときに、わたしはイネ害虫ウンカの研究者である岸本良一さんの研究を思い出した。ウンカ類には、セジロウンカとトビイロウンカの二種類がいて、西日本の稲作の大害虫である。どちらも五ミリほどの小さいセミのような形をした虫でイネの茎から汁を吸う。その被害は江戸時代から記録されていて、享保一七（一七三二）年に西日本で起こったウンカの大発生では、二六〇万人もの餓死者が出たという。昭和時代に入るとウンカ類はほとんど毎年のように発生し、昭和一六（一九四一）年の大発生の激しさによって、先に述べた「病害虫発生予察事業」が始められたのである。そこでは、このウンカ類が日本で冬越しするかどうかが大問題であった。

岸本さんは当時有力だった「ウンカ国内越冬説」に反対して、「ウンカ海外飛来説」を唱えた人である。岸本さんの研究によると、ウンカ類は、梅雨時に梅雨前線上に発生する低気圧の南側を吹く強い偏西風に乗って、中国大陸から日本に飛んでくるというのである。この海外飛来説が正しいということが決定的になったのは、潮岬(しおの)南方約五〇〇キロの洋上にいた気象観測船に大量のウンカ類が飛び降りたからであった。[5]

ウンカ類はあるとき忽然と発生して大被害を与えるところがアワヨトウとよく似ている。わたしはアワヨトウもこのウンカのように中国大陸から飛んでくるのではないかと考えたのである。

全国のアワヨトウ大発生のデータを集める

それにはまず、アワヨトウの大発生が全国的にどこで起きていたかを知る必要がある。わたしは、全国の農業試験場あてに、過去にアワヨトウの大発生が起こった時期と場所の記録を送ってくれるように秋田県農業試験場長名で手紙を出した。その結果一九六〇〜一九六八年までの全国で大発生の起こった時期と場所の記録が集まった。[4]

図1-8に示すように全国の地図に、この発生地点を一つひとつ記していくと興味ある結果が出た。それはアワヨトウの大発生は全国的に毎年どこかで起こっているが、発生の少ない年と多い年がある。少ない年には大発生地点は浜田地区のように孤立しているが、大発生地点の多い年には、大発生の起き

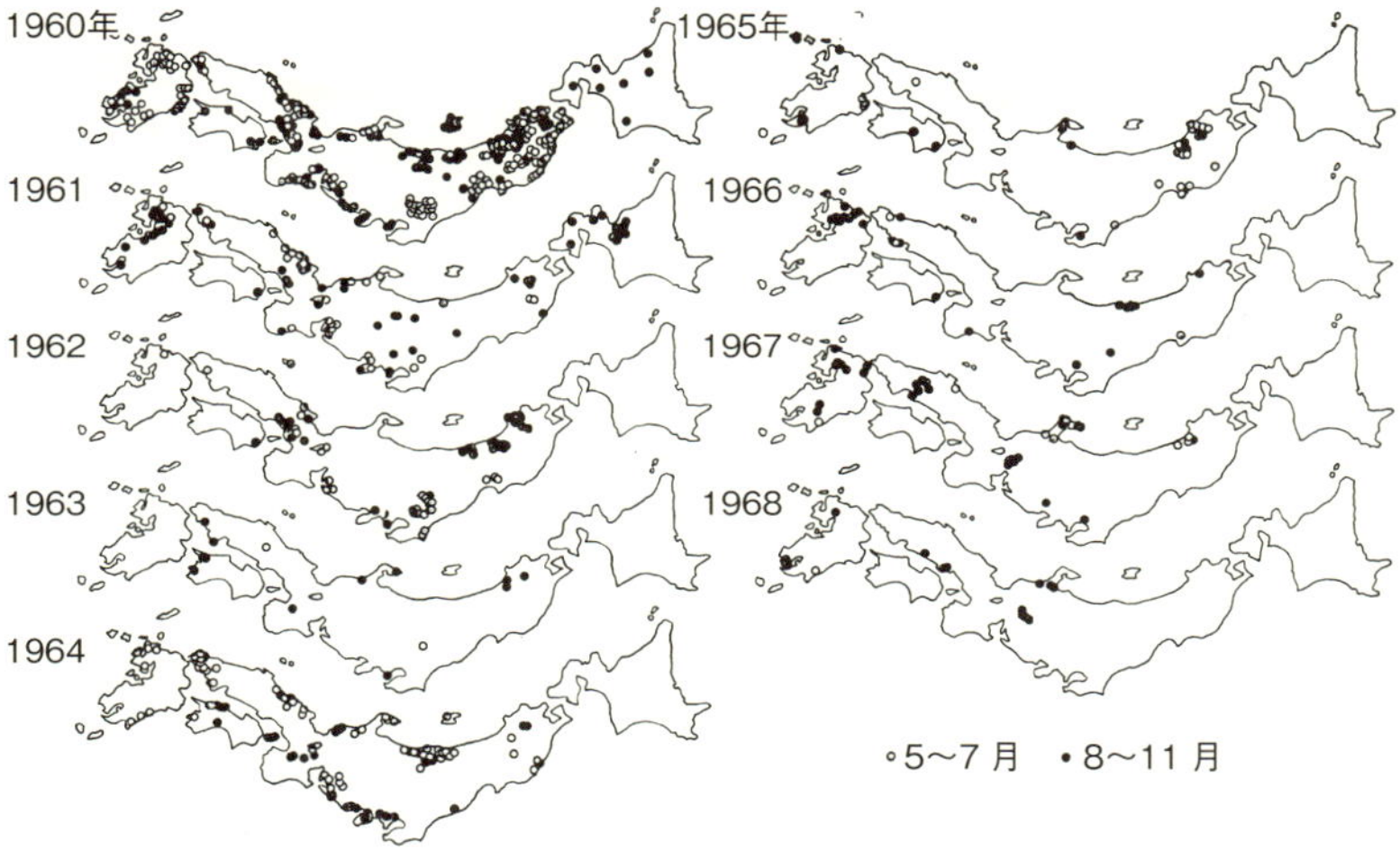

図 1-8　全国のアワヨトウ大発生地点（小山、1970）

た場所がある範囲に集中しているということであった。

その典型的な例は一九六〇年、一九六二年の東北地方で、大発生地点は帯状に一列に並んでいる。また、一度大発生した場所と同じ場所に、その成虫がもとになった次の世代が引きつづいて大発生することはなかった。

こうしたことから考えると、大発生を起こすアワヨトウの成虫は、遠くから風に乗って大量に飛んできて、ある広がりをもった地域のところどころに降り立ち、そこで産卵し、もしそこのイネに窒素肥料が多く施されて葉色が濃く柔らかい場合には、幼虫の生き残りがよくなって大発生が起こるという姿が想像できるのである。

中国で続けられていたアワヨトウの研究

この頃、戦前、中国東北部でアワヨトウの研究をしていた苅谷正次郎（かりやしょうじろう）さんから、日本応用動物昆虫学会大会の会場で声をかけられた。彼は、わたしのアワヨトウの論文を読んでいてくれたのである。「わたしは満州（中国東北部）でアワヨトウの成虫が移動しているところを実際に見たのです」と言う。そのときは地上あまり高くないところを多数の成虫が並んでゆっくり飛んでいたのだそうだ。そして、アワヨトウ成虫を集めるためには糖蜜液を使ったという。「残念なことに敗戦で満州から引き揚げるときに、データはいっさい持ち出せなかったのですよ」と悔しそうに語るのであった。

これはのちの話であるが、農林水産省草地試験場の神田健一さんと内藤篤さんは、飼育したアワヨトウの羽化から産卵までの行動を観察したところ、蛹から羽化した成虫は雄も雌も二日目から蜜を吸う。蜜を吸わないと雄は交尾ができず、雌は卵巣が発達せず、したがって産卵もしないことがわかった。[6][7]また、北海道農業試験場の斉藤修さんと北村實彬（ちかよし）さんは一九八七年六月に、札幌にある試験場内の牧草地で大発生したアワヨトウ幼虫から出た成虫が、近くのシナノキの花に多数群がって蜜を吸っていることを観察した。[8]これらの成虫には雄も雌もいたが、雌はまだ交尾していないし（体の中に雄の精子が見られない）、卵巣も発育していなかったという。

このように蜜を吸うことはアワヨトウにとって必要不可欠なことなので、糖蜜液を使って集めることができるのであろう。

苅谷さんの研究はその後、中国の研究者によって引き継がれ、一九六三年と一九六四年には研究論文も出ていた。

それを読むと、中国では春早く寒いうちに東北部でアワヨトウが突発的に大発生することがある。この地方は寒くてアワヨトウは冬越しをすることができない。おそらく南の地方から成虫が飛んでくるのではないかと考えて、南の地方でムギなどに大発生した成虫に色をつけて何万匹も放した。

畑の縁に生えている並木にワラ束を結びつけ、これに糖蜜液を吹きつけておくと、成虫が蜜を吸うためにこれにたくさん集まる。そこに色素液を吹きかけるという。そのあと、全国的に糖蜜液を配置して、成虫がやって来るのを待つ。そうすると、色をつけて放した場所から最大で一四〇〇キロもの北の地点においた糖蜜液に少数ではあるが色のついた成虫が入った。また秋には北の地方で色をつけた成虫が南の地方でとれた。この実験では合計六回で八三万六〇〇〇匹の成虫に色をつけて、一二匹が回収されたという。いかにも中国らしい気宇壮大な実験である。

このことから、アワヨトウの大発生は春に中国大陸の南部地方に始まり、季節とともに成虫が北上して東北部に及ぶ。また秋には北の地方で大発生した成虫が南に帰って冬を越すのであろうと書いてあった[9]。

わたしはこれまで、大発生が起こった場所では、アワヨトウの幼虫と蛹しか見てこなかった。卵やそれを産んだ成虫については想像していただけであった。これからは成虫を直接捕らえなければならないと思った。そして、糖蜜液による捕獲法をわたしもやってみようと考えたのである[10]。

成虫の大飛来を捕らえる

そこで北海道農業試験場でテンサイ（砂糖大根）の害虫であるヨトウガという虫の成虫を捕らえるために作られた「北農式糖蜜誘殺器（ほくのうしきとうみつゆうさつき）」（**図1–9**）というものを使うことにした。これは直径と高さが三五センチほどの円筒状の箱のまわりに細長い窓をいくつもあけ、中に糖蜜の入った皿を入れたものである。

図1-9　北農式糖蜜誘殺器

糖蜜液は黒砂糖、酒、酢をある割合に混ぜて煮たもので、甘酸っぱい匂いがする。この匂いに誘われたヨトウガの成虫が中に入って捕らえることができるというしかけである。

わたしはこの「北農式糖蜜誘殺器」を四個作って、すでに秋田市街の南のはずれに移転していた農業試験場の構内に据えつけ、毎日見まわってアワヨトウ成虫が入るのを今か今かと待っていたのである。

この調査は一九六四年から始めた。その年には一年を通じて、時々、多い日でも一〇匹程度のわずかな数の成虫しか誘殺器に入らなかった。それでもいつかはもっとたくさん入るのではないかと期待しながら翌年も調査を続けた。すると一九六五年の九月一九～二〇日に四個の誘殺器に合計二〇〇匹余りの成虫が入ったので嬉しくなった。それは台風二四号が通過し、大雨と南寄りの大風が吹いた翌日のことである。この日ほどではなかったが、一九六六年の一一月一日にも二〇匹ほどの誘殺があった。そのときも台風ではないが低気圧と寒冷前線が通過して大雨、大風の翌日であった。

もう一つ、この大飛来した成虫には特徴があった。

わたしはかつてコブアシヒメイエバエの成虫の解剖をしたときのように、誘殺器に入った成虫の雌を解剖して、卵を作る卵巣の発達程度を観察した。そうすると、たくさん飛来した二回の場合の雌の卵巣はすべて未熟であった。それに対して、それ以外の少しずつしか入らないときの雌の卵巣は、未熟から完成した卵を含むまでのいろいろな程度の発達程度を示していたことである。したがって、アワヨトウは卵巣がまだ未熟で体が軽いときに移動するのではないかと考えたのであった（のちの研究で卵巣が発達した雌も移動することがわかっている）。

こうした大飛来があった時期には、まわりのイネが刈り取り直前の堅いものか刈り取り後であったので、仮に付近に大量に産卵しても幼虫の大発生が起こることはなかった。しかし、低気圧と寒冷前線の通過による大風、大雨のときにアワヨトウの成虫が大量に飛来するということはこれで実証されたのである。

中国から気流に乗ってやって来るアワヨトウ

アワヨトウの移動に注目していたのは、わたしだけではなかった。盛岡市にある農林省東北農業試験場で牧草害虫の研究をしていた奥俊夫さんも牧草地に大発生するアワヨトウの研究をしていた。

この頃、東北地方では畜産がさかんになり、山の緩い斜面の林を切り開いて、広い牧草地があちこちで造られ、牛を放牧したり、干し草を作ったりすることが行われた。その牧草地のイネ科牧草にアワヨトウが大発生したのである。わたしも秋田県でこうした牧草地を見に行ったことがある。そこでは、その年に種を播いて芽が出たばかりの牧草や、刈り取ったあとの柔らかい新芽が出た牧草で大発生が起こり、隣り合っていても、葉が伸びて堅い牧草では被害がなかった。このように牧草の場合でも、柔らかい葉で幼虫の生き残りが多い点はイネの場合と共通であった。

奥さんは、東北地方の各県農業試験場の協力を得て、こうした大発生地点を記録した。そして、このアワヨトウの幼虫の発育の速度から逆算して、いつ卵が産まれたかを推定し、そのときに低気圧が通過したかどうかを気象台から出される天気図で調べたのである[11]。

一九六九年八月下旬に東北地方の全域で同時にアワヨトウの大発生が起こった。奥さんはそのときの成虫の産卵時期は、七月二八日に東北地方を低気圧が通過した日に相当するものと考えた。この低気圧は中国東北部から移動してきたものである。大発生を引き起こしたアワヨトウ成虫は中国東北部から、低気圧にともなう強風に乗って移動してきたものにちがいないと考えたのである。

このときの大発生地点は**図1－10**に示すように東北地方の日本海側の青森県、秋田県、山形県に広がっていたが、太平洋側の岩手県や宮城県でも大発生が起こった場所があった。東北地方の中央には標高一〇〇〇～二〇〇〇メートルの奥羽山脈が聳(そび)えているのだが、その山脈にはAとBの二カ所だけ標高一〇〇〇メートル以下の低いところがあり、岩手県や宮城県での大発生地点はこの低い峠の付近に並んでいた。奥さんは、アワヨトウの成虫は、あまり上空では気温が低いため飛べず、通常は奥羽山脈を越えられないのだが、この低いところだけは越えることができたので、その付近の岩手県と宮城県に入ってきて産卵し、大発生になったのだと考えた。

アワヨトウは寒い中国東北部や北日本では越冬ができない。前にも述べたように中国ではアワヨトウは南の暖かい地方で冬越しをしたあと、春には河南(かなん)地方の小麦地帯に移動して一世代を過ごしたあと、初夏に中国東北部の穀物畑で次の世代を送ると考えられている。そして秋には再び南にもどっていく。この移動する成虫の一部が海を渡って日本にやって来ても不思議はないだろうと奥さんは考えた。

奥さんの推定によると、中国大陸で発生した低気圧の上昇気流によって一〇〇〇メートル以上の上空に舞い上がったアワヨトウの成虫は、時速四〇～六〇キロの南西風に乗って、一日から二日間で北日本の上空に達し、寒冷前線の通過にともなう下降気流によって地上に降り立つのだろうという。春に東北地方で第一世代に牧草などで大発生するアワヨトウは中国河南の小麦地帯で発生した成虫が飛来したものであり、秋の第二世代にイネに大発生したものは、中国東北部の穀物畑で発生した成虫が飛来して産卵したものであると推定されている[12]（**図1－11**）。

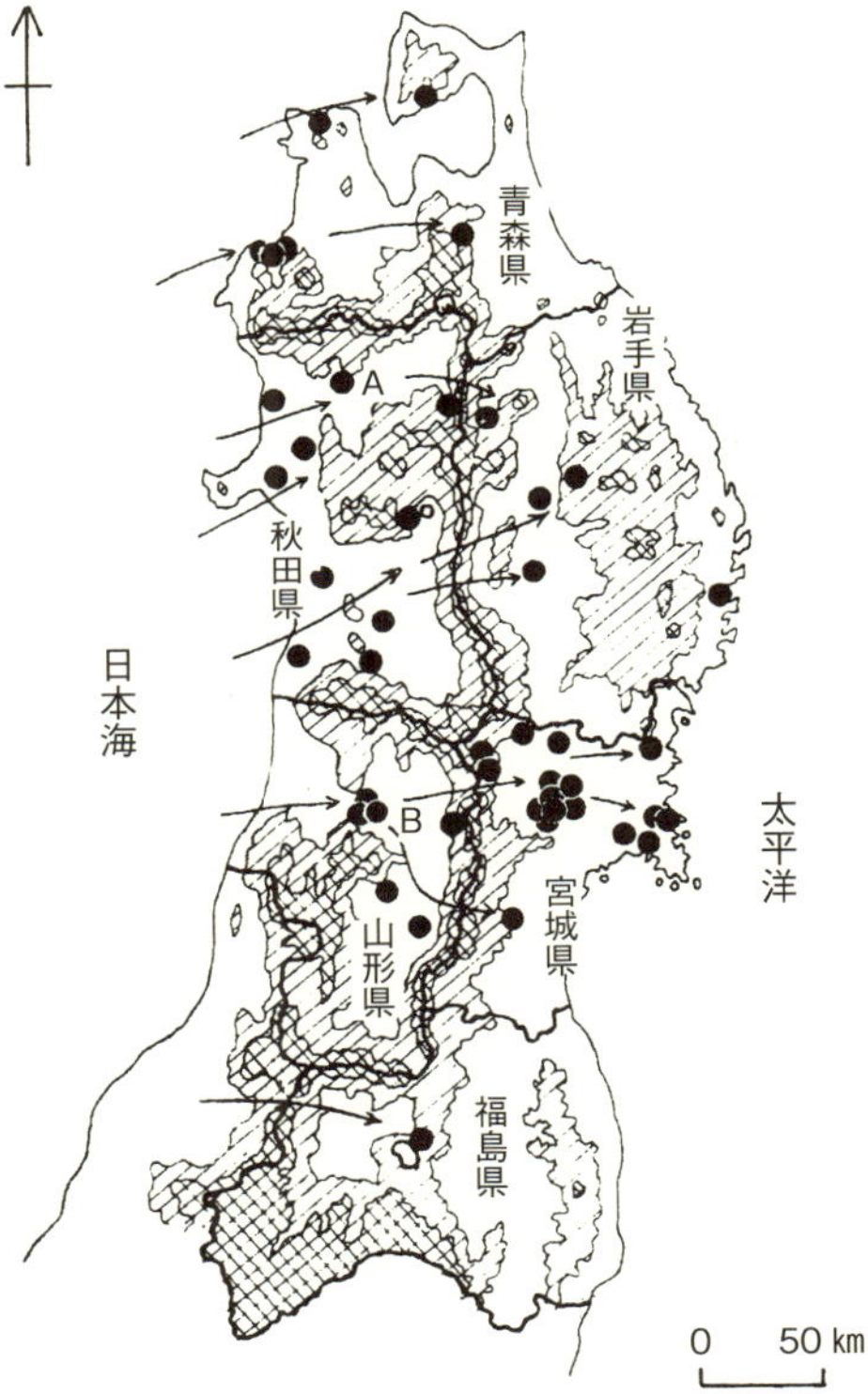

図 1–10 1969 年 8 月の東北地方でのアワヨトウ大発生地点（●）と推定される侵入経路（矢印）。A、B は奥羽山脈の低いところ（奥・小山、1976 を改変）

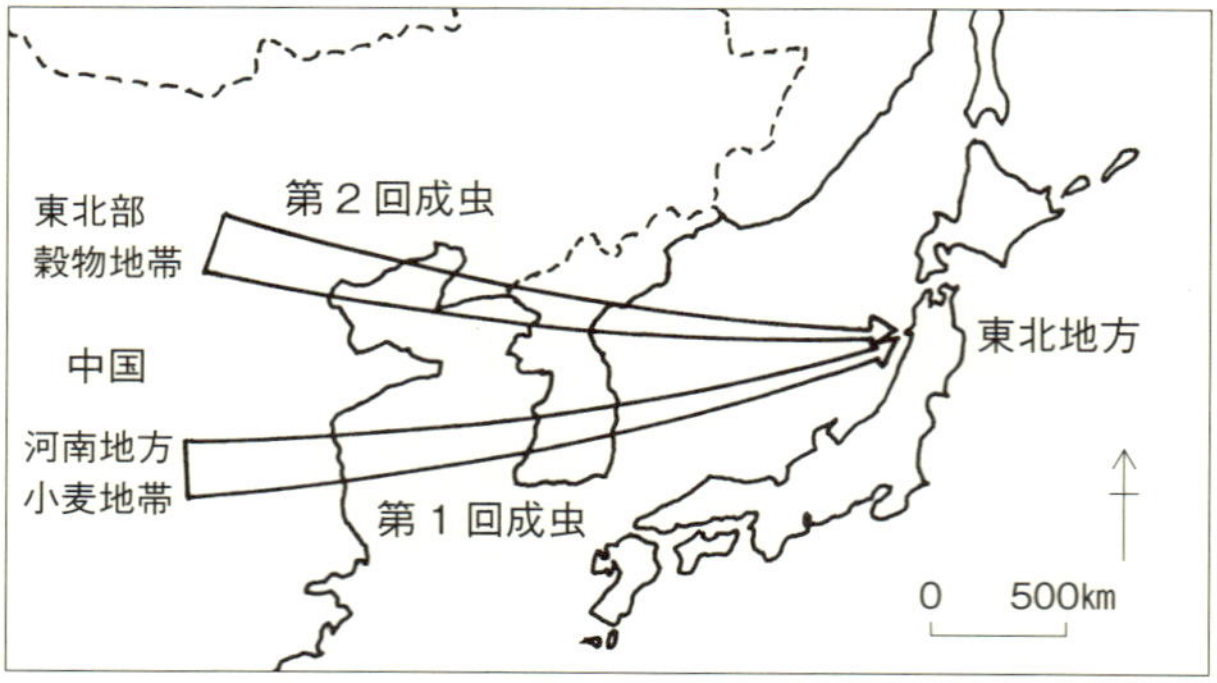

図 1-11　中国から東北地方へのアワヨトウの推定される飛来経路（奥、1983 より作図）

中国大陸で発生したアワヨトウが低気圧とともに移動してきて日本の各地に大発生をもたらすのであろうということは、こうしてかなり確かなものになった。また飛来した成虫は糖蜜誘殺器によって捕らえられることもわかった。

これを「発生予察」という立場から考えると、もし中国大陸で、その年にアワヨトウが多く発生したことがわかれば、糖蜜誘殺器に注意して、もし成虫が多く飛んできたときには、幼虫の大発生が起きる可能性があるから警戒せよという警報を出せばよいことになる。

中国では気象データは日本に送ってくれる。しかし、その年にアワヨトウが中国でどれくらい発生したかという情報は、気象データのようには簡単に入ってこない。わたしは二〇年ほど前に中国に視察に行ったことがあるが、そこで中国国内の病害虫の発生状況を教えてほしいと頼んだところ、それは国家の機密情報だからいっさい教えることはできないと言われた。アワヨトウ大発生についての知識はずいぶん深まったが、それが「発生予察情報」という形で役に立つ見こみはなかった。

農耕がアワヨトウを害虫にした

それにしても、アワヨトウという虫はなぜこんなに広く移動する性質をもっているのだろうか。わたしは、アワヨトウの卵から生まれたばかりの幼虫が、食うことのできる柔らかい葉がないと死んでしまうということが謎を解く鍵だと思う。

人間が農耕を始める以前は、広い畑や牧草地でいっせいに発芽するような柔らかい草は自然にはなかったであろう。そこでは、洪水の跡や山火事、山崩れなどで新しい土が露出したときにだけ、いっせいに草が芽生えて柔らかい葉があらわれる。こういう場所は、広い大陸のあちこちに不規則に出現する。アワヨトウの成虫は広く移動することによって、幼虫が食うことができる柔らかい草を見つけて産卵し、子孫を残していくという性質をもつようになったのではないだろうか。

この性質は、人間が農耕を始めて、柔らかい葉をもつムギやアワなどが畑でいっせいに作られるようになってからも残っていて、そこにアワヨトウが大発生するようになったものと考えられる。そして、水田に窒素肥料が大量に施されたり、山に大規模草地が造成されたりして柔らかい葉が増えたことが、大発生の機会を増やしたのであろう。したがって、アワヨトウは人間が農耕を始めたことによって「害虫」になったと言ってもよいのではなかろうか。

4 「役に立つ研究」とは

壁にぶつかったアワヨトウの発生予察

一九六六年頃からアワヨトウの大発生地点は比較的少なくなってきた。わたしは、これまで述べたように、成虫の飛来の多少を糖蜜誘殺で調べることによって、その付近でのアワヨトウの大発生を予測することができると考えていた。しかし秋田県では、県内のどこか狭い地域で起こるアワヨトウの大発生を予測するために、毎年多くの地点で糖蜜誘殺をするだけの余裕はなかった。

わたしは毎年春に開かれる日本応用動物昆虫学会の全国大会に出て、前年に行ったアワヨトウの研究結果を発表してきた。また、アワヨトウの研究結果は研究論文にして学会の研究雑誌に載せてきた。

一九七〇年の春の大会は岡山市で開かれた。わたしはアワヨトウが旱魃の年に大発生する傾向があることから、アワヨトウの幼虫は雨に弱いのではないかと考えた。その証拠として、若い幼虫にジョウロで水をかけるとよく死ぬという研究結果を学会で発表し、これが旱魃の年にアワヨトウの大発生が起こりやすい理由であると述べた。

その研究発表を聞いていた東京の農林省農業技術研究所の伊藤嘉昭(よしあき)さんに、「君はいつまでこんな研究をやっているのだ。もっと役に立つ研究をやったらどうだ」と言われたのである。わたしはガンと頭をなぐられたような気がした。伊藤さんは、わたしがアワヨトウの研究を始めた頃に農林省農業技術研究所に一週間研修に行ってお世話になった人である。伊藤さんが言う「役に立つ研究」とはどういう意味なのだろう。じつは、学会の大会に出てくる前に、同じことを病虫科の科長からも言われていた。「アワヨトウの研究はもういいから、そろそろ、もう少し役に立つ研究をしてもらえないか」と言われたときには、「役に立つ研究とは、どうせ新農薬の効果試験だろう」と思って反発していたのだったが、伊藤さんの言う意味はきっとちがうはずだ。

伊藤さんはこうも言っていた。「今は農薬の害が目にあまるようになっている。君はそれから目をそむけて、アワヨトウに水をかけるというような重箱の隅をつつく研究をしている」それはまさにそのとおりなのであった、中国からの情報が入らない限り、アワヨトウの発生予察には見通しがない。自分でそれがわかっていて、アワヨトウから離れられなかったのである。

農薬散布の現実

その頃、秋田県では害虫の問題をすべて解決できると思われてきた農薬散布に難題が生まれてきていた。

農薬には原液を水で一〇〇〇倍ほどに薄めて使う液剤と、あらかじめ石などを砕いた細かい粉で三パーセントほどに薄めて使う粉剤という二つのタイプがある。液剤は手押しポンプで圧力をかけて細い管の先から霧状にして作物にかける噴霧器を使う。粉剤は手回しの送風機で太い管から作物にふきつけるが、これを散粉機(さんぷんき)と言う。その頃、農村から出稼ぎで都会に出ていく人が多くなり人手不足になったので、散布の能率を上げるために、これを手動から動力にして大型化したのが動力噴霧機と動力散粉機で

図1−12　大型動力噴霧機による農薬の共同散布

図1−13　農薬（粉剤）のヘリコプター散布

ある。これを農家が共同で使って農薬散布が行われるようになってきた（図1−12）。

それをさらに能率化したのが、農薬を空から撒くヘリコプター散布である（図1−13）。はじめのうちは写真のように、もうもうと白煙をあげて粉剤を撒いていたが、やがて、濃い液剤を一〇アールの田んぼ一枚に牛乳瓶一本分ほどの割合で撒く「濃厚微量散布」が行われるようになり、農薬散布の効率は飛躍的に上がるようになった。その結果、農家は、もう炎天下のつらい農薬散布作業から解放され、比較的安い散布料金さえ払えば、農薬散布はいっさいヘリコプター会社におまかせということになった。しかし、これによって大きな問題も起こってきた。

それは全国的に農薬散布作業がかち合うため、限られた数のヘリコプターの取り合いになるので、イネがまだ植えられる前の春から散布の年間スケジュールを決めなければならなくなったことである。以前は、その年に病害虫の多い場合だけ農薬を散布していたのだが、この頃になると、秋田県の水田では、春と夏の二回は必ず農薬（殺虫剤と殺菌剤を混ぜて）を散布することが決められ、病害虫のあるなしにかかわらず、全県的に空から薬が撒かれるようになったのである。人家や貯水池のまわりなどには黄色い旗を立ててヘリコプター散布を避けたのだが、空中から撒いた薬は風に乗って遠くまでただよっていく。そのために散布地域外からも、さまざまな苦情がよせられるようになった。

まず、農薬によってミツバチが死んだ。それからカイコや養魚池のコイが死んだ。そして苗畑の杉苗が枯れた。そして、薬剤成分を溶かしている溶剤が自動車の塗料を溶かすという問題まで起こった。こうした被害は損害賠償問題を引き起こし、ヘリコプターによる共同散布組織はその対応に追われた。

わたしはヘリコプター散布直後の水田に行ったことがある。そこではトンボが何匹も田の面から狂ったように高く飛びあがり、クルクルと回りながら落ちてきて死んでいくのを見てゾッとした。きっと多くの水田の生き物が同じように死に、その中には害虫の天敵となっているものも多いのではないか。そのため農薬散布後かえって害虫が増えることもあるのではないかと思った。しかし、わたしはこうした現実から目をそらして、一〇年近くも「アワヨトウ大発生の謎」にのめりこんでいたのであった。

害虫防除研究の原点にもどる

「本当に役に立つ研究」とはなんだろうか。

まず、秋田県で今、最も重要な害虫はアワヨトウではない。アワヨトウは大発生が起こった、せいぜい一キロくらいの範囲での被害は確かにひどいけれど、それはまれにしか起こらないことだ。秋田県全域で毎年発生している最重要害虫はニカメイチュウである。それから今、秋田県で最も問題なのは農薬の乱用、特にヘリコプター散布だ。それは病害虫の多少にかかわらずスケジュール的に全県で行われ、多くの問題を引き起こしている。

だから、今「本当に役に立つ研究」とは、「秋田県のニカメイチュウに対して、問題の多いヘリコプター散布をやめさせるための研究」ではないだろうか。

この結論を出して秋田に帰ったわたしは、すぐに科長のところに行って申し出た。「アワヨトウの研究は今年から止めます。そのかわりニカメイチュウの研究をやりたいと思います」

科長はとても喜んで、わたしが自由に使える病虫科専用の試験用水田を一枚貸してくれることになった。でもわたしは、これはヘリコプター散布を減らすための研究だということは、まだ黙っていた。

学会から帰るとまもなく、伊藤さんから一冊の冊子が送られてきた。それは『高知県病害虫防除改善圃協議会「昭和44年度（1969）改善圃場調査報告（害虫編）—特に塩素系と有機燐系殺虫剤の防除効果と天敵類に与える影響の比較[13]—」』というもので、高知県農林技術研究所の桐谷圭治さんたちのグループが、農薬散布軽減のために行っている研究の報告書であった。すでに県の農業試験場でもこういう研究が行われているということを、伊藤さんはわたしに伝えたかったのであろう。

わたしはこの報告書に励まされながら、一九七〇年からニカメイチュウの研究へと大きく舵を切ったのである。

四〇年後も続くアワヨトウ研究

それから四〇年もたった二〇一〇年の春早い頃のことである。退職後、わたしが住んでいる仙台市で、

「北日本病害虫研究会」の研究発表会があり、わたしは久しぶりにこれに出席した。
「北日本病害虫研究会」は北海道と東北六県の病害虫研究者の集まりで、毎年各県持ちまわりで研究発表会が行われる。そこで青森県病害虫防除所の石谷正博さんがアワヨトウについての研究発表をした。青森県では前年の二〇〇九年に牧草地でアワヨトウが局地的に大発生したというのである。聞けば、青森県ではずっとアワヨトウ成虫の糖蜜誘殺調査が続けられているという。この話を聞いて長い間眠っていたわたしのアワヨトウ熱が再び呼び覚まされた。研究会が終わるとすぐに、わたしは石谷さんに手紙を書いて、青森県のアワヨトウ成虫の誘殺記録と幼虫の発生記録を全部見せてもらえないかとお願いしたのだった。

石谷さんから送ってもらったデータを見てわたしは驚いた。青森県では下北半島の先端にある大間町で一九七二年と一九七三年に糖蜜誘殺が行われたあと一時中断したが、一九八三年から再開された。これに加えて北日本全域でアワヨトウの大発生があった一九八七年の翌年から青森県深浦町、六ヶ所村、黒石市を加えて、県内四地点で糖蜜誘殺が継続されていたのだった(14)。わたしが秋田で七年間しかできなかった糖蜜誘殺を、青森では二〇年以上も続けてきたということである。

このデータを見ると、誘殺数は年によって大きく変動するが、一年のうちで糖蜜誘殺器に成虫が多く入るのは、五~六月と、七~八月の二回で、それに年によっては九月にもいくらか入ることがある。

これに対して幼虫は五~六月の第一回の成虫の産卵によって六月末から七月にかけて、牧草、小麦、トウモロコシで発生する。これを第一世代幼虫と呼んでいる。これに続いて、七~八月の第二回の成虫から生まれた卵から発育した第二世代幼虫は水田のイネでも発生するが、多くの場合、隣の牧草地や雑

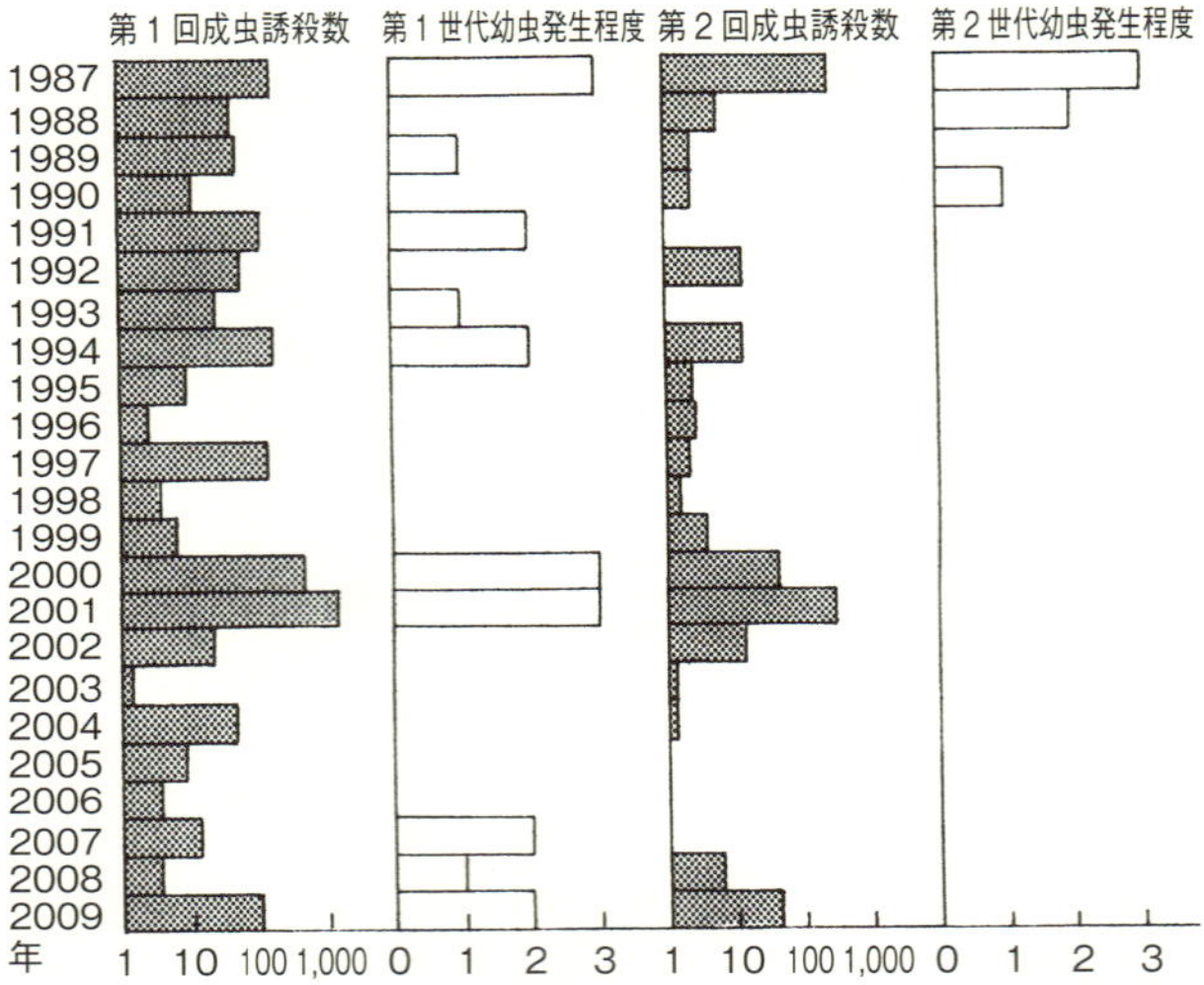

図1-14 青森県の糖蜜誘殺成虫数（対数目盛）と幼虫発生程度（指数）（小山ら、2011）

草地で大発生した幼虫が移動してきたものであった。これは、最近ではかつての秋田県のように窒素肥料を多く与える水田が少なくなったためと思われる。そのかわり、水田の転作牧草や耕作放棄された水田の雑草での発生が目立っていた。

図1-14に青森県の成虫誘殺数と幼虫発生程度の推移を示した。青森県で第一回成虫の糖蜜誘殺が多かったのは、一九八七年、一九九一年、一九九四年、一九九七年、二〇〇〇年、二〇〇一年、二〇〇九年であった。そこで一九九七年、二〇〇〇年、二〇〇一年には第一世代幼虫の多発を予想して病害虫防除所から「発生予察注意報」が発令されていた。それにしたがって、県内の牧草地などで見まわり調査が行われ、幼虫がまだ大きくならないうちに薬剤散布をしたために、大きい被害を免れた。しかしこのうち、一九九七年には「注意報」は出されたが、実際

には県内で幼虫の大発生は起こらなかった。

第二回成虫は一九八七年、二〇〇一年に多かったが、第二世代幼虫は一九八七年に多かったものの、二〇〇一年は少なかった。このように、成虫が多くても、かならずしも幼虫が多くなるとは限らなかった。

大飛来が幼虫大発生につながらないわけ

アワヨトウ成虫が多数飛来しても幼虫が大発生しない年があることについて、わたしはこう考えている。前にも述べたようにアワヨトウの幼虫は卵から生まれてまもなくの間は、柔らかい葉でなければ食べることができない。柔らかい葉を食べて、ある程度成長すれば堅い葉も食べることができるようになる。このことは、水害跡や窒素肥料を多く施したイネで大発生が起こる原因として、若い頃にわたしがやった研究の結果と一致し、多くの研究者もこれを確かめている。おそらく、一九九七年五～六月、二〇〇一年七～八月に青森県に飛来したアワヨトウ成虫はあちこちに産卵はしたのだが、県内には、その幼虫が育つような柔らかい葉がなかったのではないだろうか。

農林水産省草地試験場の神田健一さんが、トウモロコシに大発生したアワヨトウ幼虫を観察したところ[15]、畑に葉の柔らかいイネ科の雑草がある場合には、若い幼虫がこの葉を食べて成長し、大きくなると、葉の堅いトウモロコシに移ってその葉を食べることができるようになり大被害を与える。しかし、除草がよく行われて雑草が少ない畑では、若い幼虫が堅いトウモロコシの葉を食べることができないため生き残ることができず、トウモロコシが被害を受けることはないという。一九九七年、二〇〇一年は、ア

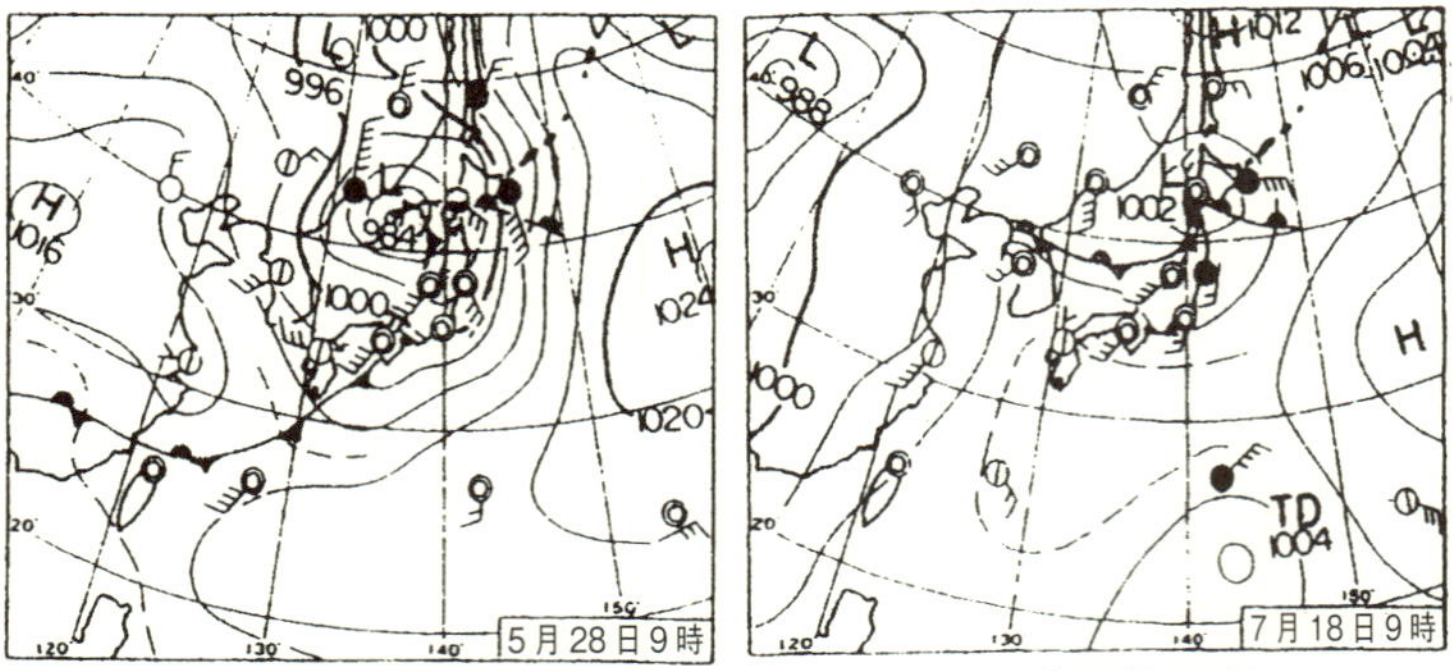

2000年5月28日　　2000年7月18日

図1-15　アワヨトウ大量飛来日の天気図の例（小山ら、2011）

ワヨトウは成虫の産卵期に、牧草やトウモロコシの条件が若い幼虫にとって不適当だったのであろう。

わたしは、秋田県農業試験場の菊地英樹さんにも、秋田県でアワヨトウの糖蜜誘殺と幼虫発生の記録があるかどうか知らせてほしいと手紙を書いた。まもなく菊地さんが送ってくれた「秋田県病害虫発生予察年報」のアワヨトウの項を見ると、年によって誘殺地点は変わっていたが、わたしが秋田を離れたあとを引き継いで、一九七四～二〇〇八年まで、最も多い年には県内六地点で糖蜜誘殺が行われていた[14]。秋田では幼虫の大発生が一九八七年、一九八八年、一九九七年、二〇〇〇年、二〇〇一年に起きていて、青森県と年は一部ちがっていたが、糖蜜誘殺によって幼虫の大発生が予測できるという点では同じであった。

青森県の深浦町では二〇〇〇～二〇〇九年に、ほぼ毎日の誘殺数のデータが得られたので、突然大量の成虫が誘殺器に入る日の気象を調べてみた。こういう日はこの期間に七回あったが、いずれの場合も、当日か前日または前々日に南西よりの強い風と多くの場合降雨があり、その日の天気図を調べてみると、大きな低気圧とそれにともなう寒冷前線の通過が認められた[14]（図1−15）。このことはかつて奥さんが推定した中国大陸からのアワヨトウ成虫の移動侵入の様子を見事に裏書きするものであった。

このことを知って、わたしは深浦町に置かれた誘殺器をどうしても見たくなった。青森の石谷さんにお願いすると、快く見せてくれることになった。

中国からの成虫の飛来をキャッチする糖蜜誘殺

二〇一〇年九月三〇日。わたしたちは深浦町の日本海を見下ろす町営牧場の一角にある誘殺器のそばに立った。気象観測用の百葉箱を改造して、まわりに粗い金網をはった箱の中に糖蜜液の入った浅い皿が置いてある。そのときはそこにアワヨトウは入っていなかったが、多いときには一晩で四〇〇匹余りの成虫が入ったこともあるという。糖蜜にはアワヨトウのほかにもいろいろな虫が引きよせられ、ときには大きいスズメバチがたくさんやって来て、糖蜜をすべて運び去ってしまうこともあるそうだ。また、長い間、アワヨトウ成虫が一匹も入らないこともある。それを辛抱強く手伝ってくれるのは、深浦町の町営牧場の職員である。糖蜜に入った虫はすべてアルコール液に浸けて、病害虫防除所に送ってくれる。もしアワヨトウが入っていたら、防除所の職員が出張してきて調査を行うのだという。

二〇〇九年にここでアワヨトウの大発生が起こって調査に来たときの様子を、石谷さんは牧草地のそばで語ってくれた。

「ここで海を見下ろしていると、数えきれないほどのアワヨトウ成虫が海のかなたから飛んできて牧草地に降り立つ姿が想像できるのです。ここでは実際に、おびただしい数の真っ黒い色をした長さ五センチほどの幼虫が発生し、牧草を丸坊主に食べつくしたあと、互いに体を接しながら、さらに餌を求めてこの道路を横切り一方向に進んでいくのを見ました。その姿はまさにアーミー・ワームでした」

こうした大発生がしばしば起こることが、毎年困難な糖蜜誘殺を続けさせる原動力ではないかとわたしは思ったのであった。

これらのアワヨトウは日本海上空を渡って日本にやって来るのだと考えられる。もし毎年の中国のアワヨトウ発生の状況がわかれば、アワヨトウの飛来をもっと早くから予想することができるであろう。しかし中国からの情報が入らない現在でも、青森県や秋田県のように継続して糖蜜誘殺を行っていれば、成虫の飛来をキャッチして、幼虫が若いうちに薬剤散布をすることによって、幼虫が大きくなってからの被害を未然に防ぐことができるだろう。

若い頃のわたしの研究は、今も確かに役に立っていると思ったのであった。

コラム2

中国から飛んできた薬剤抵抗性のウンカ

セジロウンカとトビイロウンカ（**図A**）はイネの茎から汁を吸って枯らす虫で、西日本の稲作の大害虫である。これらのウンカは日本では越冬できず、毎年梅雨期に中国から風に乗って飛んできた成虫が増殖して被害を与える。ところが、近年これらのウンカがいろいろな殺虫剤に対して薬剤抵抗性をもつようになった。

九州沖縄農業研究センターでこの問題に長年取り

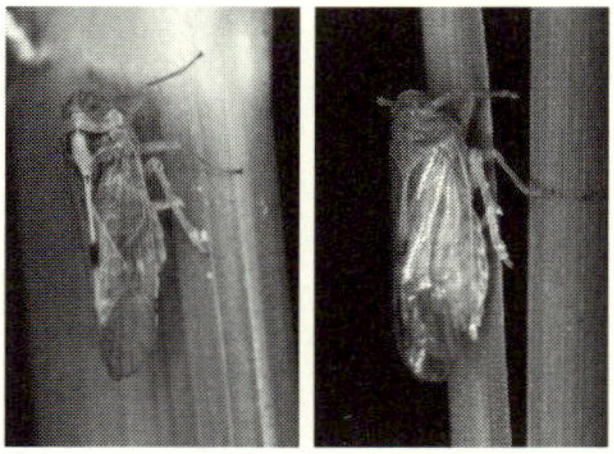

図A　セジロウンカ（左）とトビイロウンカ（右）（松村正哉氏撮影）

組んでこられた松村正哉さんたちの研究を紹介したい[1][2]。

はじめに、セジロウンカとトビイロウンカの移動・侵入経路について簡単にふれておく（**図B**）。

その出発地は、ウンカ類が一年中棲んでいるベトナム北部の紅河流域で、一月に植えて六月に収穫する冬春作イネで発生した虫が、四月下旬〜五月上旬に、中国南部の広東省や福建省を中心とする稲作地帯に移動する。この地域では、日本同様これらのウンカは越冬できない。ここで一〜二世代増殖したセジロウンカとトビイロウンカは、六月下旬〜七月中旬の梅雨期に日本に飛んでくる。これらのウンカ類の飛来が多いと、その年の日本でのウンカ類の発生量が多くなり大きい被害を与える。

日本では、セジロウンカもトビイロウンカも一九九〇年代の中頃から二〇〇〇年代の中頃まで被害が少ない時期が続いた。それは、田植えの前に苗に撒いておけば、本田で長く殺虫効果が続く「苗箱処理剤」が開発されたためである。これでウンカ問題は解決と思われてきた。ところが、二〇〇五年と二〇〇六年にウンカ、特にトビイロウンカの大発生が起こった。

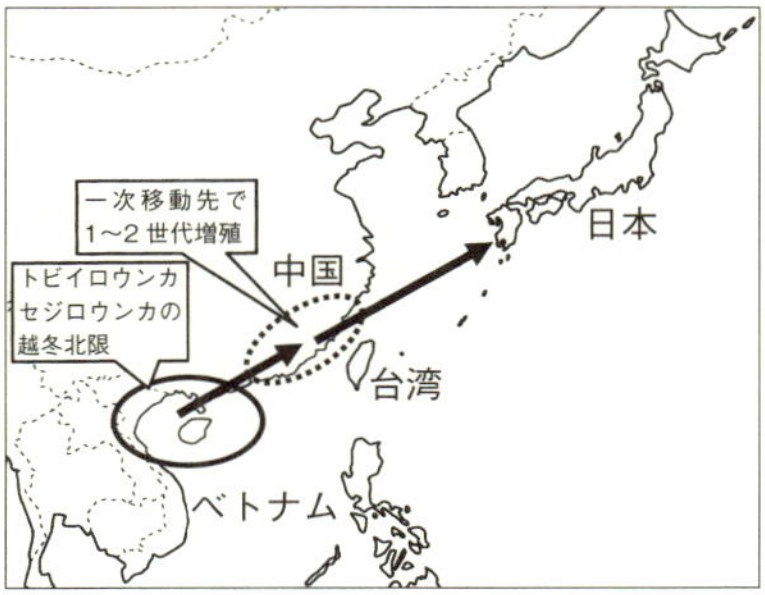

図B　セジロウンカとトビイロウンカの移動経路（松村正哉氏原図）

その原因の一つは、ベトナム北部や中国で害虫に抵抗力のないイネ品種が多く栽培された結果、ウンカ類が増え、日本に多く飛来したことである。もう一つは、ベトナム北部や中国で殺虫剤が多く使われたために、ウンカ類に薬剤抵抗性が発達して、日本でこれまでよく効いていた苗箱処理剤があまり効かなくなったことである。

しかし不思議なことに、ウンカの種類によって効かない薬の種類が異なっていた。トビイロウンカではイミダクロプリドが効かず、セジロウンカにはフィプロニルが効かないのである。その理由は、日本に飛んでくるウンカ類の最初の発生地であるベトナム北部にあった。

ここでも、害虫に弱いイネ品種の栽培が増えたことによって害虫が増えた。一月に田植えしたイネに、四月頃にコブノメイガとメイチュウ類という害虫が出るので、フィプロニルが大量に使われる。そこで同時に発生するセジロウンカに薬剤抵抗性が発達する。五月にはトビイロウンカが発生するので、今度はイミダクロプリドが大量に使われて薬剤抵抗性が発達する。

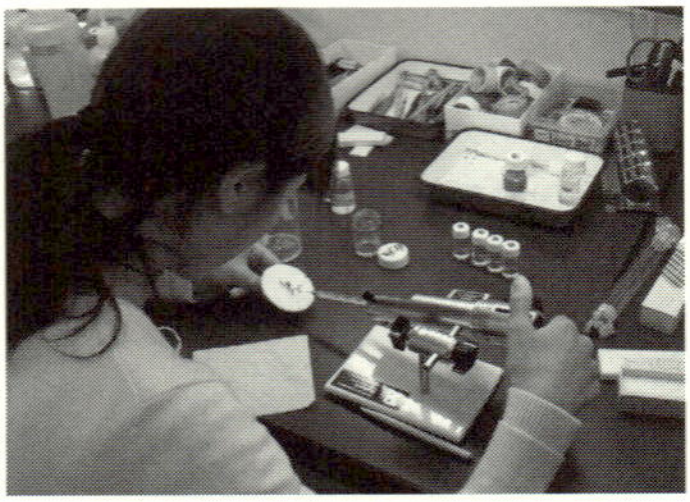

図C　微量局所施用法（松村正哉氏撮影）

その結果、ベトナム北部から出発して中国を経由し、日本にやって来たセジロウンカにはフィプロニルが効かず、トビイロウンカにはイミダクロプリドが効かないというわけである。こうしてウンカ類の薬剤抵抗性は今や国際問題となった。現在、日本、ベトナム、中国、タイ、マレーシアで微量局所施用法（**図C**）による共同モニタリングが始まっている。これはいろいろな濃度に薄めた薬を虫の背中につけて、虫が死ぬ濃度から抵抗性を判定する方法である。

第2章　農薬のヘリコプター散布を減らすために

1　青白い灯り

ニカメイチュウとの出合い

前にも述べたように、わたしの米沢の自宅の裏には水田が広がっていた。一九四五年、わたしが小学校（当時は国民学校）六年生の夏に太平洋戦争が終わり、進駐軍（日本を占領したアメリカなどの連合国軍）のジープが街を駆け抜けるようになった頃の夜、この水田に青白い灯りが点々ととも った。なんだろうと思って、翌日、田んぼの畦（あぜ）を伝ってそばまで行ってみると、長さ一メートル、太さ三センチほどの蛍光管が電柱に取りつけてあり、その下に置かれた直径一メートルほどの水盤には、大小さまざまなガや甲虫がびっしりと浮かんで死んでいるのであった。

これは誘蛾灯（ゆうがとう）と言ってニカメイチュウというイネの害虫を光で集めて殺す装置であるということがわ

図2−1　ニカメイチュウの成虫（上）と幼虫（下）

かったのは、だいぶあとのことであるが、これがニカメイチュウとのはじめての出合いだった。

　ニカメイチュウは漢字で二化螟虫と書く。「二化」というのは、一年に二回、成虫が羽化するということである。江戸時代に大蔵永常という人が書いた『除蝗録』という本によれば、「『螟』とはイナゴのことでイネの芯を食う」とあるが、当時はイナゴと混同されていたようだ。

　ニカメイチュウは和名をニカメイガという。成虫（図2−1上）は体長一センチほどの灰白色のガで、一回目の成虫は六月にあらわれて、苗代や田植え後まもないイネの葉に卵を数十個塊状に産みつける（これを卵塊と呼ぶ）。これから孵化した第一世代幼虫は、まずイネの葉鞘（イネの葉の付け根にある鞘状の部分）に潜りこみ内部を食い荒らす。そのため茶色く変色したものを「葉鞘変色茎」と呼ぶ。しかし、これだけではその茎は枯れることはない。幼虫は発育するにしたがって、まわりの茎に広がり、茎の芯まで潜りこんで枯らすので、将来穂をつけるはずの茎の数を減らしてイネの減収をまねく。

発育しきった幼虫はイネの茎の中で蛹になる。この蛹から八月に二回目の成虫が羽化して、穂が出る前後のイネの葉に卵を産む。この第二世代の幼虫（**図2-1下**）は同じように茎に潜りこんで食害する。そのためイネの穂が出なくなったり、出たばかりの穂が白く枯れたり、さらに籾の稔りが悪くなってイネの減収をまねく。成長した幼虫はイネの収穫後、ワラや刈り株の中で冬を越し、翌年春に蛹となって、六月には成虫となり、再び水田にやって来る。これがニカメイチュウの生活史である。

ニカメイチュウは江戸末期からよく知られたイネの害虫であったが、明治から大正の記録を見ると西日本で被害が大きく、東北地方ではあまり大きい問題になっていなかった。ニカメイチュウの幼虫は茎の太い生育のよいイネでは、よく生き残る。当時、西日本では東北地方よりもイネの生育がよかったのでニカメイチュウも多かったのであろう。東北地方は春が遅くイネの生育が悪いので、恐ろしいのはニカメイチュウよりも冷害であった。明治から昭和初期にかけての米の一〇アール当たり収量は暖かい西日本の約半分であった。そこで害虫としては冷害を助長するイネドロオイムシなどが重要視されていた（イネドロオイムシについてはあとで述べる）。

ニカメイチュウの防除の歴史

しかし昭和一七（一九四二）年に長野県のある篤農家によって「保温折衷苗代（ほおんせっちゅうなわしろ）」が発明された[1]。これは前にも述べたように、苗代に播いた種籾（たねもみ）の上に油紙をかけて保温するもので、これで田植えは一週間ほど早まった。昭和三〇（一九五五）年代になると農業用ビニールフィルムが普及し、水のない畑に種籾を播いた上にビニールをトンネル状にかけて保温する「畑苗代（はたなわしろ）」が発明される。田植えは水苗代時代に比べると半月も早まった。これは「早播き、早植え、早取り」の「三早(さんそう)栽培」と呼ばれて普及した。こうして秋寒くなる前にイネが稔るようになってからは、東北地方の米の収量は西日本に追いつき、やがて追い越して、今では米の主産地は東北地方と言われるようにまでなったのである。

米の収量の増加のもう一つの要因は、窒素肥料の多用である。江戸時代から魚油の搾りかすのような肥料があったが、こうした肥料は高価で「金肥(きんぴ)」と呼ばれ、ワタのような換金作物にだけ使われた。その後、空気中の窒素を固定して作られる硫安（硫酸アンモニウム）のような安い窒素肥料が発明されてから、農家が収量を上げるためにこれを容易に使えるようになって、窒素肥料の使用量が増えていった。

アワヨトウでは窒素肥料の多用が大発生を起こしやすくする原因となったが、ニカメイチュウも窒素肥料を多く与えられた茎の太いイネでよく発育し大きい被害を出した。収穫量を増やそうとして肥料を多く施すとニカメイチュウが多く出るので、農薬が発明される前はその防除には大変な苦労があった。明治から昭和中期までの記録を読むと、その防除には涙ぐましい努力が重ねられている。一九二八年に農林省農務局が出した『二化性螟虫ト其ノ防除法』(2)に載っている代表的な方法は次のようなものであった。

捕蛾採卵(ほがさいらん)——苗代や田んぼに来た成虫と、産みつけられた卵塊を人手で取り除く。これは次の「葉鞘変色茎摘採(ようしょうへんしょくけいてきさい)」とともに、青年団や小学生まで動員して大々的に行われた。

葉鞘変色茎摘採——第一世代幼虫が食いこんだ葉鞘変色茎をカマで切り取る。

イナワラと刈り株の処理——ワラの中で幼虫が越冬するところから、イネ株の切り口を外側にして積み上げ、春に蛹になる時期にワラから移動する幼虫を掻きとって殺す。労力のわりに効果は上がらなかった。

寄生蜂保護利用――ニカメイチュウの卵に寄生するズイムシアカタマゴバチという寄生蜂を保護するために、ニカメイチュウの卵を特別な容器に入れて田んぼに置き、そこから出る寄生蜂を放す。期待されたが、のちに実際の防除効果は大きくないことが明らかになった。

薬剤駆除――当時手に入る殺虫剤として、硫酸ニコチンが効果的であった。しかしこの薬剤は輸入品で高価だったので、果樹害虫などでは使われたが、水田ではあまり用いられなかった。

点灯誘殺――灯油を用いたカンテラ灯の下に水盤を置き、集まった成虫をおぼれさせて殺す。これを誘蛾灯と言う。それが白熱電球に変わり、さらに進歩して光量を増したものが、わたしが少年時代に見た、あの青白い灯りの蛍光誘蛾灯だったのだ。この誘蛾灯はかなりの防除効果があり水田五ヘクタールに一個の割合で点灯された。

有機塩素系殺虫剤のＢＨＣの登場

その青白い蛍光灯が一九五〇年からぴったりと消えてしまった。それは戦後日本を占領していた連合国軍最高司令官総司令部（ＧＨＱ）の勧告によるものであった。ＧＨＱ天然資源局のレイモンド・ロバーツ氏は、誘蛾灯が害虫だけでなく多数の益虫も殺すから中止するようにと助言し、はじめは抵抗していた農林省もこれを受け入れた。そしてＧＨＱはそのかわりに殺虫剤のＤＤＴを撒くことをすすめたのであった。

ＤＤＴは戦時中に戦場で発生するマラリア蚊やノミやシラミなどの害虫を殺すために発明された有機

塩素系の化学合成殺虫剤である（ここで「有機」というのは分子の中に炭素原子を含むということである）。これらの害虫はマラリアや発疹チフスなどの病気を媒介し、多数の兵士の戦闘能力を奪ったからである。戦後はそれが農薬として利用された。しかし、日本でニカメイチュウ防除のために実際に使われたのは、同じ有機塩素を成分とするＢＨＣである。ＤＤＴは外国特許があるために国産できなかったが、ＢＨＣは国産ができたので、大量に生産され使用されたのだった。

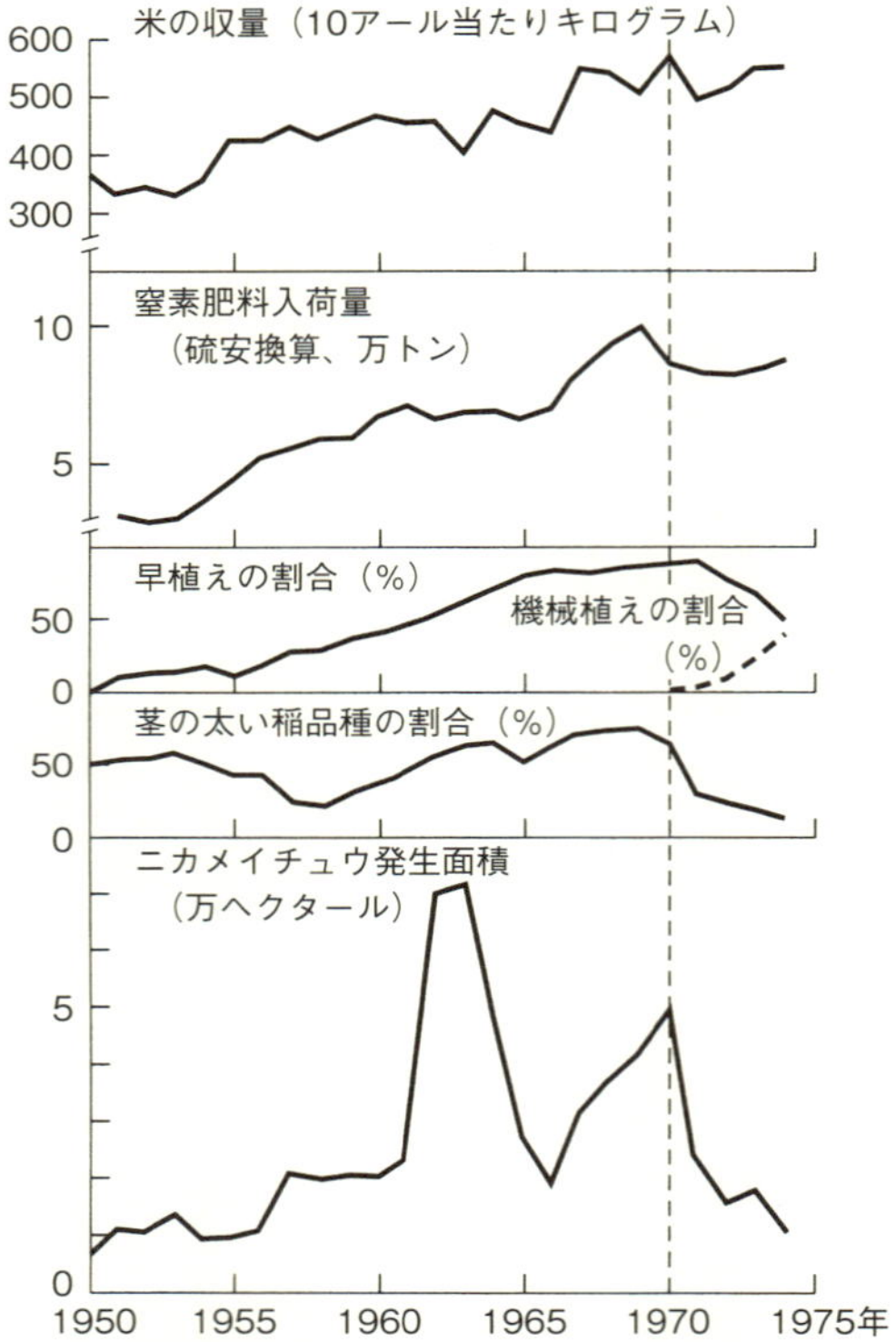

図 2-2　秋田県におけるイネの栽培条件とニカメイチュウの被害の推移（小山、2000）

こうして、農家はニカメイチュウの被害が多く出るという心配なしに、「早植え、多肥」という増収技術を取り入れることができ、米の生産量は飛躍的に増加していったのである[3]（図2-2）。

しかしそこに一つ問題があった。ＢＨＣはイネの茎に浸みこまないので、ニカメイチュウの卵から孵化した幼虫が、イネの茎に潜るまでの短い間にしか効果がなく、茎に潜ってしまった幼虫には効果がないのである。

そこで、その年、成虫がいちばん多く発生する時期を誘蛾灯で調べ、それから一週間後に幼虫が孵化して茎に潜る直前の時期をねらってＢＨＣを散布することがすすめられた。そのため、かつての「誘蛾灯」は「予察灯（よさつとう）」と名前を変えて、全国各県の農業試験場と病害虫防除所に設置され、これに集まる成虫の数から散布適期を農家に知らせるという「発生予察事業」が始まったのである。わたしが秋田県農業試験場で見た白熱電球の「予察灯」（図1-1参照）はこれであった。

農薬の毒性

その後、殺虫剤にも大きな進歩があった。それはパラチオンの発明である。これは戦時中に使われた毒ガスの成分から始まった化学物質で、有機燐を成分とする。この薬はＢＨＣとちがってイネの茎に浸透する。そのためニカメイチュウの幼虫が茎に潜ってからでも効果を発揮する画期的な薬剤であった。こうして散布適期の幅は広がった。しかし、この薬には大きな欠点があった。それは虫だけでなく人間に対しても猛毒であるということである。

厳しい使用上の注意が呼びかけられたにもかかわらず、パラチオンの散布作業にあたった多くの農家が死んだ。また散布直後に水田の付近を通った小学生が死んだこともある。そのためもっと毒性の低い低毒性有機燐系殺虫剤の開発が進められた。そして県農業試験場がこの新しい農薬の効果試験に追われるようになったことは、前に述べたとおりである。その結果、パラチオンは一九六九年に禁止された。ＢＨＣは引きつづき使われていた。その毒性は低いとされていたからである。ただその毒性の中身が問題であった。人間に対する化学物質の毒性には、「急性毒性」と言って、触れたあとまもなく死ぬというものと、「慢性毒性」と言って、長い間触れているとじわじわと効いてきて健康を害し死に至るというものがある。ＢＨＣはこの「急性毒性」は低いが、「慢性毒性」は高いのである。

また、ＢＨＣの分子には原子の構成は同じでもその立体的配列が異なる六個の異性体（いせいたい）というものがあって、殺虫力のあるのは、そのうちの一つだけであり、これをガンマＢＨＣと言う。それに対してベータＢＨＣと名づけられた別の異性体は殺虫力が低いのに毒性が高い。日本ではこの六つの異性体が混じったままのものが製品となって売られていたので、その毒性が問題となったのである。

さらにＤＤＴやＢＨＣのような有機塩素系の農薬は分解しにくく、自然界に蓄積するという性質をもつ。こういう化学農薬を「残留性農薬」と言って、これも問題であった。西日本ではイネのワラが牛の餌となっていたが、ＢＨＣが撒かれたイネのワラを食べた乳牛から搾った牛乳を飲んだ女性の母乳から、大量のＢＨＣ、中でも有毒なベータＢＨＣが検出されたので、これが大きな社会問題となった。

また、前に述べた高知県農林技術研究所の桐谷圭治さんたちは、ニカメイチュウ防除のために散布されたＢＨＣによって、イネ害虫のツマグロヨコバイにＢＨＣへの抵抗性が発達する一方、ツマグロヨコバイの天敵であるクモ類がＢＨＣに殺されるため、ツマグロヨコバイが大発生することを明らかにした。(4)

このツマグロヨコバイの大発生は、これが媒介するイネの病気の萎縮病や黄萎病の流行をまねいた。こうしたことからＢＨＣは一九七〇年に禁止され、以後、低毒性の有機燐系殺虫剤が使われるようになる。

しかし、この頃から農村の人手がどんどん都会に流れ出るようになった。農作業の機械化は、その原因でもあり結果でもある。水田を耕していた牛馬は耕耘機を経て大型トラクターに変わり、手刈りだった収穫はバインダーからコンバインへと変わった。刈り取ったイネの乾燥も天日から石油を燃やす乾燥機になる。手取りだった田の草取りも除草剤散布で簡単にすますようになる。わたしが少年時代、裏の田んぼで見たような牧歌的な農村風景はやがて見られなくなったのであった。そして、かつて人手で行われていた薬剤散布は広域のヘリコプター散布になり、新たな問題を引き起したことは前に述べたとおりである。

2　イネは補償力をもっている

ニカメイチュウ被害の実態を知る

一九七〇年春、自由に使える試験田を前にして、わたしはこれからニカメイチュウの研究をどう進めたらよいかと考えていた。

その目標はニカメイチュウに対する殺虫剤のヘリコプター散布を減らすことだが、その前に、わたしはまだニカメイチュウとその被害についてほとんどなにも知らないことに気がついた。

確かに、予察灯に入ったニカメイチュウの成虫は毎日数えていたから、よく知っている。また、害虫担当の先輩技師がやる薬剤効果試験を手伝って、薬剤散布後のニカメイチュウの被害茎を数えてはいた。また、収穫期にニカメイチュウの被害を受けたイネを見に行ったこともある。そのときには、幼虫に食われて田んぼ一面のイネが倒れ（**図2-3**）、一本のイネの茎の中に幼虫が何十匹も入っていたのを見て驚いたことはあった。しかし、こうした断片的な知識からではなにも始まらない。そこでまず、ニカメイチュウの被害の実態を知るための研究を始めることにした⑤。

図 2-3　ニカメイチュウの被害によってイネが倒れた収穫期の水田

わたしは試験田に、畑苗代で育てたヨネシロという品種の苗を五月一九日に植えた。この品種は茎が太く、ニカメイチュウの被害が出やすいので結果がわかりやすい。また窒素肥料も、元肥と追肥と合わせて一〇アール当たり一〇キロと普通より多めに入れた。これもニカメイチュウの被害が出やすい条件である。イネの病気を防ぐための殺菌剤の散布はしたが殺虫剤はいっさい使わなかった。

そして、田んぼの中に二〇株ずつ五列、合計一〇〇株のイネに印をつけて、田植えから、ほぼ五日ごとに、それぞれの株の茎の数と、そのうちニカメイチュウの被害を受けた茎の数を記録していった。

被害イネの収量調査

こうして春から秋の収穫まで合計二三回の調査をしたあと、イネの株ごとに印をつけて刈り取り、乾燥させて、一株ごとに穂の数（「穂数」と言う）を数え、一穂ごとに籾をはずしその数を数えた。一株の籾数を穂数で割った値を「一穂籾数」と呼ぶ。この籾は硫酸アンモニウムを溶かして比重一・〇六にした液に浸すと、よく稔っていない籾は浮くので、沈んでいる籾だけを取り出し、水でよく洗って乾燥させる。この籾は「登熟粒」と呼ばれ、食べられるお米になる籾である。全体の籾のうち「登熟粒」の割合を「登熟歩合」と言う。このあと登熟粒の籾殻をはずして玄米を取り出し、その重さを量る。これを「精玄米重」と呼ぶ。これを玄米の数で割ったものが、一粒重であるが、一般にはこれを一〇〇〇倍して「千粒重」と言う。このほか、籾殻をはずす前の籾の重さを量って「籾重」と呼ぶこともある。

こうした調査方法は農業試験場でイネの栽培試験を担当する技師から教わったものであった。ここで、いわゆるイネの収量とは「精玄米重」のことであるが、それは次の式であらわされる。

精玄米重＝穂数×一穂籾数×登熟歩合
×千粒重÷一〇〇〇

そして穂数、一穂籾数、登熟歩合、千粒重を収量構成要素と呼ぶ。

わたしは、一〇〇株のイネについて、時期別の株ごとのニカメイチュウの被害と収量構成要素の関係を知ろうとしたのである。つまり、「いつ頃のニカメイチュウの被害が、どのようにイネの収量に影響するか」を見たかったのであった。すべての調査が終わったのは秋も遅くなった頃であった。一年間、ほとんど試験田に入り浸っていたわたしは、今度は厖大なデータの整理に取りかかった。

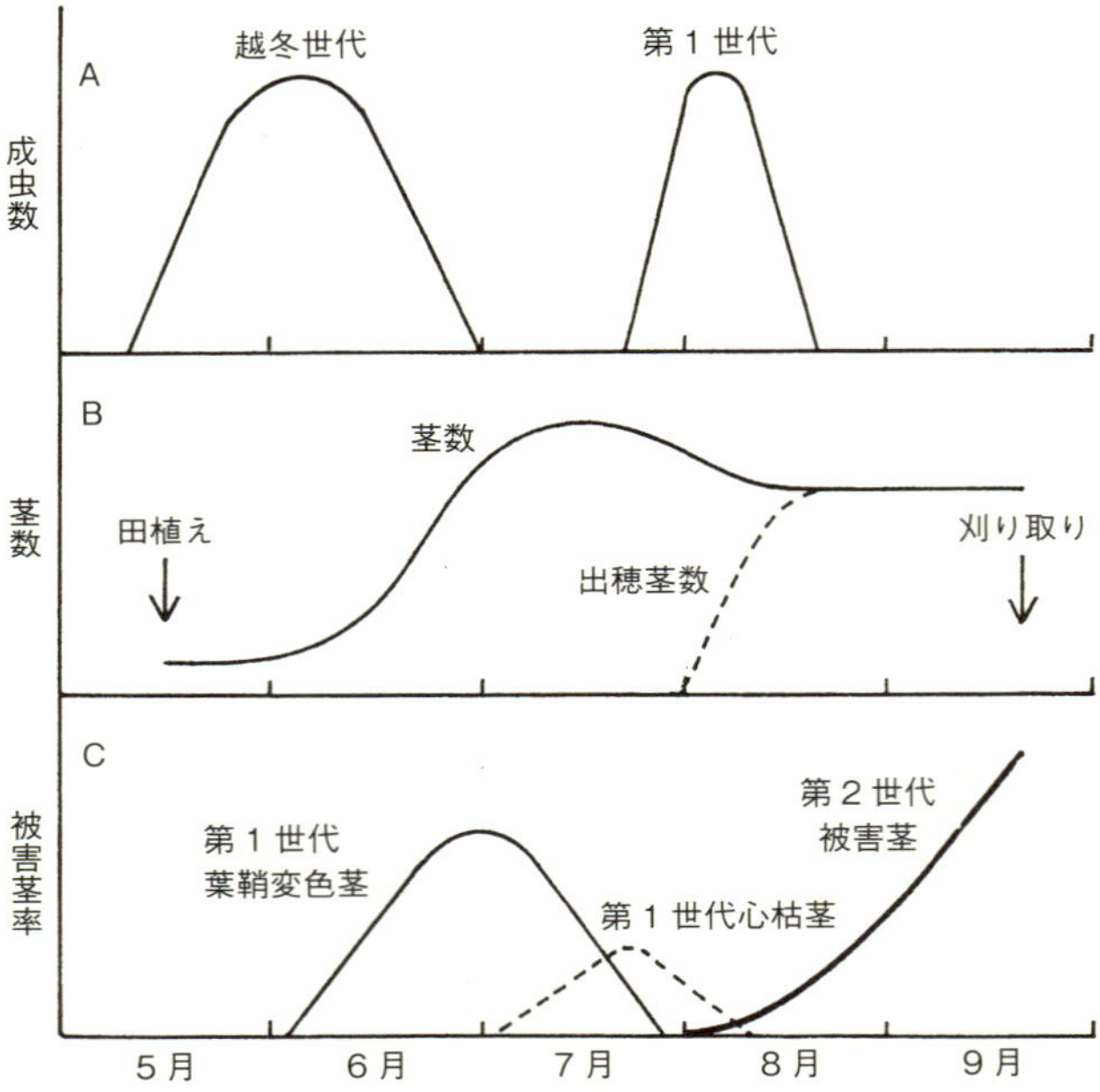

図 2-4　ニカメイチュウの発生とイネの被害の推移（模式図）。A：成虫発生消長、B：イネの茎数と出穂茎数、C：ニカメイチュウによる被害茎率（小山、2009）

イネの生育とニカメイチュウの発育は同調していた

この計算結果を述べる前に、イネの茎の数とニカメイチュウの被害茎の数がどう移りゆくかを述べておきたい（**図2-4**）。

まず、一年間のイネの生長を見ると、茎の数は田植え後しだいに増えて七月の中旬に最高値に達するが、その後は遅く出た細い茎が枯れて、穂を出す太い茎だけが残る。穂は八月に入ると出はじめて（これを出穂と呼ぶ）、中旬までに出そろい、九月末の収穫期にむけて籾が成熟していく。

これに対して、ニカメイチュウの被害（**図2-5**）は六月中旬から始まるが、はじめは葉鞘に幼虫が潜って枯らす「葉鞘変色茎」が増える。それに引きつづいて、茎の芯まで枯れる「心枯茎」が出はじめ、それはイネの茎数が最も多くなる七月末に最高に達する。これが第一世代の被害である。ニカメイチュウの第二世代の被害は八月のイネの穂が出そろう時期から始まり、被害茎は九月末の収穫期まで連続的に増えていく。

こうしたイネの生育とニカメイチュウの被害の経過について、これまで本では読んでいたが、実際調べてみると、イネの生育とニカメイチュウの発育は、じつにうまく同調しているものだと感心するばか

図 2-5　ニカメイチュウの被害茎。第１世代葉鞘変色茎（上）、第１世代心枯茎（中）、第２世代被害茎（下）

りであった。

ニカメイチュウは自然では水路に生えるマコモという草に一部入るものがあるだけで、そのほかの生活のほとんどすべてをイネに頼っている。だから、イネの栽培法が変わればニカメイチュウの発生のしかたも変わる。東北地方でのイネの早植えと多肥によってイネの生育がよくなったことは、ニカメイチュウにとってこのうえもない増加のチャンスだったということがよく納得できた。

第一世代幼虫に食われたイネ株の収量が多かった

次に、イネの株ごとに見た場合、時期別の被害と収量構成要素の関係はどうなっているだろうか。**図2-6**は、一〇〇株のイネの株ごとの時期別の被害茎数とそれぞれ株の収量構成要素との関係を相関係数であらわしたものである。このグラフで相関係数がマイナスなら、その時期に被害を受けた株で収量構成要素が減るということを意味する。逆に相関係数がプラスなら、その時期に被害を受けたイネ株では収量構成要素がむしろ増えるということになる。

結果を簡単にまとめると、六～七月の第一世代の被害茎が多いイネ株は、穂数が少ないが、一穂籾数が多く、登熟歩合が大きく、千粒重が重く、その結果、精玄米重が重い。つまり、株ごとに見た場合、ニカメイチュウの被害を受けた株の収量のほうがむしろ多いということだった。

八月以降、第二世代の被害茎が多いイネ株を見ると、穂数が多く、一穂籾数も多いが、登熟歩合が少なく、千粒重も少なく、精玄米重が軽い。これはニカメイチュウに食われると稔りが悪く収量が減るということで常識的な結果と言える。

しかし、第一世代の幼虫に食われたイネ株のほうがかえって収量が多い、という結果にはわたしも驚いた。この結果をわたしは次のように解釈した。おそらく第一世代のニカメイチュウの幼虫は生育のよいイネの株に集まったのだろう。あるいは、幼虫に食われて茎を失ったイネ株は新しい茎を太らせて、その損害を補償しようとしたのかもしれない。それに対して、第二世代の被害を受けたイネはもう茎を

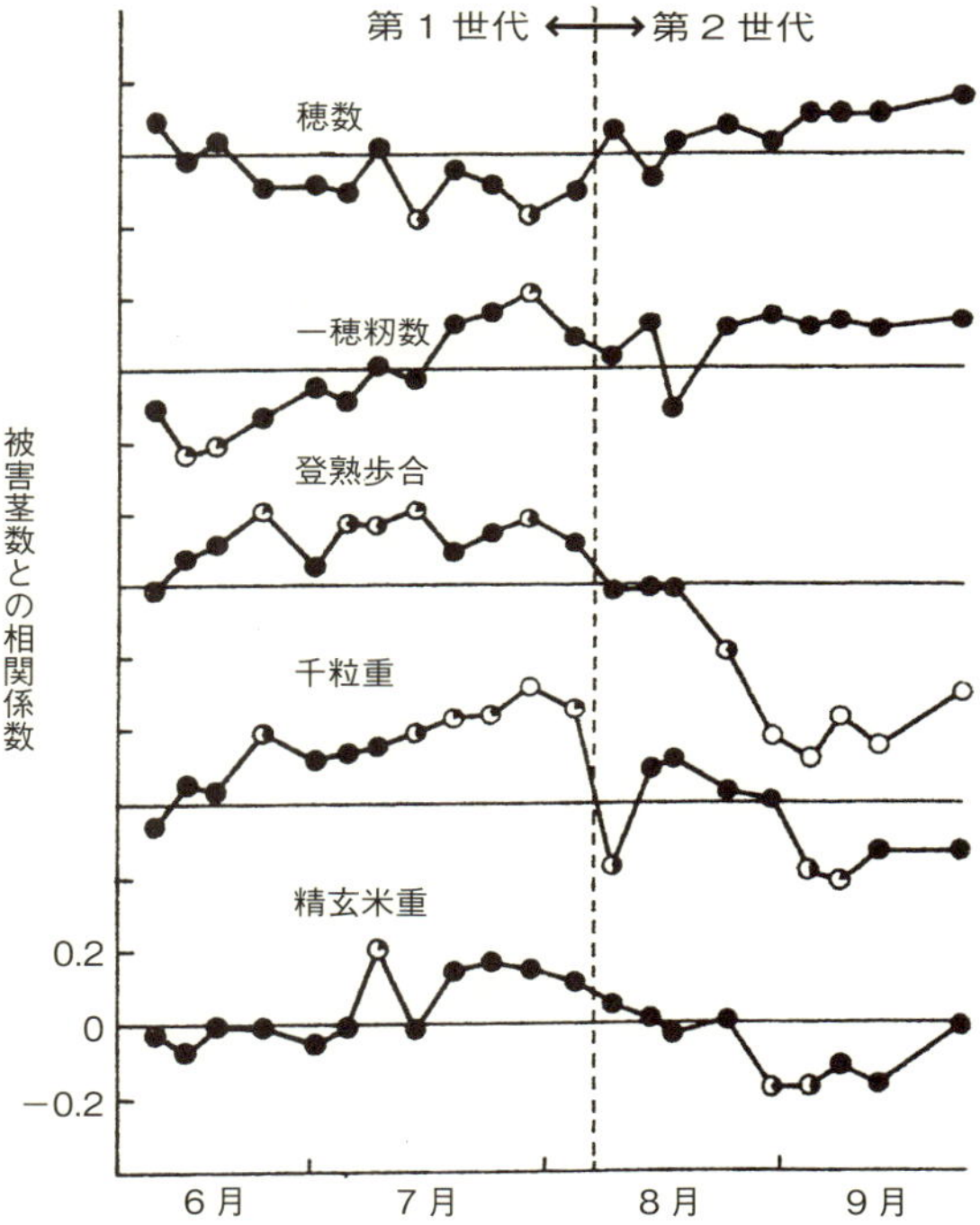

図2-6　時期別の被害茎数と収穫構成要素との相関係数。○：1%有意、◔：5%有意、◑：10%有意、●：有意性なし

増やすことはできず、籾の充実を妨げられて減収したのであろう。

これまで、害虫が作物に被害を与えた場合、その働きは一方的で、作物はただ被害を甘んじて受けるものだと思ってきた。しかし、そうではなくて、作物には害虫の被害に抵抗してその影響を軽くするという補償力があることを、この調査結果は示したものと言える。だから、害虫がいれば、なんでもかんでも、それを殺すために殺虫剤を散布しなければいけないという従来の考え方はまちがっているのではないか。これは殺虫剤のヘリコプター散布を減らそうという、わたしの目標にとっては有利な調査結果だと思ったのであった。ただ、この結果は、イネを株ごとに調べた結果だったから、田んぼに生えている集団としてのイネでも同じことが言えるかどうかは調べてみなければわからない。翌一九七一年には、この点を研究することにした。

実際の田んぼで収量を比較する

これまでのニカメイチュウに対する殺虫剤の効果試験では、試験田の中に薬を撒いた場所と撒かない場所を作り、そのあとの被害茎の数を比較するという方法が多かった。もし薬を撒いたところの被害茎が少なければ、薬の効果があったと判定するのである。その際、イネを収穫して収量まで調べることは普通しない。しかし、わたしは収量まで調べなければならないと思った。そうなると、試験ははるかに大変なことになる。まず水田内のイネの収量を均一にするために、生育ムラがないようにしなければならない。そのため、わたしはこれまで管理科の作業員まかせだった肥料撒きから始めた。

イネは正直である。アワヨトウのところでも述べたように、肥料が多いと葉の色が濃くなるので、肥料ムラはイネが生育すると歴然とあらわれるのだが、そのときではもう遅い。水田の水の管理も大切である。毎日二回、試験田に行って田の水の深さが均一になるように水の出し入れをする。水深はイネの生育を大きく左右するからだ。

こうやって用意した試験田に次のような試験区を設けた。ここで散布と書いたのはニカメイチュウ防除用の薬を撒くということである。第一世代の薬剤散布は六月下旬に、第二世代の薬剤散布は八月中旬に常法どおりに行った。

第一区　第一世代散布　　第二世代散布
第二区　第一世代散布　　第二世代無散布
第三区　第一世代無散布　第二世代散布
第四区　第一世代無散布　第二世代無散布

各試験区は同じものを三回繰り返し、その結果を平均する。こうして水田内のイネの生育ムラによる収量への影響を少なくしようと考えたのである。またイネの病気の影響もあるかもしれないので病気の薬だけは入念に散布した。

イネの生育調査は各区で二〇株、ニカメイチュウの被害調査は五〇株、今度は株ごとではなく集団として行った。秋になると一区当たり一〇〇株のイネを刈り取って、乾燥したあと、籾をはずして籾重、千粒重、精玄米重などを秋田県農業試験場で定められた方式で調査した。

秋遅く、**図2-7**のような結果が出た。

精玄米重つまりイネの収量は第一区と第三区が多く、第二区と第四区が少なかった。これは第一世代

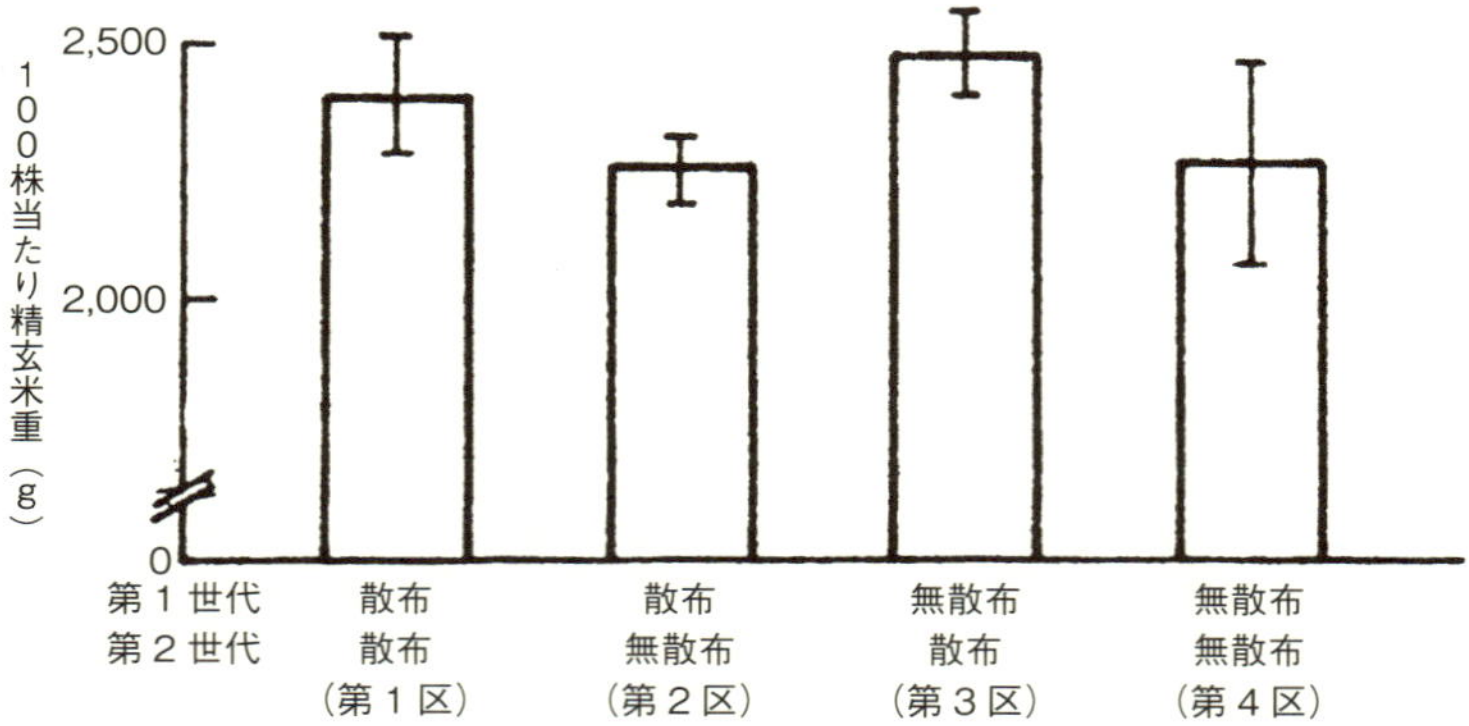

図2–7　ニカメイチュウ防除剤の世代別散布の有無と収量。縦線は60%信頼区間（小山、1973を改変）

の薬剤散布をやってもやらなくても収量は同じで、第二世代の薬剤散布をやると収量が多くなるということを意味する。

第一世代も第二世代も薬は確かに効いていて、散布した区ではニカメイチュウの被害はほとんどなかった。ということになると、第一世代のニカメイチュウはイネの収量を減らしていなかったということである。それに対して第二世代の被害は確かに収量を減らしている。第二世代の無散布区では収量だけでなく千粒重も軽かった。これはニカメイチュウの被害のために籾の充実が悪くなったことを示している。

この結果は、前年に行った株ごとの調査結果とよく一致するものであった。イネは第一世代のニカメイチュウの被害を補償したが、第二世代の被害は補償できなかったのである。

わたしはこの結果から、少なくともニカメイチュウに対する第一世代への殺虫剤のヘリコプター散布はやめてもよいのではないか、という希望をもった。しかし、この二年間の試験結果だけでは、ヘリコプター散布を続けようとする人たちへの説得力が、まだまだ足りないと思って三年目の研究に進んだのである。

3　殺虫剤のヘリコプター散布はどこまで減らせるか

秋田県内のいろいろな水田で同じ試験を行う

ヘリコプター散布を減らせる可能性があることはわかったが、これを多くの人に納得してもらうためには、次の二つのことが必要だとわたしは考えた。

一つは、この結果は、農業試験場の試験田という限られた場所で、一年限りの試験で得られたものである。第一世代のニカメイチュウの発生がこれよりもっと多いところでは収量が減るかもしれない。また第二世代の発生がもっと少なかったら収量に影響がなかったかもしれない。だから、ニカメイチュウの発生程度が異なる、さまざまな田んぼで何年も試験をしなければならないだろう。

もう一つは、多くの人にこの試験を実際に見てもらわなければ納得してもらえないのではないかということである。そこで、秋田県内のあちこちの水田で同じ試験をしようと思ったのだが、それは、わたし一人の力でとうていできることではなかった。そこで頼りになったのが、県内にちらばっている病害虫防除所の地区予察員たちである。この人たちは、県内各地の病害虫の発生状況を予察本部の病虫科に知らせてくれる役目を背負ってきたが、今では、各地域のヘリコプター散布の世話役としても忙しい毎日を送っていた。

ヘリコプター散布は風の弱い午前中に行われる。そのため、地区予察員は早朝に散布の現場に出かけて立ち会い、もし雨が降ってきたときなどには散布をやめるか続けるかなどの指示を出す。もし散布によってミツバチ、カイコなどに被害が出たら、その対策に奔走するのもこの人たちであった。

もしニカメイチュウに対する殺虫剤のヘリコプター散布がむだであるとしたら、これを一日も早くやめてもらいたいと思う気持ちは、わたしと同じであったから、わたしの試験には喜んで協力してくれることになった。

「病害虫発生予察検診車」でフットワークが軽くなる

もう一つ、この頃病虫科に「病害虫発生予察検診車」という武器が入った。排気量二〇〇〇CCのトラックを改造した小型バスのような車体には、実験台や流しなど簡単な実験ができる装備がついている。緑色に塗装したこの車を駆って、わたしは県内どこへでも出かけることができるようになった。

そこでわたしは一九七二年と一九七三年に、秋田市内で農業試験場のほかにもう一カ所と、県南部の十文字町（じゅうもんじまち）（現・横手市）と湯沢市（ゆざわし）にそれぞれ一カ所、合計三カ所で農家から水田を借りて、一九七一年に農業試験場で行ったものと同じ試験をやることにした。

試験田の農家からの借り上げや、現地での試験の手伝いは地区予察員の人たちが引き受けてくれたので、わたしは検診車に薬剤や散布機具を積んで現地に出かけて行って、薬剤散布や被害茎の調査をした。また、秋には刈り取ったイネを山のように車に積んで試験場に持ち帰り、収量を調べた。

困ったのは、この頃から全県的に第一世代のニカメイチュウの発生量がしだいに少なくなってきたことである。その理由はあとで述べるが、ともかく虫が出なければ試験にならない。

そこで、農業試験場の試験田では、あらかじめニカメイチュウの成虫に産ませておいた卵塊をイネの株につけて幼虫の発生量を多くするということもやった。そのためには多くの成虫が必要になるので、夜に田んぼの中に電灯をつけて、その後ろに白い大きい布をはり、成虫が集まってきたところで採集する。虫は日没二時間後の午後八時頃がいちばんよく集まるので、共働きの我が家では、夕食をすませ子どもを寝かせつけてから試験場にもどり、たくさんのガや甲虫が飛びまわる中からニカメイチュウの成虫だけを集めるのであった。これをイネの苗とともに網カゴに入れ、葉に産みつけられた卵塊を葉ごと切りとって試験田のイネの葉に貼りつけた。

一九七一年の試験場での試験も含めると、三年間で合計一一組のデータが集まったのは一九七三年の秋であった。

ニカメイチュウ被害の調査時期

その結果を述べる前に、ニカメイチュウの被害の出方をもう一度おさらいして調査時期を述べておこう（図2-4、図2-5参照）。

第一世代の被害はまず「葉鞘変色茎」としてあらわれる。これはイネの葉鞘が茶色に枯れるもので、これだけで終われば被害にはならない。幼虫がもっと茎の芯まで食い入って枯れたものを「心枯茎」と言ってこれが第一世代の実質的な被害である。そこで葉鞘変色茎の割合が最も多くなる六月下旬が薬剤散布の適期とされている。この時期に試験区の葉鞘変色茎率を調べるとともに、散布区には薬剤を散布した。また、心枯茎の割合は七月下旬に最大になるので、これもその時期に試験田に行って調べる。

第二世代の被害を防ぐための薬剤散布適期は八月中旬である。これで被害の進行は防げるが、散布しない試験区では収穫期にむけて被害茎が連続的に増えていく。そこで収穫時に第二世代の被害茎の割合を調べるとともにイネを刈り取り、散布した区が散布しない区よりどれだけ増収したかを調べた。

被害茎率五パーセントを超えなければ薬剤散布の必要はない

こうした結果を一一組のデータについて見たのが図2―8である。これを見ると、第一世代では被害末期の心枯茎率が、五パーセントを超えた二枚の田んぼで散布した区が増収した。また第二世代でも被害末期の被害茎率が五パーセントを超えた二枚の水田で散布によって増収した。それ以外の場合には無散布区との間に統計的な有意差が認められなかった。

つまり、ニカメイチュウの発生の第一世代でも第二世代でも「無散布区の被害茎率が五パーセントを超えない場合には、薬剤散布の必要はない」ということがわかったのである[6]。

当時、地区予察員は全県の合計二七〇地点に農薬を散布しない水田を設けて、農薬を散布しない場合の害虫の被害調査を行っていた。これらの無散布水田でのニカメイチュウの第一世代の被害茎率はすべて五パーセント以下、第二世代でも五パーセントを超える水田はわずかであった。したがって、秋田県では第一世代のニカメイチュウはイネの収量を減らす可能性がないから、そのための殺虫剤のヘリコプター散布はやめてもよいと言える。

ただ、ここで問題なのは、ニカメイチュウの被害程度がわかるのが薬剤散布の適期を過ぎたあとだということである。さきほども述べたが、第一世代の散布適期は六月下旬であるのに対して、被害茎率

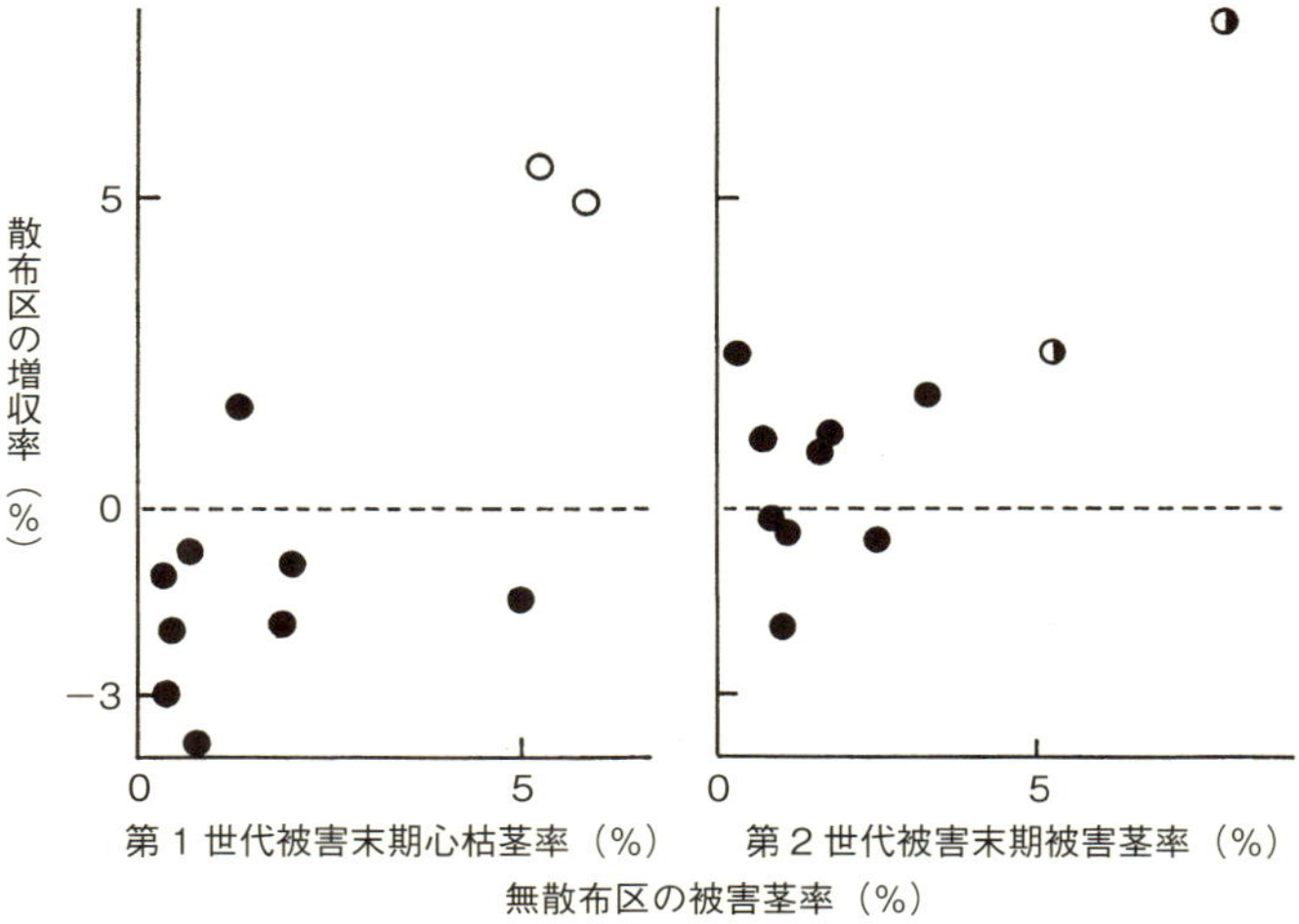

図 2–8　薬剤散布による増収効果。白丸は 5%有意、半白丸は 10%有意、黒丸は有意差なし（小山、1975）

（心枯茎率）は七月下旬にわかる。第二世代の散布適期は八月中旬なのに、被害茎率は収穫期の九月下旬にならないとわからない。

したがって、ニカメイチュウの発生程度に応じて薬剤散布の要否を知るためには、あらかじめ将来どれだけ被害が出るかの予測をしなければならない。

県の要防除水準として正式に認められる

そこで、わたしは、第一世代では被害末期の心枯茎率を散布適期の葉鞘変色茎率から予測できないだろうかと考えた。また第二世代被害末期の被害茎率は、第一世代の心枯茎率から予測できないだろうか。

計算の結果、**図2–9**のように第一世代では散布適期の葉鞘変色茎率と被害末期の心枯茎率との間には直線的な相関関係があり、葉鞘変色茎率が一二パーセントのときに心枯茎率が五パーセント

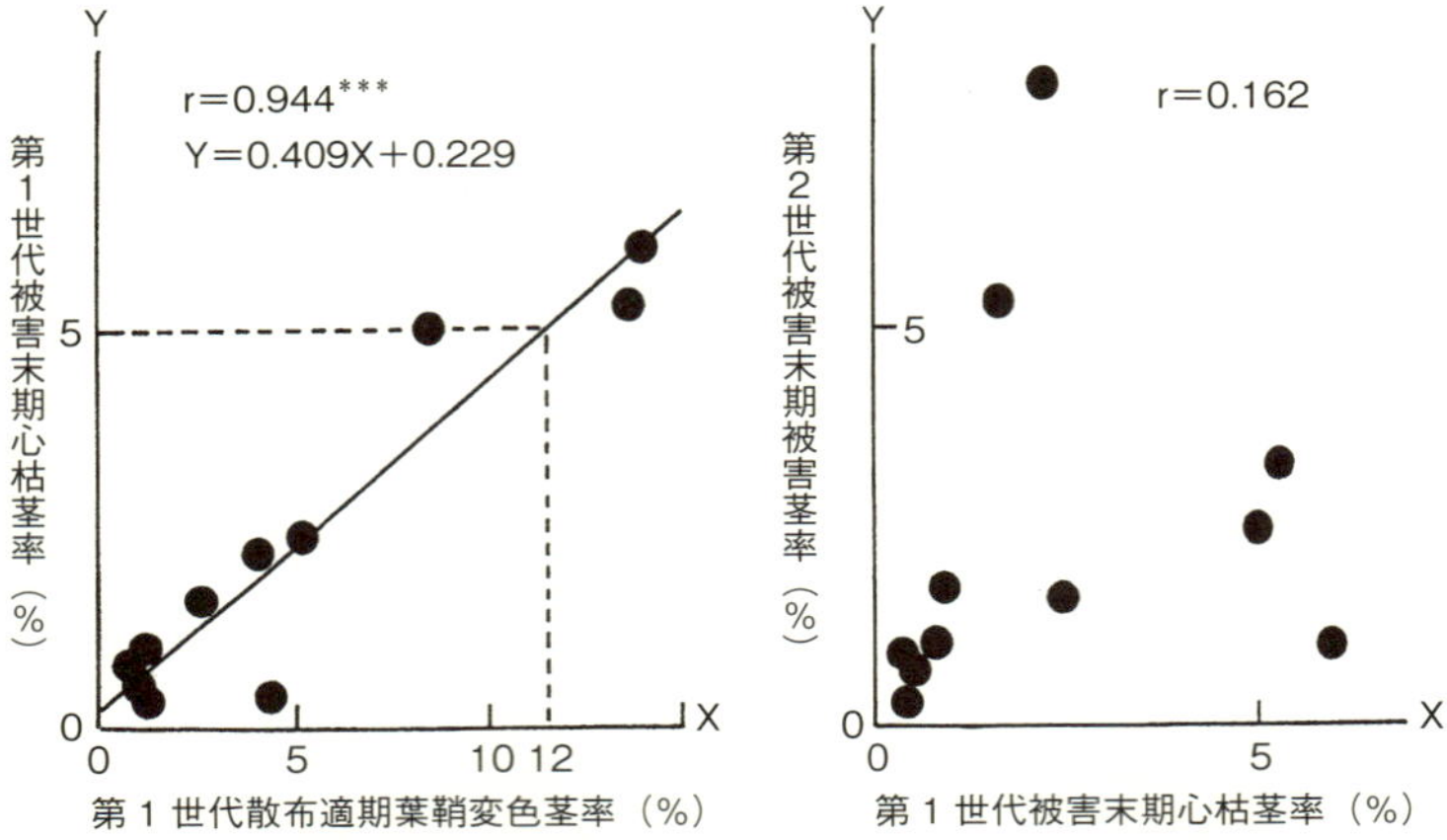

図 2-9　各時期の被害茎率の関係（小山、1975）

になることがわかった。

このことから、「薬剤散布適期に葉鞘変色茎率が一二パーセントを超えたときだけ薬剤散布をすればよい」という結論となる[6]。これは「ニカメイチュウ第一世代の要防除水準」として秋田県で正式に認められた。

これに対して、第一世代被害末期の心枯茎率と第二世代被害末期の被害茎率の間にはなんの関係も見いだせなかった。つまり、第一世代の被害が多い田んぼが必ずしも第二世代の被害が多いとは限らないということである。したがって残念ながら第二世代の要防除水準の設定はあきらめなければならない。それでも二回の散布のうち第一世代だけでもやめることができそうで、わたしは嬉しかった。手伝ってくれた地区予察員の人たちも喜んでくれた。いよいよこの第一世代要防除水準をもって、県庁で開かれるヘリコプター散布計画の会議にのぞむことになった。この頃になると、病虫科の科長もわたしの考えをよくわかってくれていた。地区予察員も大賛成である。でも会議ではこういう意見が出た。

「第一世代のヘリコプター散布は確かにニカメイチュウに対しては減らせると思うが、この農薬散布はイネドロオイムシにも同時に効かせるためにやっている地域もある。それをどうするか」

イネドロオイムシの防除をどうする

イネドロオイムシという害虫は、漢字では「稲泥負虫（いねどろおいむし）」と書く。田植え後まもないイネに幼虫が発生して葉の表面をかじるが、この幼虫が糞を背中に盛り上げたところがあたかも泥を背負っているように見えるので、この名がついている。この虫は秋田県の日本海沿岸部に多く発生して、幼いイネの葉を真っ白にして生育を妨げ（**図2-10**）、かつては冷害の被害を助長するものとして恐れられてきた。

図2-10　イネドロオイムシの被害

ニカメイチュウの第一世代の薬剤散布はこのイネドロオイムシも殺すので、この虫の多い地域では「同時防除」といって殺虫剤のヘリコプター散布の対象害虫となってきたのであった。そこでわたしは翌一九七四年から、イネドロオイムシの被害と収量の関係も調べることになった。

イネドロオイムシは試験場の試験田にはあまり多くないので、秋田市内のイネドロオイムシの発生の多い水田を借り、一九七六年まで三年間、合計一八枚の水田で調べた結果、「イネの葉の二〇パーセント以上が食われた場合に、イネの茎数が少なくなって収量が減ることがある」という結果が出た[7]。イネの生育がよい場合には二〇パーセントの葉が食われても収量に影響が出ないが、生育の悪いイネの場合には減収することがあった。

次にニカメイチュウと同じように、被害予測の方法を考えた。

イネドロオイムシの成虫はホタルのような形をした青黒い甲虫である。これが、イネの葉に一〇個前後の小さい黒い卵を塊状に産みつける。これを卵塊と言う。わたしはこの卵塊の数とその後の幼虫の被害との関係を調べた。これにはイネドロオイムシの多く出る、秋田市内の山間部の農家の田んぼを車で回って、水田の卵塊数とその後の葉の被害の関係を調べることにした。

こうして一九七四年から三年間で合計五〇枚の無散布の水田で卵塊数と被害の関係を調べた結果、次のことがわかった[8]。

「一株当たり〇・五卵塊のときに葉の二〇パーセントが食われることがある」

多くの場合には幼虫がいろいろな原因で死ぬので、これほどイネの葉が食われることがないのだが、この結果は幼虫の生き残りが最も多い場合について述べたものである。

以上の結果を組み合わせると、「イネドロオイムシの卵塊が一株当たり〇・五個以上ある場合には、葉の二〇パーセントが食われることがあり、イネの収量が減る可能性があるので薬剤散布をしたほうがよい」という要防除水準ができた。

それでは実際、秋田県内でイネドロオイムシはどれくらい発生しているのだろうか。これを地区予察員が調べたところ、ほとんどの水田で卵塊の量はこの基準以下であり、薬剤散布の必要はなかった。

要防除水準の設定でヘリコプター散布が中止に

こうして、ニカメイチュウ第一世代とイネドロオイムシの要防除水準が秋田県で正式に認められたので、一九七八年からは、六月下旬のニカメイチュウ第一世代に対する殺虫剤のヘリコプター散布はようやく中止されることになった。当時、秋田県の水田面積は約一一万〜一二万ヘクタールであったが、中止されたのは約一万ヘクタールで行われてきたヘリコプター散布である。その結果、この時期に多かったカイコやミツバチへの農薬被害はまったくなくなった。

しかし、要防除水準が設定できなかった第二世代の約五万ヘクタールのヘリコプター散布はなおも続けられ、散布面積はますます増えていった。一九七〇年から始めたわたしの七年間の研究は、一年に二回行われてきたヘリコプターによる殺虫剤散布のうち第一世代だけを減らす結果ではあったがこれで終わった。そして第二世代の要防除水準を決める研究は後任の鶴田良助(よしすけ)さんに引き継がれることになった。

鶴田さんは約一ヘクタールの広さの場所のいくつかの水田で、第一世代の心枯茎率を調べて平均し、その地域内の水田の第二世代の平均的被害を予測するという方法によって、広い地域での散布の要否を判定することに成功し、これが「広域的要防除水準」となった。

また、その後、ニカメイチュウの防除薬剤の進歩によって、第二世代の発生量が予想できる遅い時期に散布しても効果の出る薬剤が開発された。その結果、第一世代と同じように田んぼごとの要防除水準が決められるようになった。

図2-11は秋田県のニカメイチュウの発生面積と薬剤散布面積、そのうちの航空防除(ヘリコプター散布)面積を一九五八年から二〇〇六年まで示したものである。グラフ上のAはわたしの研究で第一世

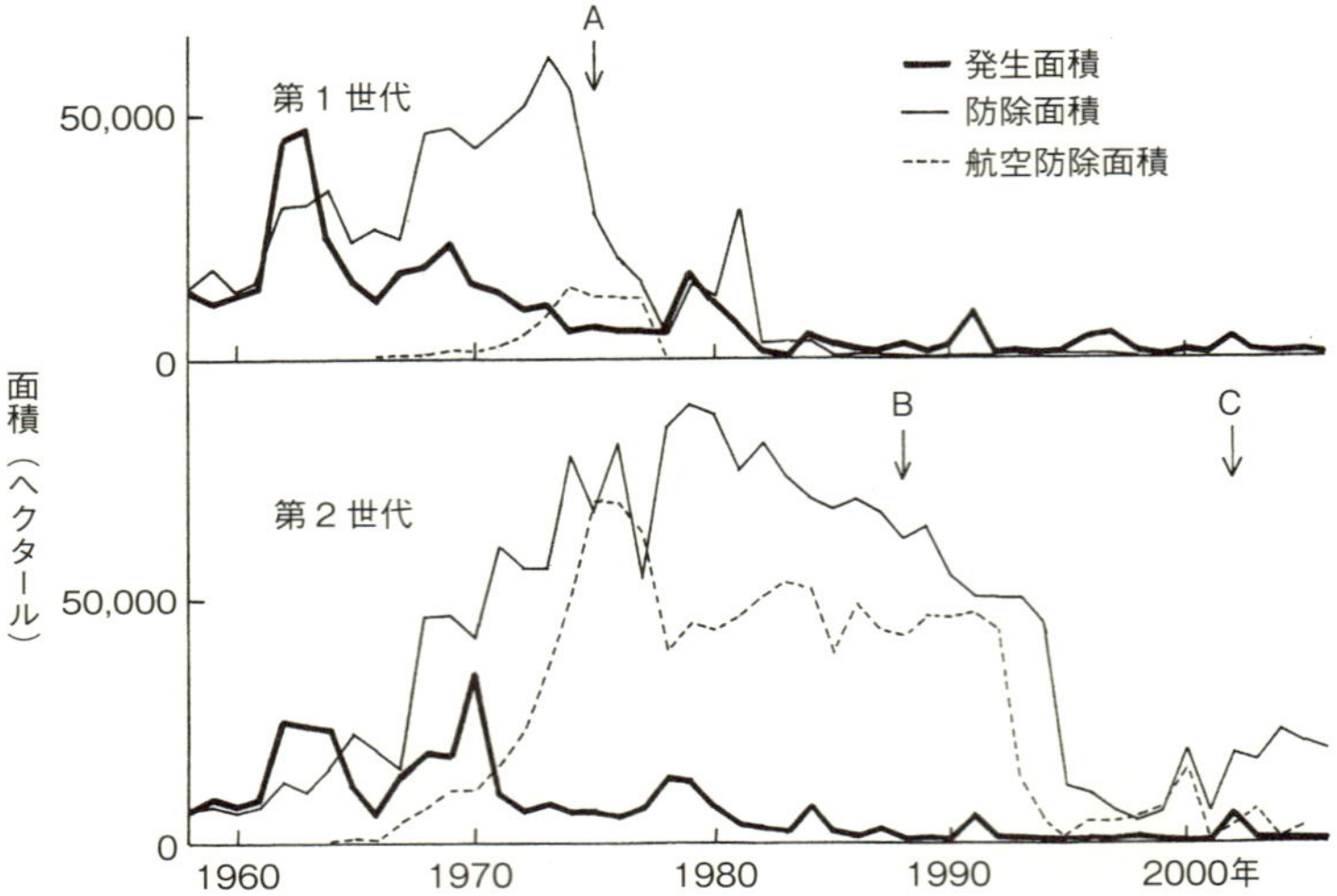

図 2-11　秋田県のニカメイチュウの発生面積と防除面積、航空防除（ヘリコプター散布）面積の推移。A：第 1 世代要防除水準設定、B：第 2 世代広域的要防除水準設定、C：第 2 世代要防除水準設定（小山、2009）

代の散布の要否が決められるようになった一九七五年で、Bは鶴田さんの方法によって広い地域での第二世代の散布の要否が決められた一九八八年、Cは薬剤の進歩によって個々の水田での第二世代の散布の要否が決められた二〇〇二年である。こうして、散布の要否が決められるようになるとまもなく、その世代のヘリコプター散布面積、そして散布面積全体が減っていることがわかる[9]。

でも、このグラフで最も注目してほしいのは、ニカメイチュウそのものの発生面積が一九七〇年頃からしだいに減っていることである。それにもかかわらず、逆に散布面積がどんどん増えていったのである。わたしたちの研究はこうした不要なヘリコプター散布を確かに減らしたと言える。

それでは、ニカメイチュウはなぜ減ったのだろうか。

4　ニカメイチュウはなぜ減ったのか

イネの品種の変化と農業機械の普及

前節の**図2-11**でもわかるようにニカメイチュウは、わたしが秋田県農業試験場に勤めた一九六〇年代に最も多くなった。秋田県では毎年、病害虫ごとに発生面積というものが発表されるが、ニカメイチュウの発生は一九六三年には最大となり、そのうち第一世代が約五万ヘクタール、第二世代が約二万ヘクタールとなった。なお、この頃の秋田県の水田作付面積は一一万〜一二万ヘクタールで、あまり変動していない。

しかしその後、発生面積はしだいに減少し、特に一九七〇年からは急速に減って、第一世代も第二世代も一万ヘクタールを切るようになってきた。その原因と考えられたのは、茎の太い品種から細い品種への転換と、田植機と収穫機の普及である[3]（**図2-12**）。

この頃から、米の国内消費量が減ってきたので、これまでのように米はたくさん作ればよいということではなくなり、一九七〇年からイネの作付面積を減らす政策（減反政策）がとられるようになってきた。また、おいしい米でないと売れないということで、イネの品種も変わったが、こうした品種には茎の細いものが多かった。

もう一つは、農村から都市への人の流出がますます激しくなるとともに、農村部への工場の進出もあ

図 2-12　田植機（上）と収穫機（下）

り、多くの農家は農業以外の兼業をするようになって、稲作の能率を上げるための機械化がますます進んだ。そしてこれまではイネの苗を手で植えていたが、田植機が開発されたのだった。

　手植えの場合、イネは葉の数が四〜五枚になるまで苗代で育てられる。しかし、機械植えの場合には、土を詰めた薄い箱に種籾を隙間なく播き、葉の数がまだ一〜二枚の小さい苗を機械の爪で掻きとって、一定間隔に田んぼに植えていく。葉が四〜五枚になるまで置いておくと、箱の土が少ないために苗がよく育たないからである。それに、苗を管理する期間も短くてすむ。そのかわり、植えつけたイネは、はじめのうちは細く弱々しい姿をしているが、水田でしだいに生長していく。それでも、手植えに比べれば茎は細い。こうした茎の細いイネではニカメイチュウの幼虫の育ちが悪くなるのだろうと考えられていた。

　わたしは、本当にそうなのかを確かめてみたいと思った。そうすれば、ニカメイチュウがこれからも減っていくかどうかがわかるだろうし、ヘリコプター散布をやめるとニカメイチュウが増えるのではないかという一部の疑いの声にも答えられると思ったのである。

ニカメイチュウの生命表を作る

そこで、わたしはニカメイチュウの生命表を作ろうと考えた。ここで「生命表」というのは、もともとは生命保険会社が保険金を計算するために使うものである。これは例えば一〇〇〇人の人が生まれてから成人になり年老いて死ぬまで、どのように減っていくかを人口統計から計算した表で、これをグラフであらわしたのが「生存曲線」である。生命表は各時期の死亡の原因まで記録した表である。

ニカメイチュウの場合、一対の雄、雌が交尾すると雌はおよそ三〇〇粒ほどの卵を産む。もしこれが全部育てば、次の世代は一五〇倍に増えてしまうはずだから、そういうことはありえない。自然では虫が発育の途中でいろいろな原因によって死んでいく。仮に、成虫になるまでに二九八匹の虫が死んで、雄、雌各一匹が生き残れば、次の世代の虫の数は同じとなる。それ以上死ねば次の世代の虫は減るし、それ以下の死亡率なら次の世代の虫は増えるはずである。したがって発育中の虫の死んだ数とその原因を記録した生命表を作ることによって、ニカメイチュウが将来、増えるか減るかを知ることができるであろう。

さて、生命表の作り方であるが、わたしはあらかじめ網をかけて自然の成虫が卵を産めないようにした田んぼを作り、そこに、夜、電灯で集めた成虫に産ませた卵をイネに貼りつけてやって、その後、幼虫の数がどのように減っていくかを追跡することにした。

詳しい方法は省くが、わたしは細かい網をかけた縦横三・六メートルの試験田の中に縦横九〇センチの大きさの区画（手植えは一六株、機械植えは一八株のイネを含む）を一六区画作り、その区画の中央のイネに、あらかじめ用意して数のわかっているニカメイチュウの卵を貼りつけて、このあとほぼ一〇日おきに、三区画ずつイネの株を抜きとって実験室に持ち帰った。そして、イネの茎を一本一本裂いて、中にいる幼虫を数えた。幼虫はアルコールに浸けて保存し、顕微鏡の下で頭の幅を測る。ニカメイチュウの場合、卵から孵化したあと五回脱皮して一齢から六齢にまでなるので、頭の幅から何齢に達したかがわかる。このあと幼虫から蛹になっているものは、生きたまま小さいガラス瓶に入れて保存し、成虫が羽化してくるのを待つ。幼虫や蛹は発育の途中で病気になったり、別の虫に食われたり、寄生蜂に寄生されたりして死ぬが、死亡の原因は幼虫や蛹の死骸から判定する。

　こうした生命表作りは一九七五年から始めたが、第一世代の発生時期と第二世代の発生時期に、茎の

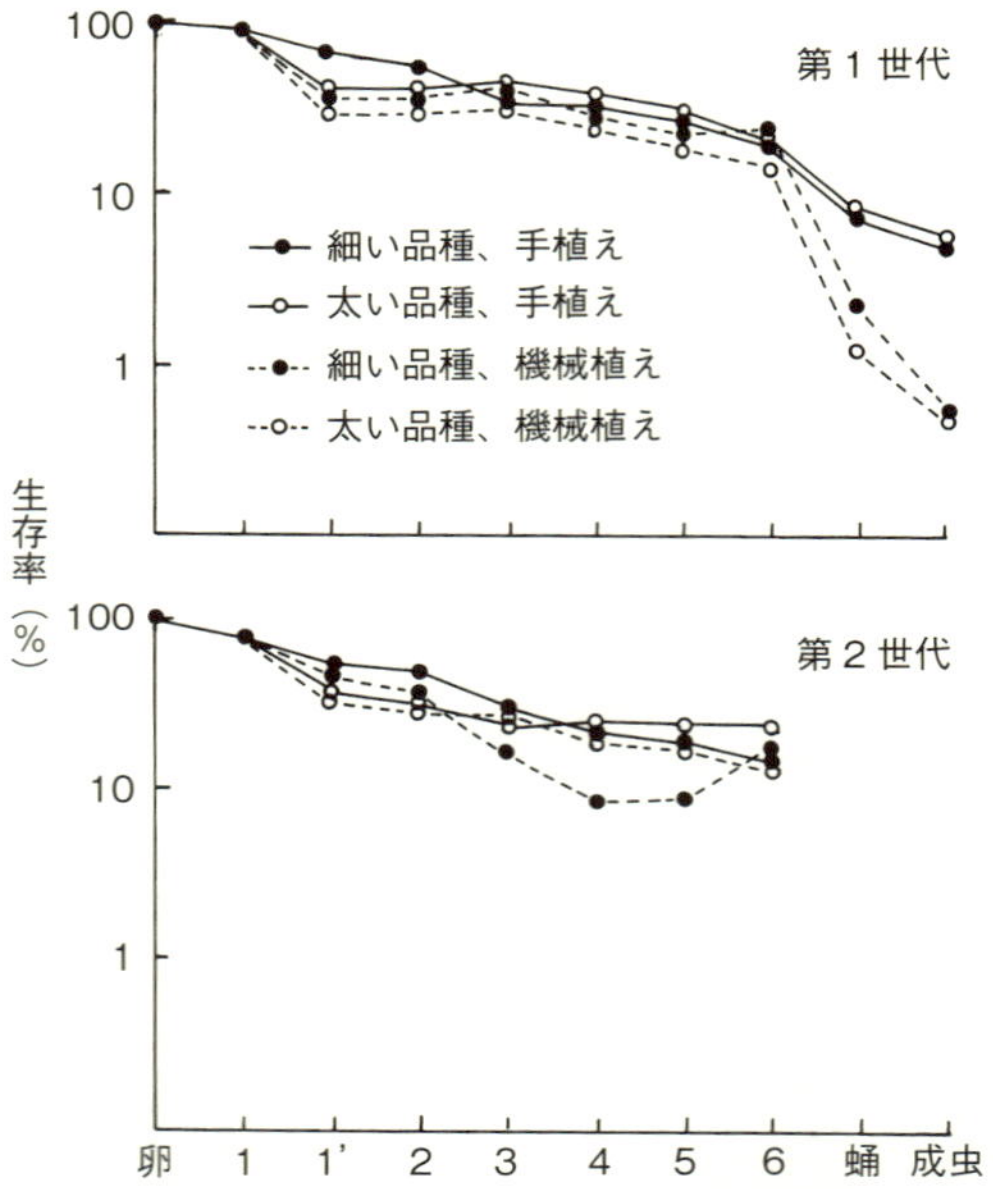

図 2–13　ニカメイチュウの生存曲線。横軸の数字は幼虫の齢を示す。1 は孵化した 1 齢幼虫で、1' は茎に潜った 1 齢幼虫。縦軸は対数目盛

太いヨネシロと細いトヨニシキという二つのイネの品種をそれぞれ手植えと機械植えした四種類の試験田で行った。

その結果、卵から成虫までどのように生き残ったかの生存曲線を図2―13に示した。

機械植えと手植えの差

第一世代に卵から成虫まで生き残った虫の割合は次のとおりであった。

細い品種・手植え　四・四パーセント
太い品種・手植え　五・〇パーセント
細い品種・機械植え　〇・六パーセント
太い品種・機械植え　〇・五パーセント

この結果から、品種の差はほとんど認められなかったが、機械植えは手植えと比べて明らかに生き残る成虫の数が少ない。そして、グラフを見るとわかるように、その差は六齢幼虫まではあまりなくて、六齢幼虫から蛹、あるいは蛹から成虫になるときに出ている。これは機械植えのイネがニカメイチュウ幼虫の発育にとってあまりよくないために、幼虫から蛹や成虫になりにくいことを示すものであろう。

第二世代の結果は次のとおりであった。なお、第二世代のニカメイチュウは収穫期の幼虫までの生命表しか作れなかったので、それまで生き残った幼虫の割合を示してある。

細い品種・手植え　一三・八パーセント
太い品種・手植え　二二・二パーセント

細い品種・機械植え　一六・七パーセント
太い品種・機械植え　一三・四パーセント

この結果からでは、第二世代の品種と植え方の違いによる差ははっきりしない。しかし、収穫後の幼虫はワラや刈り株の中で冬を越し、翌春、蛹になって成虫となるから、本来はそこまで追跡しなければわからないのである。

一九七六年にはトヨニシキよりもさらに茎の細いハツニシキという品種を使って同じ試験を繰り返したが、機械植えでは第一世代の虫の生き残りが少ないという結果に加えて、茎の細いハツニシキで生き残りが少ないという結果が出た。以上の結果から、少なくとも、第一世代の発生時期には機械植えと茎の細い品種がニカメイチュウを減らしたということは言える。したがって、機械植えと茎の細い品種が続く限り、ヘリコプター散布をやめても、ニカメイチュウが増える心配はないと考えられた。

イネの栽培条件と深い関係にあるニカメイチュウ

また、虫が死ぬ原因の一つに天敵の働きがあるが、ヒメクサキリというバッタの仲間がニカメイチュウの卵を食うことがわかった。幼虫時期にはメイチュウサムライコマユバチとアオモリコマユバチという寄生蜂に寄生され蛹になる少し前に死ぬ。蛹になってからはヒメバチの一種が寄生していた。また、ヤマトトックリゴミムシという甲虫の幼虫が幼虫や蛹を食う。そのほか病気で死ぬものもあった。しかし、こういう天敵類で死んだ虫の割合は少なく、多くの死亡原因は不明であった。その原因はおそらく餌としてのイネの栄養条件が悪いことによるものだと考えられた。

殺虫剤が水田に散布されるようになる以前は、ニカメイチュウには多くの天敵がいた。例えば、前に述べた卵に寄生するズイムシアカタマゴバチという寄生蜂の寄生率は、かつては八〇パーセント以上という記録があるが、今回の調査では卵の寄生蜂はまったく見られなかった。このように天敵が減ったのは殺虫剤散布によるものであろう。したがってニカメイチュウが減った原因は、天敵によるものではなくて、イネの栽培法の変化によるものであるとわたしは考えている。

このほかに、ニカメイチュウが減ったのは、イネ刈りが機械化されて、ワラが裁断される結果、中にいるニカメイチュウの越冬幼虫がつぶれて死ぬことも原因の一つと考えられている。今では農業試験場の研究者でもニカメイチュウを見たことのない人が多い。こうしてかつてのイネの大害虫であったニカメイチュウは、もはや害虫とは言えなくなったのであった。

しかし、一九八〇年代に入って、九州、中国、関東地方などでニカメイチュウの発生量が再び増える場所が出てきた。これらの地域では果樹や園芸作物の敷きワラの中で越冬したニカメイチュウが発生の原因となっているという。このようにイネの栽培条件がこの虫の生育にとって有利になれば、再び害虫として復活してくる可能性は十分にある。

このようにニカメイチュウはイネの栽培条件ときわめて深い関係にある害虫なのである。

5 害虫の総合防除を目指して

「総合防除」の考え方

わたしがニカメイチュウへの農薬散布を減らすための研究をしていた一九七〇年代は、農薬一辺倒の害虫防除から「総合防除」という新しい考え方が広がり出した時代であった。わたしの研究もやがて「農薬依存度の軽減に関する研究」という農林省の研究補助金を受けて行われるようになっていた。「総合防除」とは簡単に言えば、いろいろな弊害のある農薬の使用を最小限にし、農薬以外の防除手段、例えば天敵の利用とか害虫の出にくい栽培法とか、さまざまな防除手段を総合的に組み合わせて、害虫の発生を経済的に許容できる範囲にとどめようとする防除法である[10]。最近ではこれは「総合的有害生物管理＝ＩＰＭ」と呼ばれている。つまり、被害が経済的に問題にならない範囲なら害虫はいてもよいということで、わたしのニカメイチュウへの農薬散布軽減の研究は、はからずも、この「総合防除」の考え方にそったものであった。これが、当時、総合防除研究の先頭を走っていた高知県農林技術研究所の桐谷圭治さんの目にとまり、知り合うようになった。

そこで、わたしは一九七三年一一月には高知を訪れて桐谷さんとそのスタッフの研究現場を見せてもらった。高知県は田んぼが少なく、ナス、トマト、ピーマンなどの野菜のビニールハウス栽培王国であったが、この野菜の病害虫防除のために年三〇回以上も行われてきた農薬散布を軽減しようとする研究が行われていた。こういう研究は県の試験場でなければできない。秋田と高知は遠く離れていて作物はちがっていても、「総合防除」を目指す点では同じであると感じた。

その後、わたしは桐谷さんの推薦によって農林省の「害虫の総合的防除法策定委員会」のメンバーになった。その結果、一九七五年九月には桐谷さんが秋田までわたしの研究現場を見に来てくれる一方、わたしはこの委員会の検討会議のため一二月にもう一度高知を訪れた。そして、この委員会の報告書[11]には、秋田のニカメイチュウの要防除水準が記載されたのであった。

桐谷さんは特にわたしの「ニカメイチュウの生命表」の研究に興味をもち、英語で論文を書くようにすすめられた。わたしはこれまで日本語の論文しか書いたことがなかったのでためらったが、桐谷さんは「君のニカメイチュウの生命表の研究は秋田県内だけではなくて日本全国に十分通用するものだと思う。しかし、これからは世界に通用する研究をしなければならない。それにはまず英語で論文を書かなければいけない」と熱心に励ましてくれたので取り組むことにした。

ようやく英語でニカメイチュウの生命表の論文を書きあげて、桐谷さんと、知り合いのアメリカの研究者からも直してもらい、日本応用動物昆虫学会の英文雑誌に載ったのが一九七七年のことである[12]。

新しい害虫防除法を求めて沖縄へ

これに先立ち、一九七六年八月にアメリカの首都ワシントンＤＣで四年に一度の第一五回国際昆虫学会議が開かれることになり、桐谷さんが誘ってくれた。当時、国際会議に出るのは大学か国立農業試験場の研究者だけで、県の農業試験場から行く人はまれだったが、三週間の「職務免除」が認められた。

国際会議の行われたワシントン市は街路樹の多い美しい街であった。ワシントン・ヒルトンホテルで九日間開かれた会議には、世界六五カ国から二〇〇〇人近い昆虫学者が集まり、日本からは五〇人ほどが参加していた。総講演（研究発表）題数約一四〇〇のうち地元アメリカがほぼ半分で、日本はカナダ、イギリス、ドイツに次いで五番目の四六題だった。午前中は広い会場でのシンポジウムで、午後から夜にかけて一三の分科会にわかれて一般講演がある。わたしは七日目の夜九時から「農業昆虫と害虫防除」の分科会で、「ニカメイチュウの生命表にもとづく被害予測」と題して一二分間の講演をした。

ワシントンでは、もう一つ大きい出来事があった。それは国際会議場で伊藤嘉昭さんに出会ったことである。伊藤さんは沖縄県農業試験場に転勤して、ミバエ研究室の室長となっていた。沖縄は一九七二年に日本に復帰したが、ウリミバエという害虫を一匹残らず根絶するという画期的な防除事業を始めたので、ミバエ研究室はその方法を研究するために作られたものであった。その根絶の方法は、「不妊虫（ふにんちゅう）放飼法（ほうしほう）」という、農薬を使わない、まったく新しい防除法である。この方法によって、沖縄県の久米島（くめじま）という島で行われたウリミバエの根絶防除実験に五年がかりで成功したという研究結果を、伊藤さんは今回の国際会議で発表したのであった。

わたしはニカメイチュウへのヘリコプター散布回数を減らすことはできたが、それはイネの栽培方法が変わったためにニカメイチュウが減ってきたからで、防除法そのものはまだ農薬に頼っていた。だから、「不妊虫放飼法」のような「農薬を使わない」防除法を取り入れた総合防除に、かねてからあこがれていたのである。

伊藤さんに沖縄県農業試験場の見学をお願いしたところ、「ぜひいらっしゃい」と言ってくれた。

翌一九七七年一一月、わたしは沖縄県農業試験場を訪れ、沖縄本島と石垣島で行われているウリミバエ根絶防除の研究を詳しく見せてもらうことができた。はじめて見る沖縄。青い海と輝く太陽の下で繰り広げられるウリミバエの根絶防除作戦。そこで活躍する沖縄の若い研究者たち。それらを目のあたりにして、自分でもぜひこんな研究がしてみたいと思うようになっていた。

ところが思いがけず、翌一九七八年の二月、沖縄の伊藤さんから電話がかかってきた。

「わたしは今度名古屋大学に移ることになったので、今、後任者を探しているのです。沖縄の生活は厳しいけれど、もし君に来てくれる気持ちがあれば後任として推薦したいのだが、どうですか。結果はあまりあてにしないでもらいたいのだが」

わたしは家族に相談することもなく、その場で「ぜひお願いします」と答えていた。わたしの新しい害虫防除法へのあこがれは、それほど強かったのである。当時、ある県からほかの県への転勤はほとんど前例がなく、その実現が危ぶまれたが、農林省からの斡旋によって、これが最終的には認められ、一九七八年の八月に、わたしはミバエ研究室の室長として沖縄県に赴任することになった。

そして幸いなことに、家族はわたしについて来てくれることになったのだった。

コラム3

「サイレント・スプリング」と「総合防除」

今からちょうど半世紀前の一九六二年にレイチェル・カーソンによって『サイレント・スプリング（沈黙の春）[1]』が出版された。カーソンは一九〇七年にアメリカ・ペンシルベニア州で生まれ、生物学を専攻し、アメリカ内務省の魚類・野生生物局の生物専門官を務めながら、『われらをめぐる海』などの市民向けの本を次々と発表して、その美しい文章によってベストセラー作家となった人である。あるとき、友人から、殺虫剤のＤＤＴが空から撒かれたあと、庭に来たコマドリが次々と死んでしまったという手紙を受け取り、厖大な数の研究論文を調べて、四年をかけてこの本を執筆した。

「アメリカの奥深くわけ入ったところに、ある町があった。生命あるものはみな、自然と一つだった。……ところが、あるときどういう呪いをうけたのか、暗い影があたりにしのびよった。……鳥たちは、どこへ行ってしまったのか。……春がきたが、沈黙の春だった。……アメリカでは、春がきても自然は黙りこくっている。そんな町や村がいっぱいある。いったいなぜなのか。そのわけを知りたいと思うものは、先を読まれよ」

という書き出しで農薬散布の害を告発したこの本はベストセラーになり、アメリカ社会に大きい衝撃を与えた。

この本ではまずいろいろな殺虫剤の人畜への毒性についてふれたあと、害虫を駆除するためと称して広範に散布されたＤＤＴのような分解しにくい塩素系殺虫剤が、土や水を通じてミミズや魚などに蓄積し、これを食べた鳥などの野生動物を殺したことを述べる。また殺虫剤は人の肝臓や神経系を侵し、ごく微量でも発がん性がある。そして殺虫剤による天敵の減少によって散布後に害虫の大発生が起こることや、殺虫剤抵抗性の発達によって害虫に薬が効かなくなることを指摘する。そして最後の章「別の道」では、化学薬品にかわる方法として、「まずコントロールしようとする相手の生物を研究し、生物学の各領域で活躍する専門家が、それぞれの研究成果や、創意豊かな考えを出し合い、力を合わせて、生物的防除という新しい学問を打ち立てること」をあげ、雄不妊化法、性誘引剤、天敵微生物や天敵昆虫など当時最新の生物的防除法が紹介された。

この本に対する農薬業界などからの反発はすさまじかったが、科学的データにもとづくカーソンの主張は、ときの大統領ケネディを動かして、政府による殺虫剤問題の検討が始まり、一九七〇年には農薬規制のための「アメリカ合衆国環境保護庁」が設立され、DDTは一九七三年に事実上禁止された[2]。

日本では二年後の一九六四年に『生と死の妙薬―自然均衡の破壊者、化学薬品』（青樹簗一訳）と題して訳書が刊行されたが、当時訳者は教え子の就職にさしさわりがあってはいけないと、ペンネームで発表したという。

日本でもアメリカ同様、農薬散布への賛否両論があったが、一九七〇年にはDDTやBHCなど塩素系殺虫剤が禁止され、農薬だけに頼らない「総合防除[3]」の考え方がしだいに広がっていった。

「総合防除」は一九六五年のFAO主催の総合防除のシンポジウムにおいて、「あらゆる適切な技術を相互に矛盾しない形で使用し、経済的被害を生じるレベル以下に害虫個体群を減少させ、かつその低いレベルに維持するための害虫個体群管理のシステムである」と定義されている。

総合防除の中心的概念には、害虫がこの密度以上になると経済的被害をもたらすという「経済的被害水準」があり、害虫の密度がそのレベルに達するのを未然に防ぐために、低毒性農薬、不妊虫、天敵、性フェロモン、防虫網や照明条件など物理的方法、害虫抵抗性品種、栽培条件の改善などのいろいろな手段を総合的に使おうとするものである。現在では病害虫や害獣も含めた有害生物全体を対象にして、これを「総合的有害生物管理（IPM）」と呼ぶようになっている[2]。

第3章　沖縄のミバエ類の根絶防除

1　なぜミバエを根絶しようとしたのか

いよいよ沖縄へ

沖縄県農業試験場は沖縄本島那覇市のはずれの小高い丘の上にある、日本復帰前に建てられた古いコンクリート三階建ての建物であった。八〇歳になった母、わたしの転勤のために勤めをやめた妻、小学校五年生の息子とともに、わたしは試験場の構内にある官舎にひとまず落ち着いた。夜になると「ケッケー」という声が聞こえる。変な鳥がいるなと思っていたら、これは秋田にはいないヤモリ（トカゲの一種）の鳴き声で、やがて壁に何匹も這い出してきて電灯に集まる虫を食うのであった。夜、官舎のすぐそばで毒蛇のハブが出たこともあった。こうした慣れない土地で苦労する家族のことを気遣ういともなく、わたしは新しい仕事に打ちこんだ。ミバエ研究室にはわたしのほかに三人の研究員がおり、そのほかに石垣島にある農業試験場八重山支場でウリミバエの人工飼育をしている三人の研究員を加えて、二〇～三〇代の経験ある若いスタッフとともに仕事をすることになった。沖縄に行くまでミバエのことをなにも知らなかったわたしは、このスタッフに追いつこうと思い勉強を始めた。

世界的な大害虫、ミバエ

ミバエは漢字で書くと「実蠅」であり、果実を餌とするハエの総称である。世界的な大害虫であり、代表的なものは、ミカンコミバエ、ウリミバエ、チチュウカイミバエの三種である（**表**）。

表　ミバエの種類、寄主果実、分布地域、防除法

ミバエの種類	寄主果実の種類	分布地域	防除法
ミカンコミバエ	カンキツ類、スモモ、カキ、マンゴー、パパイアなど一九六種	東南アジア、ハワイ、ミクロネシア、小笠原諸島、奄美・沖縄諸島	毒餌誘殺法 雄除去法 不妊虫放飼法
ウリミバエ	キュウリ、メロン、スイカなど、ウリ類、マンゴー	東南アジア、ハワイ、ミクロネシア、奄美・沖縄諸島	毒餌誘殺法 不妊虫放飼法
チチュウカイミバエ	カンキツ類、スモモ、カキ、マンゴー、パパイアなど一四三種	地中海沿岸地方、アフリカ、ヨーロッパ南部、オーストラリア、ハワイ、中南米	毒餌誘殺法 不妊虫放飼法

成虫のハエは、果実の中に卵を産み、孵化した幼虫のウジが内部を食い荒らすために果実が食用に適さなくなる。育ちきった幼虫は外にピョンピョン跳び出して土に潜り、そこで蛹になる。それから羽化した成虫は地上に這い出して、翅が伸びると餌と異性を求めて自由に飛びま

わる。ミバエは栽培された果実だけでなく野山に生える野生の植物の果実も餌とするため、防除するにはきわめて困難なやっかいな虫であった。

この三種のミバエの餌となる果実（これを寄主果実と呼ぶ）の種類と分布地域、防除法を表に示した。このうちミカンコミバエとウリミバエの二種が沖縄県にはいたのである。ミカンコミバエとウリミバエ（**図3―1**）はイエバエより少し小型の体長七〜八ミリのハエで、成虫は黄色で腹に縞があり、ハチと見まちがえるような姿をしている。ウリミバエは翅に黒い斑点があり、ミカンコミバエは翅に斑点がなく背中が黒いので区別できる。

これらのハエは、もともとは沖縄にいなかった。両種とも大正八（一九一九）年に沖縄県の南端の八

図3-1　ミカンコミバエ成虫（①）、ウリミバエ成虫（②）、ウリミバエ卵（③）（新垣則雄氏撮影）。ウリミバエによるニガウリの被害（④）（仲盛広明氏撮影）

重山群島で発見されてから、しだいに北上し、鹿児島県の奄美群島から種子島まで分布を広げ、九州上陸が危ぶまれるようになっていた[1]（図3‐2）。そこで、沖縄・奄美で生産されたミカン類やウリ類の果実が日本本土に持ちこまれると、中に入っているかもしれないミバエ類の卵や幼虫が果実とともに本土に侵入するおそれがあるということから、虫がいるかいないかにかかわらず、これらの果実の本土出荷が「植物防疫法」という法律によって禁止されるようになったのである。

植物防疫法と植物検疫

「植物防疫法」は戦後の一九五〇年に制定されたが、その前身は一九一四年に制定された「輸出入植物取締法」である。これは木材、穀物、果物などの生植物の輸出入にともなって、外国から日本へ、あるいは日本から外国へ病害虫が広がるのを食い止めることを目的としている。

もし、それでも出荷しようとする場合には、果実を密閉した倉庫に入れてＥＤＢやメチルブロマイドなどの薬品で燻して果実の中にいる卵や幼虫を殺さなければならない。これを燻蒸処理と言うが、最近では、高温の蒸気で加熱して虫を殺す、蒸熱処理も行われている。これらの処理には余計な手間や費用がかかり、果実の品質が低下するおそれもある。

こうした植物の移動制限を「植物検疫」と言い、そのために日本のおもな港や国際空港には「植物防疫官」が配置されて取り締まりを行っている。ハワイや台湾などから帰国したときに、国際空港で防疫官から、「なにか生の植物を持っていませんか」と訊ねられた人もいるであろう。これはミバエが根絶される前の那覇空港の本土へ行く航空便の搭乗口などで、よく見られた風景であった（図3‐3）。ウリ

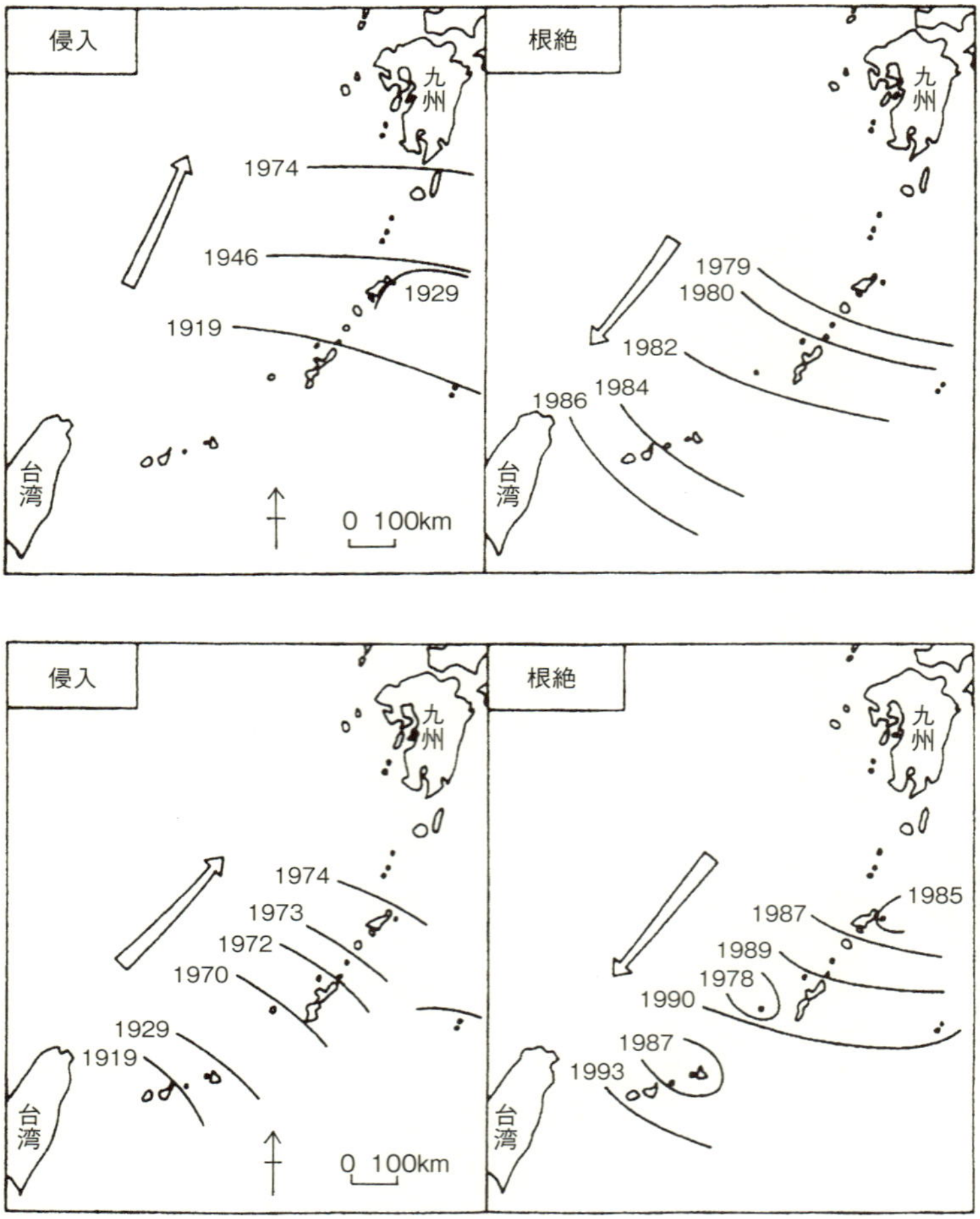

図 3-2　南西諸島におけるミカンコミバエ（上）とウリミバエ（下）の侵入と根絶の経過（沖縄県農林水産部、1994）

やミカン、熟したバナナなどの果実を持っていると、たちまち取りあげられてしまう。

沖縄県は太平洋戦争の敗戦のあと、二七年間もアメリカ軍の占領下で苦しんできた。一九七二年にようやく日本に復帰することができて、いろいろな制度は本土並みになったが、この植物検疫だけは外国並みであった。沖縄は一年中暖かくて、ニガウリやミカン類、マンゴーなどの熱帯果実がよくできる。これを自由に本土に出荷したいという沖縄の人たちの切なる願いをかなえようとして、ミバエ類を一匹残らず殺して、移動制限を解くためのミバエ類根絶防除事業が、その費用の九割を国庫が補助する「本土復帰特別事業」として取りあげられたのであった。

図3−3　那覇空港での検疫風景

どうやってミバエを根絶するか

ところで、ミバエ類を根絶しようとするとき、これまでのような殺虫剤散布の方法でうまくいくだろうか。ミバエはミカン園やウリ類の畑だけにいるのではなくて、広い野原や山にもいて、野生のウリやさまざまな植物の果実を探して飛びまわっている。ミバエ根絶のために沖縄の島々全域に殺虫剤を撒くことは、まず費用の点から不可能だし、もしできたとしても、自然にいるさまざまな昆虫を殺し、人畜への被害も出るであろう。根絶のためにはミバエだけを狙い撃ちして殺すような方法が必要である。それがこれから述べる「雄除去法（おすじょきょほう）」と「不妊虫放飼法（ふにんちゅうほうしほう）」である。

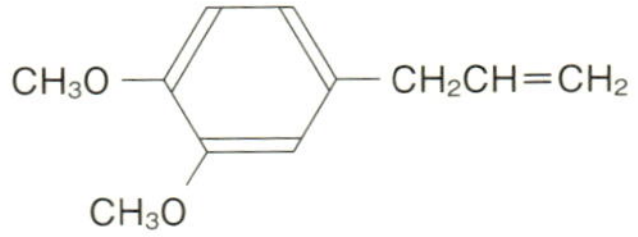

図 3-4　メチルオイゲノール（ミカンコミバエ雄の誘引剤）

ミカンコミバエには、その雄だけを強力に誘引するメチルオイゲノール（図3−4）という化合物がある。これは熱帯のある種のランの匂いの成分で、蚊を追い払うために使われていたが、あるときミカンコミバエが大量に集まることがわかって使われるようになった。アメリカのハワイミバエ研究所のスタイナー博士は、この化合物と殺虫剤を混ぜて、木材の繊維をかためた薄い板（テックス板と呼ばれる）に浸みこませて野外に置き、これに誘引された雄を殺すことによって、雌の交尾を妨げ、その結果子孫を絶滅させようとした。この方法は「雄除去法」と呼ばれ、マリアナ群島でミカンコミバエの根絶に成功した。[2]

一時アメリカの占領下にあり、一九五三年に日本に復帰した奄美群島では、一九六八年から雄除去法によるミカンコミバエの根絶防除事業を始めたがまだ成功には至っていなかった。沖縄県ではわたしが赴任する前年の一九七七年から、沖縄群島で防除が始まったばかりであった。

ウリミバエの根絶には「不妊虫放飼法」という方法が用いられた。この方法はアメリカ農務省のニップリング博士が、ラセンウジバエという家畜の害虫を根絶するために開発したものである。これは、対象の害虫を人工的に大量に増殖し、これに放射線のガンマ線をあてて不妊化して野外に放すことによって、これと交尾した野生の雌が産む卵が受精できなくなり、その結果子孫が絶滅するという方法である。[2]この方法によって、マリアナ群島のロタ島ではウリミバエの根絶が成功していた。そこで、沖縄ではロタ島とほぼ同じ広さである久米島（くめじま）という島で一九七二年の日本復帰と同時に「不妊虫放飼法」によるウリミバエの根絶防除事業が始められたのである。そのために沖縄県農業試験場には国の予算でミバエ研究室が作られ、伊藤さんがその初代室長となって、五年がかりの試行錯誤のうえ、実験的根絶に成功したのであった。

このほかに「毒餌誘殺法（どくじゆうさつほう）」というミバエの防除法がある。これは、ミバエ類の成虫が餌として好むタンパク加水分解物というものに殺虫剤を混ぜた毒餌剤を、木の茂みなどに散布する方法である。成虫は雄も雌も餌を求めてこれに集まり殺虫剤に触れて死ぬ。この方法はアメリカや南米のチチュウカイミバエでは根絶防除のために使われていたが、ウリミバエやミカンコミバエでは、不妊虫放飼法や雄除去法を始める前に虫の密度を減らすための「抑圧防除（よくあつぼうじょ）」のために使われていた。

2 ミカンコミバエの根絶防除

ハエが減ったのに被害が減らない

はじめにミカンコミバエの根絶防除について述べよう。(3)(4)

沖縄県は図3-5のように三つの群島にわかれていて、北東から南西にかけて沖縄群島、宮古（みやこ）群島、八重山群島と並んでいる（宮古と八重山をまとめて先島諸島（さきしましょとう）と呼ぶ）。沖縄群島は那覇市のある沖縄本島と南北大東島（なんぼくだいとうじま）、久米島、伊江島（いえじま）など周辺諸島からなっていて、ミカンコミバエの根絶を目指す防除は

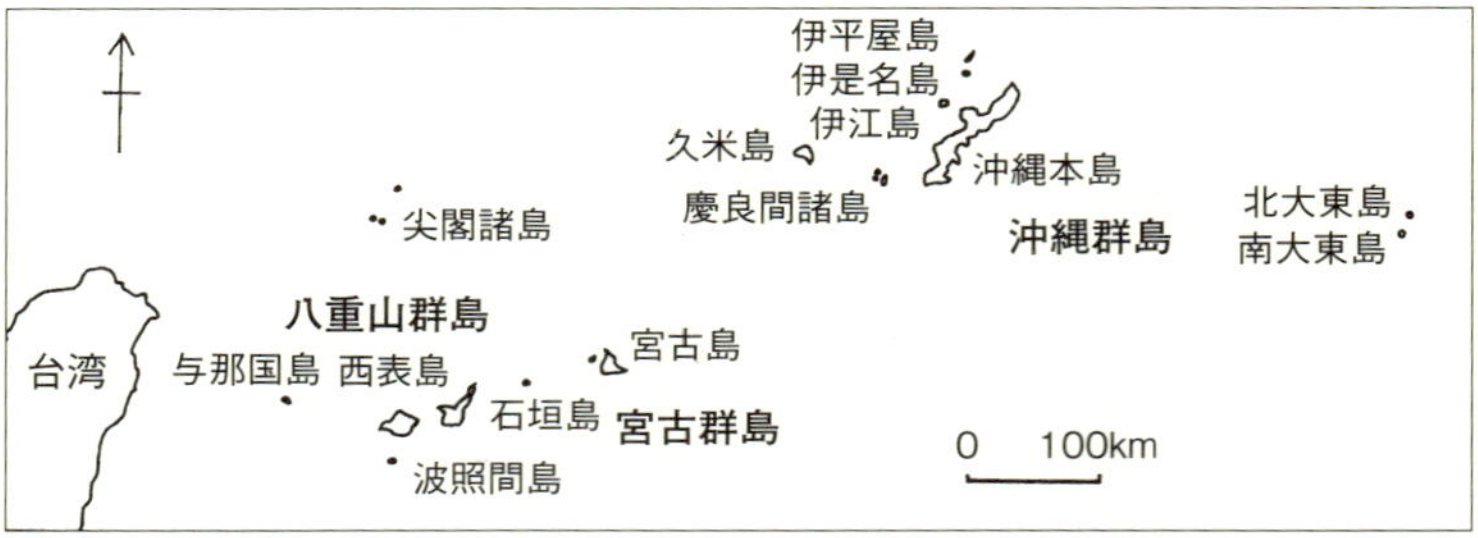

図3-5　沖縄県地図

一九七七年一〇月に、ここから始まっていた。

防除の効果を調べるには、二つの方法がとられた。

その一つは、トラップ調査（図3-6上）である。

トラップとは一種の「わな」であって、沖縄で用いられたスタイナー式では、プラスチック製の円筒の中に雄の誘引剤のメチルオイゲノールと殺虫剤を混ぜたものを脱脂綿に浸みこませて入れたものである。

誘引剤に集まってきた雄成虫は両方の穴から中に入り殺虫剤に触れて死に、死骸が中に残る。このハエを二週間に一回取り出して数える。防除効果が上がれば、この数が減っていくはずである。このトラップは沖縄群島内の約三〇〇カ所に吊るされていて、中に入ったハエを月に二回、市町村の職員が集めてきて、それをミバエ研究室で調べていた。

もう一つは寄主果実調査（図3-6下）で、ミカンコミバエの好む野生のカンキツ類やグアバ（和名はバンジロウ）、モモタマナなどの果実を集めてきて、それにハエの幼虫が寄生しているかどうか調べる方法である。もし入っていれば、幼虫を砂に移して蛹にし、出てきた成虫がミカンコミバエかどうか判定する。寄生を受けた寄主果実の割合が下がっていけば、効果が上がっている証拠である。寄主果実は月一回、やはり市町村の職員が集めて、県の病害虫防除所がこれを調査してきた。

沖縄群島の各市町村での調査の集計結果（**図3-7**）を見ると、防除を始める前には一日に一〇〇〇個のトラップ当たりに換算したハエの数は一〇〇〇～一万匹の間にあったが、一九七七年一〇月に防除を開始すると、一九九八年にはこれが一〇〇～一〇〇〇匹の間の値まで下がった。つまりハエの数は約一〇分の一まで減っていた。しかし、寄主果実調査の結果を見ると、寄生した果実の割合は防除前からあまり減っていなかった。

この結果をどう考えたらいいのだろうか。

図3-6　ミバエ調査用トラップ（スタイナー式）（上）と果実調査（下）

木綿ロープかテックス板か

ミカンコミバエの雌は、雄と一回交尾すれば、一生に産むすべての卵を受精するために必要な十分な量の精子を受け取ることができる。そして、一度交尾した雌は、コブアシヒメイエバエの場合と同じように、次に来た雄を拒むようになる。しかし、雄は何回でも別の雌と交尾することができる。

仮に雄が一生に一〇回交尾すると

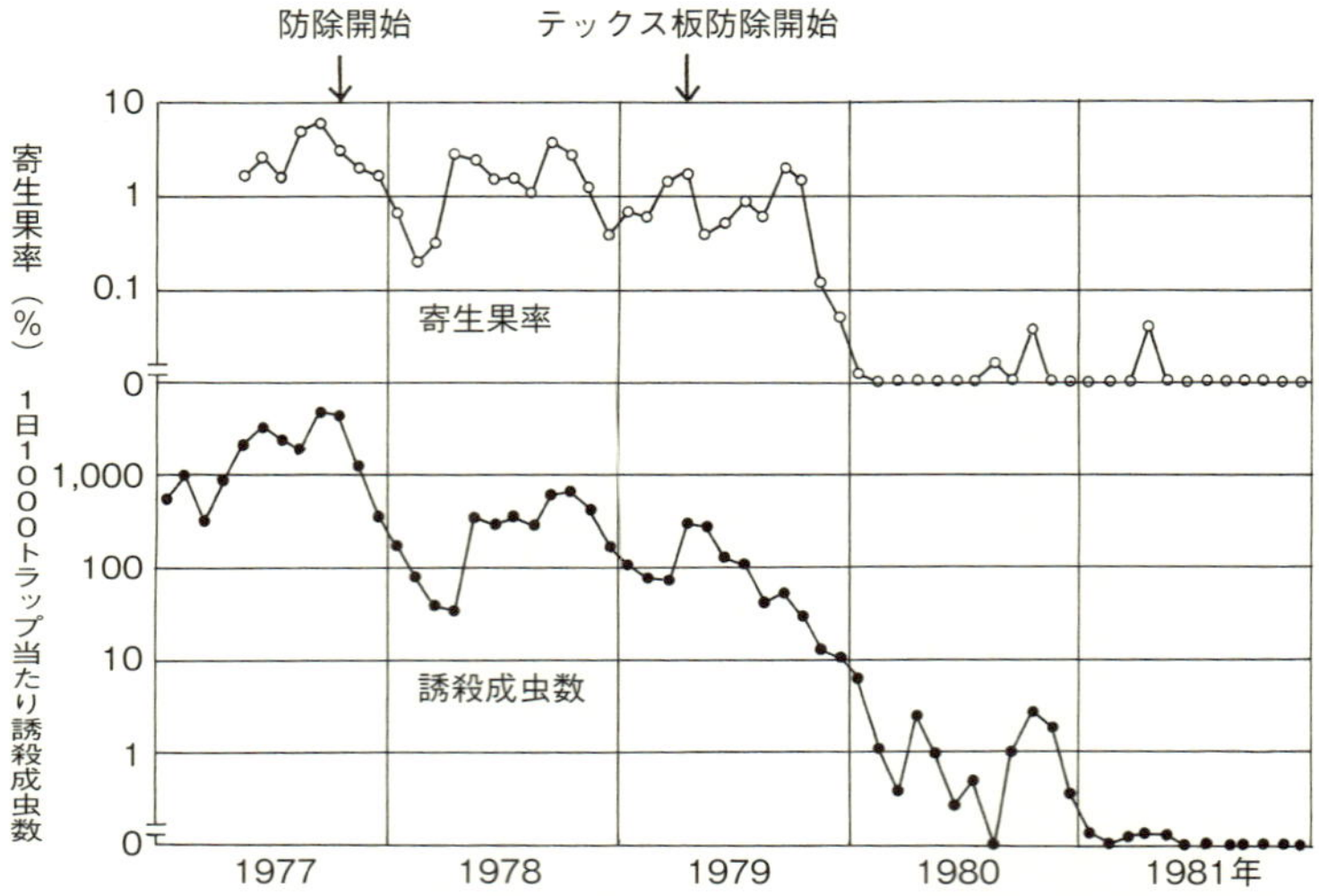

図 3-7　沖縄群島におけるミカンコミバエ根絶経過。縦軸は対数目盛（沖縄県農林水産部、1994 を改変）

すれば、雄の数がたとえ一〇分の一に減っても、すべての雌は交尾し受精することができて、雌の産む卵の数は変わらないであろう。雌の産む卵の数を減らすためには、雄を一〇分の一以下に減らさなければならないという理屈になる。

そこで、これまでの一年間の沖縄本島での防除のしかたを、防除を担当してきた県庁の病害虫防除係長の与儀義雄さんに聞いてみると、メチルオイゲノールと殺虫剤を溶剤とともに木綿ロープや脱脂綿などの吸着剤に浸みこませているという（**図3−8**）。

木綿ロープは太さ〇・九センチ、長さ五センチのものに、薬剤を〇・八三グラム浸みこませていて、これを寄主果実が少ないためハエが比較的少ない畑や野山にヘリコプターから散布していた。また、寄主果実のなる木が多くハエが多い住宅地などには、脱脂綿を直径一センチ、長さ三・九センチの棒状にしたもの（綿棒と言う）に薬剤を二・〇グラム浸みこませて、人手でばらまいていた。「ハワイでは確かテックス板に薬を浸みこませていたはずだが」と与儀さんに聞くと、「奄美群島では一九六八年に防除を始めた頃はテックス板を使っていたのですが、ハエが減ってきたので一九七四年からは経費削減のためにロープと綿棒を使うようになったのです。沖縄では奄美の現在の方法にしたがっているのです」と言うのである。

木綿ロープはテックス板と同じ効果があるのだろうか。疑問に思ったので、八重山支場で比較試験をしてみることにした。薬剤を浸みこませた木綿ロープとテックス板をそれぞれ別の木の枝に吊るし、その下に網を張って、誘引されて死んだ雄が入るようにして数えた。すると木綿ロープでは二〜三週間で効果がなくなり網にハエが入らなくなったのにテックス板では効果が続き、一カ月以上もハエが入りつづけた。おそらく綿棒の効果も木綿ロープと同様に低いことであろう。

「やっぱりテックス板を使わなければ」と与儀さんに言うと、「予算が限られているのです。テックス板は値段が高いので」という答えである。これは実際に野外でテックス板の効果を試してみなければ、納得してもらえないと思ったので、ウリミバエの根絶実験をした久米島で試験をすることにした。

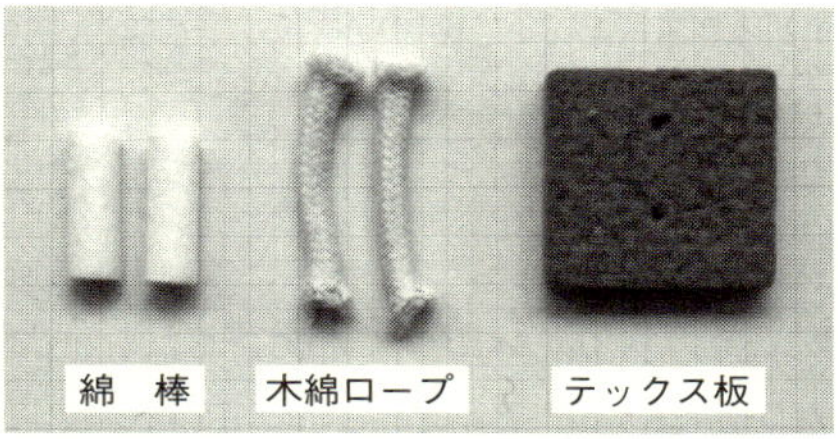

図3-8　ミカンコミバエ防除薬剤吸着材三種

テックス板に変えるための工夫

一九七八年一〇月からほぼ毎月一回、久米島のハエの多い住宅地では綿棒のかわりにテックス板を、針金で木の枝に吊るした（図3-9）。ハエの少な

図3-9　木の枝に吊るされたテックス板

い野山や畑では、吊るすよりは効果が少し劣るが人手のかからないヘリコプターからテックス板を投下した。この場合木綿ロープと綿棒を使っていた場合と比べると、薬剤の量は全体でおよそ四倍となる。しかし、この方法に切り替えたところ、久米島のトラップに入るハエの数は、一日一〇〇〇トラップ当たり一匹以下に減り、翌一九七九年の六月には一時ゼロにまでなった。これにともなってミカンコミバエに寄生された果実の割合も減りはじめてきた。

与儀さんはこの結果は認めたものの、「やっぱり予算が足りないので」と言う。そこで、わたしは沖縄本島北部の山林に眼をつけた。そこには広大なイタジイの森林が広がっている。ここは「山原（ヤンバル）」と呼ばれ、ヤンバルクイナなど沖縄固有の動物が棲んでいるところであった。あとで述べるように、わたしたちは、ここにいるウリミバエの数を調べるためにトラップをかけていたが、このトラップに同時にメチルオイゲノールも入れておいたところ、ミカンコミバエはまったく入らなかったのである。それなのに、これまでは、ここにもヘリコプターによる木綿ロープの散布が行われてきたのだった。

「ヤンバルのむだなヘリコプター散布をやめれば、テックス板に変える費用は十分まかなえるのではないですか」と言ったところ、ようやく承知してもらうことができた（図3-10）。

そこで一九七九年四月から、沖縄本島でも久米島と同じようにテックス板に切り替えたところ、トラップに入るハエの数はどんどん減り、一九八〇年には一日一〇〇〇〇トラップ当たり一〇から一匹へと下がり、寄生果実も減り出して、遂には被害ゼロの市町村が次々と出はじめたのであった。この結果を見て、与儀さんはようやく納得してくれた。

一九八〇年五月には、沖縄県に「ミバエ対策事業所」という新しい組織が生まれた。これは県庁の病害虫防除係と農業試験場のミバエ研究室が協力して取り組んできたミバエ根絶事業を専門に行う組織である。これからミバエ根絶事業は全県に拡大していくし、研究室はウリミバエの研究にもっと集中しなければならなくなることを見越しての県庁上層部の決断であった。与儀さんはこの事業所の主任技師となった。

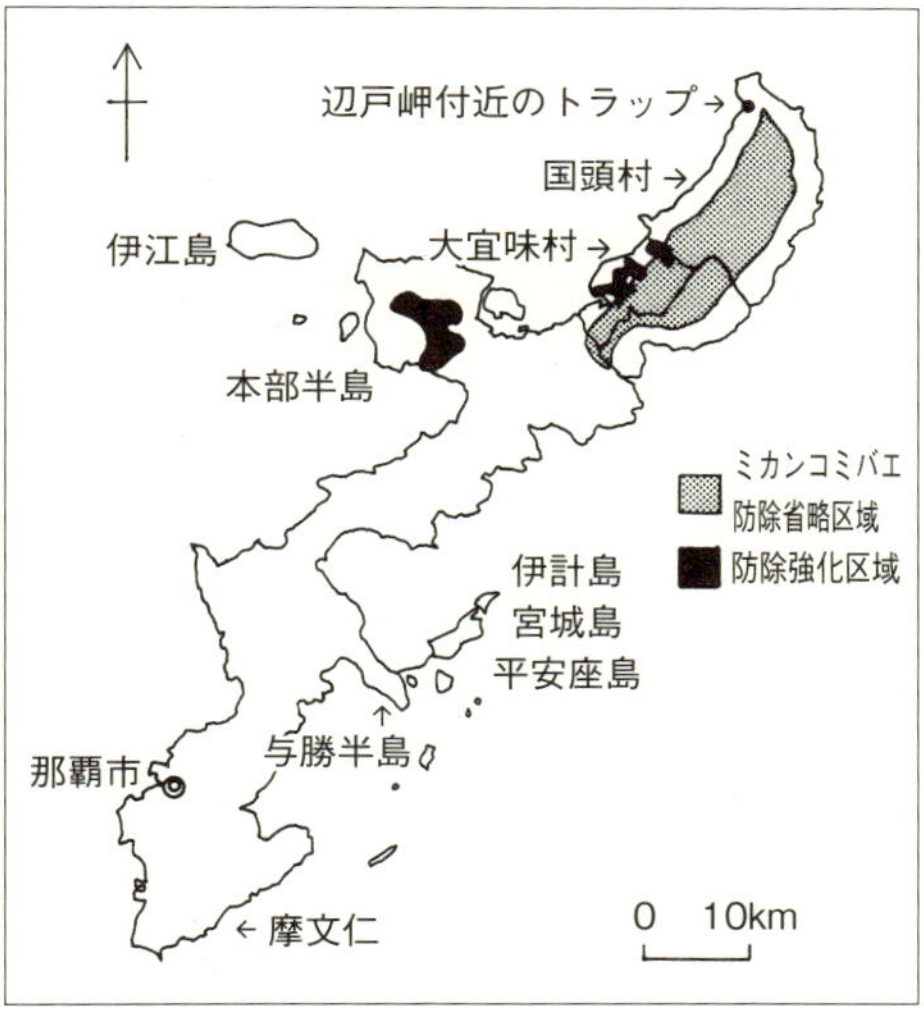

図 3-10 沖縄本島のミカンコミバエ防除省略区域と防除強化区域（沖縄県農林水産部、1994 を改変）

悪いニュース

そこに困った情報が飛びこんできた。

一九八〇年九月に沖縄本島最北端の辺戸岬（へどみさき）の近くのトラップでハエが増えはじめたというのである。「やはり森林地帯で防除をやめたのが悪かったのだろうか」と与儀さんは言い出す。わたしはそんなはずはないと思い、とりあえず問題のトラップを見ようと車を走らせた。辺戸岬の少し手間に問題のトラップはあった。

まわりを見まわすとテックス板がまったく吊るされていないではないか。ここは学校の敷地なので住宅地並みに人手で吊るされているはずなのだが。ここが防除の穴になっていたのだ。この地域を管轄する国頭村役場に与儀さんが確かめたところ事情がわかってきた。テックス板を住宅地に吊るすための委託費は県から各市町村に渡してあるのだが、それを住宅地の面積割で計算するため、過疎地の国頭村では金額が少ない。そのため人を雇って防除作業を頼むことができず、この作業は地区の自治会まかせになっていて、県庁から届けられたテックス板は倉庫に眠っていたのであった。与儀さんは過疎地でも人を雇えるように委託費を割増しすることによってこの問題を解決した。

このあとミカンコミバエが多い果樹園のある大宜味村や本部半島で薬剤量を増やして防除効果を高めたことによって（**図3-10**参照）、ハエは順調に減りつづけ、一九八一年七月からミカンコミバエは沖縄群島ではまったく見られなくなった。そして「根絶宣言」も間近となった頃、またまた悪いニュースが入ってきた。

一九八二年六月二四日に沖縄本島の西側にある伊江島のトラップにミカンコミバエが入ったというのである。原因はどうも外部からの寄生果実の持ちこみらしかった。伊江島はサトウキビのほかにタバコの栽培や肉牛の飼育のさかんな農業の先進地であったため、島外からの視察者も多い。まだミカンコミバエの防除が始まっていない宮古島や石垣島からの視察者がミカンコミバエの入った果物を持ってきて捨てたのかもしれない。その後、防除を強化した結果トラップにハエが入ったのはこれ一回でおさまったので、やれやれと思っていると、今度は慶良間諸島の渡嘉敷島で六月三〇日にトラップに二匹のミカンコミバエが入ったという知らせである。問題のトラップは海水浴場のすぐそばにあった。そこで海水浴客による寄生果実の持ちこみの可能性が高いと思った。そこでこのような行楽地などにテックス板を追加することによって、その後の発生はなくなった。

ミカンコミバエ根絶宣言

こうした試行錯誤を重ねながらも、沖縄群島でのミカンコミバエの「根絶宣言」が農林水産省から出されたのは一九八二年八月二四日のことであった。

一九八二年九月一日。「沖縄タイムス」夕刊で「沖縄産の天然ミカン、東京・大阪で初セリ」というニュースを見て、わたしは特別の感慨を覚えた。沖縄県より早く一九六八年から防除を始めた奄美群島では一二年かけて一九八〇年にようやく根絶に成功したのだったが、沖縄群島では一九七七年一〇月に防除を始めてから五年足らずで根絶にこぎつけることができた。それは「地域ごとのミカンコミバエの密度の多少に応じて、使う薬剤の量を増減する」という、わたしたち研究者の提案を、実際の防除作業を担当する与儀さんたちが取りあげてくれたからだと思った。

その後、宮古群島、八重山群島でもミカンコミバエの根絶防除は続けられた。しかし、成功までには多くの問題があった。宮古群島では宗教上の聖地で問題が起きた。沖縄には「御嶽（うたき）」あるいは「拝所（うがんじょ）」と呼ばれる、うっそうとした木々に覆われた場所があり、これは本土の「鎮守（ちんじゅ）の森」に相当する神聖なところである。この森からは一木一草でも持ち出すと祟（たた）りがあるとされ、普通の人はめったに近づかない。宮古島にはこうした聖地が三〇〇カ所もある。しかし、この森にはミカンコミバエの好む寄主果実が多い。結局、宮古島の外部から人が出かけて行って、聖地のまわりにテックス板を吊るすことによって防除を進めることができた。

八重山群島では西表島（いりおもてじま）の廃村が問題となった。西表島の川沿いや海岸沿いには、一時人が住んだが今は住まなくなった廃村が点在していた。そこはかつて植えられたミカンなどの寄主果実のなる木が今もたくさん残っていてハエが多かったが、こうした廃村に行く道には木が生い茂って歩いて行けず、人手でテックス板を吊るすことは困難であった。そこで、二つのテックス板を糸でつないでヘリコプターから落とし、この糸が木の枝にひっかかって板が中吊りとなるようにして、効果を高めた。また海岸の急な崖の下にある廃村には、崖の上からの強い下降気流のためにヘリコプターも近づけない。そこで、干潮時だけにあらわれる狭い砂浜を歩いて行って、人手でテックス板を吊るした。

こうした幾多の困難を乗り越えて、宮古群島では一九八四年一一月、八重山群島では一九八六年二月にそれぞれミカンコミバエの根絶宣言が出された。こうして九年間の防除努力によってミカンコミバエの根絶に成功し、沖縄県からミカン類を自由に本土に出荷できるようになったのである。

ミカンコミバエは、奄美群島では一九八〇年、大正時代末期に侵入した小笠原諸島でも不妊虫放飼法によって一九八五年にそれぞれ根絶に成功したので、このときから日本にはミカンコミバエは一匹もいなくなった。しかし、台湾から南の東南アジア一帯にいるミカンコミバエが、いつ再び侵入してくるかはわからない。そこで今でも、沖縄県全域にトラップが配置され、侵入警戒調査が続けられている。

3 ウリミバエの根絶防除

沖縄県のウリミバエは次の三つの段階を経て根絶された。

①久米島根絶防除実験（一九七二―一九七七）

②沖縄県全域根絶防除の準備（一九七八―一九八三）

③沖縄県全域根絶防除（一九八四―一九九三）

わたしはこのうち②にかかわったので、それを中心に述べてみたい。[5,6]

ウリミバエの根絶には次のステップが必要であった。

個体数推定―抑圧防除―大量増殖―不妊化―成虫放飼―効果判定

不妊虫放飼法では、野外にいる虫の数よりも多い不妊虫を放さなければならない。そこであらかじめ野外にいる虫の個体数を推定する。もし、大量増殖によってできる虫の数が足りなければ、抑圧防除によってその数を減らす。卵から蛹までの大量増殖は人工飼料によって行われる。蛹には放射線のガンマ線をあてて不妊化する。この不妊化した成虫を野外に放したあと、その効果を判定する。

久米島の根絶防除実験では、毎週約四〇〇万匹の不妊虫を放すことによって根絶に成功した。[7,8] しかし沖縄県最大の沖縄群島は約一四四七平方キロで久米島の約二五倍の広さがある。そこで沖縄県ではわたしが行く前に、四〇〇万匹の二五倍の週一億匹を毎週生産するための大量増殖施設建設の準備が進められていた。わたしは着任するとまもなく、沖縄本島のウリミバエ個体数の推定に取りかかった。[9]

（1）沖縄本島のウリミバエの個体数を推定

マーキング再捕法

伊藤さんたちが、ウリミバエの個体数を推定した方法は、あらかじめ雄の背中に細い筆を使ってラッカーでマークをつけ、野外に放し、これをトラップで再び回収するというものであった。その場合、ウリミバエを集めるためのトラップにはキュールア（図3−11）という雄の誘引剤が使われた。

例えば、一〇〇匹の雄にマークをつけて放したあと、トラップにマークのついた雄が一〇匹再回収されたとしよう。そうすると、このトラップは付近にいるハエの一〇分の一を回収する能力があるということになる。このトラップに同時に九〇匹のマークのついていない野生の雄が入ったとすれば、付近にはその一〇倍、すなわち九〇〇匹の野生の雄がいたという計算になる。実際には、放したハエが途中で死ぬので、もう少し複雑な計算をするのだが、この方法は「マーキング再捕法」と呼ばれて、野生の鳥の数を推定するために考案されたものを昆虫に応用したものであった。

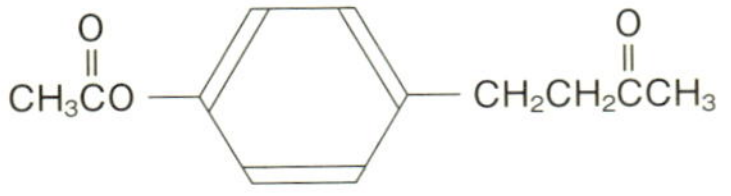

図 3-11　キュールア（ウリミバエ雄の誘引剤）

沖縄本島北部山林の調査

沖縄本島南部の個体数推定はすでに伊藤さんたちによって行われていたが、広大な山林が広がる沖縄本島北部の調査はまだであった。そこで、研究室の岩橋統（おさむ）さんと琉球大学の生物学科を出た千木良芳範（ちぎらよしのり）さんと三人で北部山林に出かけた。千木良さんは北部山林でネズミなどの調査をしていて地理に詳しい。北部西海岸の喜如嘉（きじょか）という集落から山道を車が入れるところまで行き、そこからは歩いて五〇個のトラップを取りつけながら山の尾根まで登った。二週間後に再び行ってトラップに入ったハエの数を調べると、五〇個のトラップの合計でウリミバエが一〇匹しか入っていなかった。同じ時期に沖縄本島南部の農業試験場では五個のトラップに一六一匹のウリミバエが入っていた。これは北部の山林で、南部の約一六〇分の一しか入らなかったということである。

沖縄本島南部で行われたマーキング再捕法によると、ウリミバエの密度は一ヘクタール当たり約六二二匹という数字が出ていたので、わたしは北部山林でもマーキング再捕法を行うことにした。南部の調査では二〇〇メートル四方（四ヘクタール）の場所で調査をしていた。しかし、北部山林のようなハエの少ないところでは、もっと広い面積で調べなければ正確な結果が得られないだろう。そこでわたしは、この一〇〇倍の二キロ四方（四〇〇ヘクタール）の場所に印をつけたハエを放して、道路沿いに配置したトラップで再捕しようと考えた。問題はハエを放す方法である。当時、ウリミバエの根絶防除が終わった久米島に、まだ根絶していない沖縄本島からウリミバエが飛んで行かないように、その中間にある慶良間諸島（**図3-5参照**）に不妊虫を放していたが、その放飼方法を使うことにした。これは、小さい紙の袋に蛹を入れて、これが成虫になったあとヘリコプターに積みこみ、袋を破きながら投下するという方法である（図3–12）。地面に落ちた袋からは成虫が外に飛び立って行く。

わたしは与儀さんに頼んで、北部のマーキング再捕法の調査地に蛍光色素で印をつけたウリミバエを放してくれるよう頼んだ。ヘリコプターはハエの入った袋を試験地に落としてくれる。このあと道路沿いに一〇〇個のトラップを下げてハエを回収した。捕獲された野生のハエと印をつけたハエの数の比率から計算すると、北部山林のウリミバエの密度は一ヘクタール当たり五・五匹であるという結果が出た。これは南部の一ヘクタール当たり六二二匹に比べると約一〇〇分の一という少なさである。

図3–12　ウリミバエ成虫の袋放飼

そこで、沖縄群島の植生地図を広げて調べたところ、沖縄本島南部のような人家と畑の多いところの面積は約六万ヘクタールなので、これに六二二匹を掛けると三七三二万匹、北部のような山林地帯は約七万ヘクタールで、これに五・五匹を掛けると三九万匹なので、合計約三八〇〇万匹が沖縄本島にいるという計算になった。これはもちろんトラップに入る雄の数である。実験が行われたのは気温の低い一一～一二月だったのでハエが少なかった。ハエの数が最大になる九月にはおよそ一億一〇〇〇万匹になると思われるので、久米島での経験からすると、予定されている週一億匹の不妊虫放飼では足りないことがわかった。

（2）影響の少ない抑圧防除法

不妊虫放飼法は農薬を使わないのが原則ではあるが、虫を放す前に最小限の農薬を使わざるをえない。これには前に述べたように、毒餌誘殺法と言って「タンパク加水分解物」というハエの餌の一種と殺虫剤を混ぜた毒餌剤（**図3−13**）を使う。これは「プロテイン剤」とも呼ばれ、チチュウカイミバエの根絶防除のために使われてきたものである。この方法だけでウリミバエやミカンコミバエを根絶することはできないが、虫の数を減らすことはできるので、この方法を「抑圧防除」と呼んだ。ここで使われる殺虫剤の量は、ハエが餌に誘引されるため一般の薬剤散布の場合より少なくてすむのである。

図3−13　毒餌剤散布（沖縄県病害虫防除技術センター提供）

鹿児島県の奄美群島の喜界島（きかいじま）では不妊虫放飼を始める前に、毒餌剤をヘリコプターで空から撒いていた。しかし与儀さんは、「沖縄本島南部では桑が栽培されていて、これに薬がかかるとカイコが死ぬし、人口が密集した那覇の市街地などに空から農薬を撒くことはできないので、ほかの方法を考えてくれないか」と言う。そこでウリミバエ雄の誘引剤であるキュールアと殺虫剤を木綿ロープに浸みこませて（キュールア・ロープと呼ぶ）撒くという方法を試してみることにした。こうすれば殺虫剤の量は毒餌剤よりはるかに少なくなり、影響は小さくなる。

試験地は沖縄本島中部にある与勝半島に近い平安座島、宮城島、伊計島に決めた（図3−10参照）。ここはかつて独立した島だったが、平安座島に石油貯蔵基地を作るために海を埋め立てて自動車道路が作られていたので調査が容易である。そこにヘリコプターからキュールア・ロープを撒いたあと、トラップをつけて、入った虫の数を薬が撒かれていない与勝半島に置いたトラップの結果と比べるのである。その結果、雄の数はキュールア・ロープによって、およそ一〇〇分の一に減るということがわかった。

（3）大量増殖法と不妊化法

毎週一億匹のウリミバエを育てる

ウリミバエの大量増殖法はすでに久米島の根絶実験で確立されていた。

野外から集めてきたニガウリの被害果実から出た成虫を大きい成虫飼育箱に入れ、そこにウリの果実に似せた人工採卵器をさしこむ。これは細長いプラスチックの容器に小さい穴をたくさんあけたもので、中にカボチャの搾り汁を入れておくと、雌が穴から産卵管をさしこんで容器の内側に卵を産む。

幼虫の自然の餌はウリだが、それでは経費がかかり取り扱いに不便なので、小麦フスマ、ビール酵母、大豆粕、砂糖、ちり紙、防腐剤、塩酸に水を加えて粥状にした人工飼料の上にトマトジュースを薄めた液に浮かせた卵を振りまく。

卵から孵った幼虫（図3－14上）は餌を食って育ち、成長しきると餌から外に跳び出すので、この幼虫をオガクズに移す。自然状態では幼虫は土の中で蛹（図3－14下）になるのだが、それでは取り扱いに不便だからである。幼虫はオガクズの中で蛹になるので、それを篩でわければ蛹までの飼育は完成である。

久米島での根絶のために石垣島の農業試験場八重山支場の車庫を改造した小さい増殖施設では最大時毎週四〇〇万匹の蛹を作ってきたが、毎週一億匹となると、その二五倍である。

図3－14　大量増殖された幼虫（上）と蛹（下）

そこで、どうしても大幅に機械化を取り入れた大量増殖施設、いわば「ミバエ工場」を作らなければならない。そのため八重山支場で大量増殖の中心になってきた垣花廣幸さんがミバエ研究室に転勤してミバエ工場の設計に取りかかっていた。

垣花さんは設計の参考にするために、すでに一九七八年にメキシコのトゥクストラ・グティエレスにあるラセンウジバエの大量増殖施設を見学してきていた。わたしもあとで見に行ったが、

図3−15　沖縄県ウリミバエ大量増殖施設全景。右の3階建てが大量増殖棟、左が照射棟

この施設の特徴は、中で増殖したハエを不妊化する前にはいっさい外に逃がさない密閉構造になっているということである。

ここでは見学者でも、入り口で着ている衣類を脱ぎ真っ裸になったうえ、備えつけの作業衣を着て中に入るという厳重さであった。

これにならって工場は狭い入り口が一つしかない密閉構造とした。飼育作業は大幅に機械化され、大きい飼育容器はコンベアを使って運ばれる。しかし細かい作業にはやはり人手が必要である。

こうしてできた週産一億匹を目標にしたミバエ工場は図3−15のような三階建て、幅二八メートル、長さ七六メートル、総床面積四二六五平方メートルの大きい建物であった。

三階の成虫飼育室（図3−16上）では一箱に五万匹の成虫の入ったタンスほどの大きさの成虫飼育箱をたくさん並べて、採卵器を入れて卵をとる。これは機械化できないので、八重山支場の施設とほぼ同様に人手で作業する。ここで集めた卵は一階に運びトマトジュースと混ぜて人工幼虫餌の上に振りまくが、この作業は大幅に機械化された。

幼虫餌を入れるバットは大型で重いので、大きい枠の中に何枚も重ねて積みこみ、コンベアを使って温度調整のできる幼虫飼育室（図3−16下）に運び入れる。育ちきった幼虫は床の水の中に落ちるのでこれを集めて二階の蛹飼育室に運び、そこでバーミキュライト（オガクズは火災に弱いので）の入った大きい箱に入れて蛹にする。蛹をふるいわける作業も機械化された。この施設で週産一億匹のハエを作るのに必要な人数は約五〇人で、一日八時間労働、土曜は半日、日曜は休みという労働条件である。

ガンマ線を照射して不妊化

こうしてできた蛹には不妊化のためにガンマ線が照射される。この照射施設の設計は日本原子力研究所に委託されたが、蛹を入れる容器の形状については研究室の照屋匡（てるやただし）さんが設計し、直径一〇センチ×

図3-16　成虫飼育室（上）と幼虫飼育室（下）

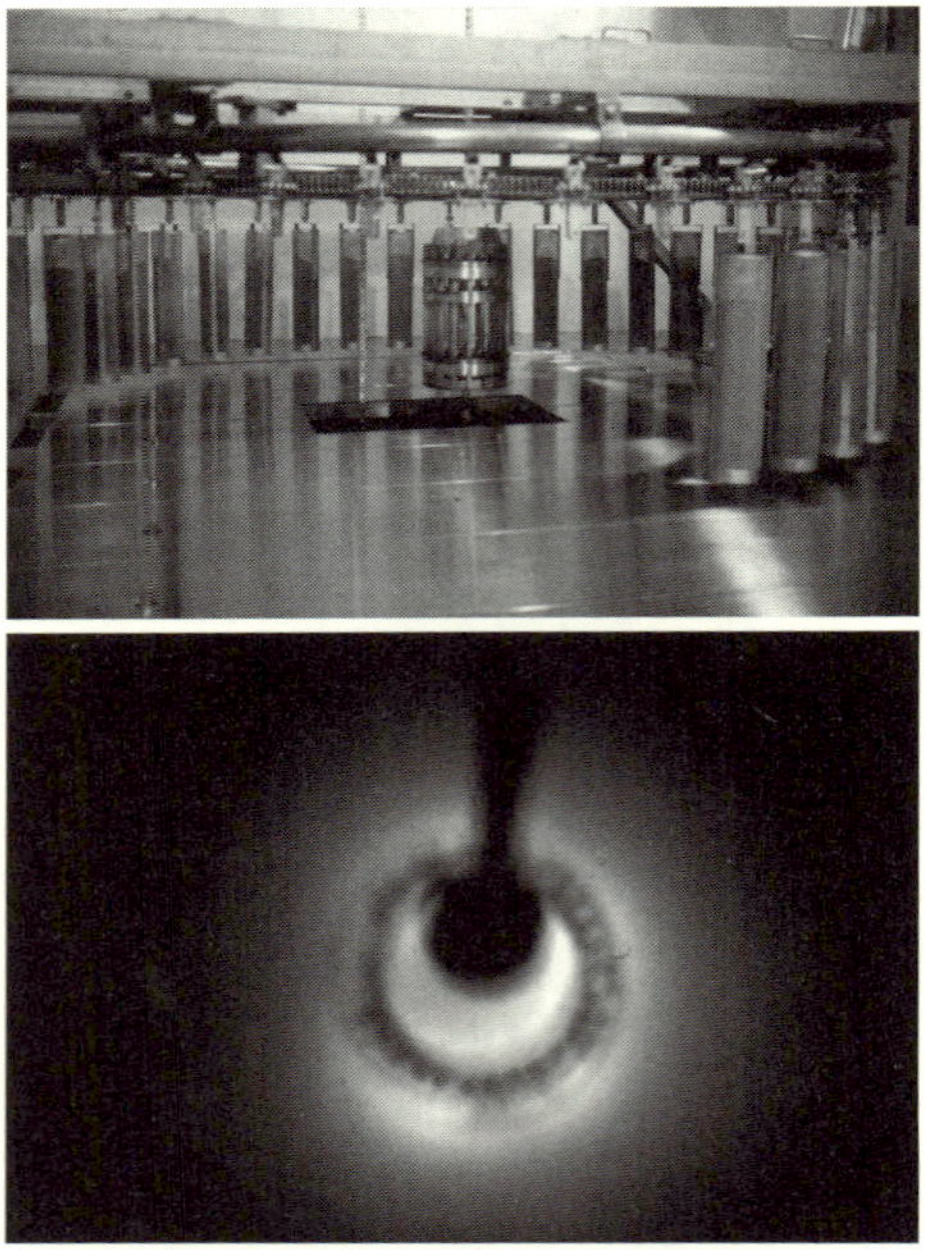

図3-17　照射室。照射装置（上）と地下プールに納められたコバルト60線源（下）。ガンマ線が水の分子に当たって青い光を発する

長さ五〇センチの円筒形のカゴに蛹を一〇万匹入れることにした。増殖棟で作られた蛹はチェーンコンベアに吊るした容器に入れて照射棟に送りこまれる。

　増殖棟と照射棟はハエが外に逃げないような暗い廊下でつながっている。照射容器に入った蛹はコンベアに吊るされたまま、放射線をさえぎる厚いコンクリート壁でできた照射室（図3-17上）の中の六万キューリー（キューリーは旧単位で三七〇億ベクレルに相当する）のコバルト六〇（放射性同位元素）線源のまわりを動いて六〇〜八〇グレイのガンマ線に当たり、不妊化されて外に出てくる。

　人間は七シーベルト（人の場合一シーベルト＝一グレイ）のガンマ線を浴びると一カ月以内にほぼ一〇〇パーセントが死亡し、四シーベルトでは一カ月以内に五〇パーセントが死亡するという[10]。八〇グレイでも死なない昆虫は、人間よりはるかに放射線に強い。

　それは生物の細胞が分裂するときに放射線の影響を受けやすいからである。昆虫は蛹の後期までに体

の大部分の細胞分裂を終わっているので放射線に強い。そしてこの時期に、まだ細胞分裂を続けている精巣や卵巣の生殖細胞だけが放射線の影響を受けやすいので「不妊化」ができるのである。これに対して人間は生まれてから死ぬまで体中の細胞が分裂を続けているので、昆虫よりも放射線の影響を受けやすいのである。

照射が行われないときには、コバルト六〇線源はガンマ線をさえぎるために水を入れた地下のプールの中に納められるので（**図3-17下**）、人が照射室に入ることはできるが、照射作業は照射室の外からのコンピューター制御によって自動的に行われる。

一九八三年の春、ミバエ工場は完成し大量増殖が始まった。これは我が国最初の巨大昆虫工場だが、メキシコのラセンウジバエ工場と並んで、世界でも一、二を争う大施設であった。設計から完成まで五年、総工費は二五億円であった。

（4）成虫の冷却放飼

久米島では蛹を入れたバケツを野外に置いて、羽化した成虫が自由に飛び出すという方法をとったが、週一億匹の蛹をこの放飼方法で放すことは人手がかかって無理である。わたしは慶良間諸島でやっているように、放飼袋に入れてヘリコプターから落とせばよいと単純に考えていた。しかし与儀さんは、「慶良間諸島は人家が少ないからよかったのだが、沖縄には都市部に約一〇〇万人が住んでいる。放飼袋がちらかったら環境問題になるので、なんとか別の方法を考えてほしい」と言う。

わたしはメキシコに出張したときに、ラセンウジバエの工場のほかに、メキシコ南部で行われていたチチュウカイミバエの不妊虫放飼も見学してきた。そこでは蛹から羽化した成虫を冷却して眠らせたものを、ヘリコプターから放す装置を使っていたので、写真に撮ってきていた。与儀さんは、その装置を使おうと言うのである。そこで、研究室の久場洋之（くばひろゆき）さんと一緒に試験をすることにした。

試験の結果、成虫は水と砂糖を与えれば一〇日間は生きている。また成虫を二～三度に冷やすと動かなくなるが、六時間以内であれば、常温にもどすと元気に動き出すことがわかった。

このあと研究室の仲盛広明（なかもりひろあき）さんと蛹から成虫にするための羽化箱の設計に取りかかった。上面を網ばりにした、ミカン箱ほどの段ボール箱に砂糖を入れ、水はスポンジに浸みこませて網の上に置くという箱を作った。成虫のとまり場所を増やすために板を入れる。これで一箱最大二万匹は収容できた（**図3－21上**参照）。

メキシコでは固定翼の小型飛行機でミバエを放飼していたが、沖縄ではヘリコプターを使うので、冷却成虫放飼装置は、メキシコで写してきた写真を参考にして、ヘリコプターに積めるような装置をヘリコプター会社が考案してくれた（**図3－23上**参照）。

農業試験場の野菜研究室の冷蔵室を借りて二度に冷やした成虫はぐったりとして翅も脚もブラブラになり、暗い室内で翅だけがキラキラと光っている。これを装置に入れてヘリコプターに積みこむ。試験場の上空約五〇メートルでホバリングしているヘリコプターからハエがバラバラと地上に降ってきた。それが五分ほどすると動き出し、翅を振るわして飛び去る姿を見たときには、与儀さんもわたしたちもホッとした。

このヘリコプターに二台の装置を積むと、一度に二〇〇万匹のハエを放すことができる。久米島では二〇〇カ所のバケツに四〇〇〇万匹の蛹を人手で配るのに二日がかりだったのが、わずか二回のフライトで放飼できることになった。

(5) 効果判定法

不妊虫の蛹にはあらかじめ蛍光色素の粉をまぶしておくと、成虫が羽化するときにこの色素が頭の中に取りこまれる。そこでこれまでは、トラップに入ったハエの頭を切り離して、濾紙(ろし)の上でエチルアルコールとアセトンの液をたらしてつぶし、紫外線灯の下で蛍光色素の有無を見ることによって不妊虫かどうかを判定してきた。しかし、沖縄全域のトラップから集めたハエの頭を切り離してつぶす作業には大変な労力がかかる。もっと手軽で正確な方法はないだろうか。

そこで、ミバエの頭を切り離すことなく、濾紙の上に並べたハエの体全体に溶剤をたらしてみた。そうすると体のいろいろな場所についていた蛍光色素が紙に浸み出してくる(図3-18)。色素が浸み出さないハエは野生のハエだと考えられるが、色

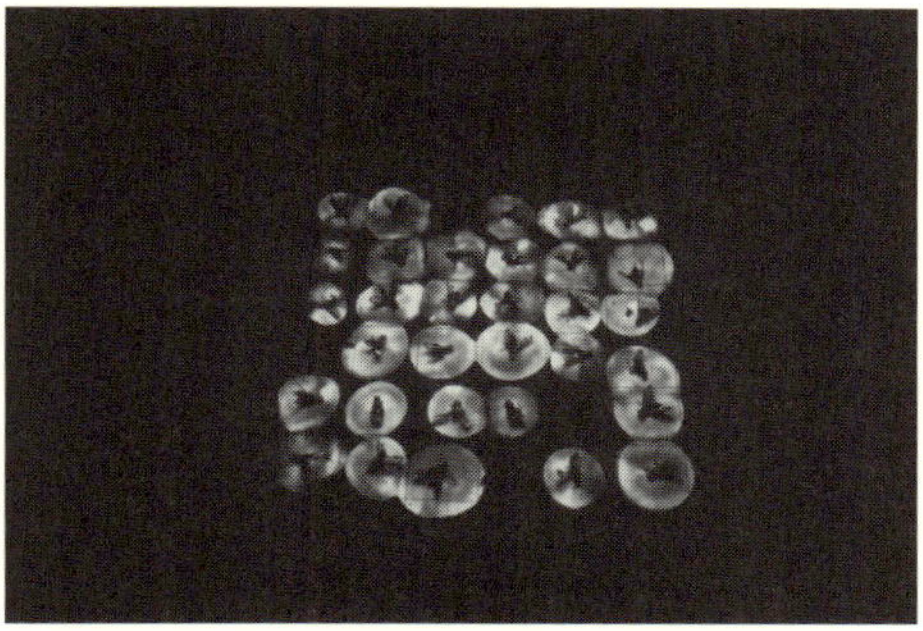

図3-18　蛍光色素による不妊虫の検出。この場合は、36匹のうち32匹は光る不妊虫、4匹は光らない野生虫

素が自然にとれてしまったものかもしれない。
そこで念のために解剖して体内の精巣の大きさを測った。ガンマ線を照射した雄では精巣が発達しないので、正常なものより小さいことから、不妊虫は正確に判別できた（図3-19）。

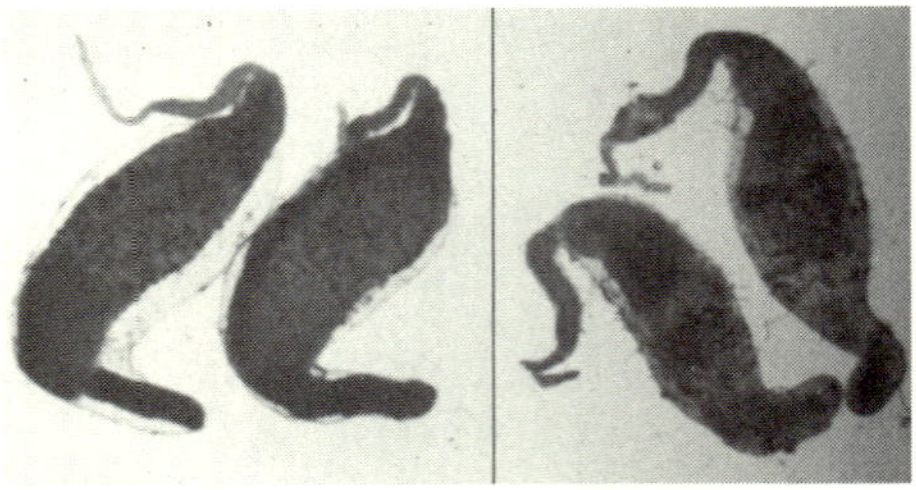
図3-19　ウリミバエの精巣。左が正常虫、右が不妊虫（照屋匡氏撮影）

(6) 品質管理

ミバエQC会議

増殖された不妊虫は、野外に放されたときに野生のハエと対等に競争して交尾できなければならない。そのためには、なによりもまず、よく飛ぶことのできるハエを作る必要がある。スイスのボラー博士はハエの飛翔力を簡単に調べる道具を考案していた（図3-20）。

それはプラスチック製の丸い容器の内側にベビーパウダーのようなよく滑る粉を塗って、その中に蛹を一定数入れておく。蛹から羽化した成虫のうち飛べるものは容器から翅を使って脱出するが、飛べないものは容器から這って出ようとするが粉のために脚が滑って出られない。その結果、容器の中には、羽化できなかった蛹と、飛べなかった成虫の死骸が残ることになる。

最初の蛹数を決めておいて、残った蛹と成虫の死骸の数から羽化率と「飛び出し虫率」が計算できる。

それぞれの数値が高いほど品質のよいハエだと言える。もしこの数値が低くければ、品質が悪いので飼育法の改善が必要となるわけだ。

久米島での根絶実験では、常に研究員が立ち会って作業をしていたので虫の品質が高く保たれたが、これが大規模なミバエ工場となると、虫の知識のない作業員に作業をまかせなければならない。一般の製造工場には品質管理部門があり、英語のクオリティ・コントロールの頭文字をとってQCと呼ばれている。わたしはこれにならって、ミバエ対策事業所もミバエ研究室も参加する「ミバエQC会議」というものを提案した。

図3−20　羽化率と飛び出し虫率の測定容器

そこでは事業所からハエの羽化率と飛び出し虫率とともに不妊虫放飼の効果などあらゆるデータを出してもらい、また研究室からは現在の研究状況を発表して、今後の事業と研究の進め方についてみんなで論議することにした。幸いコンピューターが進歩してきたのでハエの品質と防除効果についての厖大なデータも短時間に整理してみんなで見ることができる。このQC会議によって根絶事業はスムーズに進み、新しい研究のアイデアも生まれるようになった。

仕事に夢中になっている間に早くも五年近い歳月がたっていた。老母はすでに八五歳。小学生だった息子はまもなく中学校を卒業する。わたしは、沖縄県全域のウリミバエ根絶のための不妊虫放飼技術の基本線はほぼできたと考えたので、これまでよく協力してくれた家族のためにも本土への転勤を希望したところ、一九八三年四月からは九州の福岡県にある農林水産省九州農業試験場に移ることになった。

あとは後任のミバエ研究室長になった志賀正和さんと研究スタッフが仕事を引き継いでくれる。

宮古群島からスタートした不妊虫放飼

一九八四年からいよいよ沖縄県全域のウリミバエ根絶事業が開始されたが、わたしは機会を見ては沖縄を訪れて事業のなりゆきを見守ってきた。沖縄県は沖縄群島（一四四七平方キロ）、宮古群島（二二六平方キロ）、八重山群島（五九二平方キロ）からなるが（図3-5参照）、不妊虫放飼はいちばん小さい宮古群島から始めることに決まった。これに成功したら最大の沖縄群島での放飼、そして最後に、長い間ミバエが棲みついていて困難が予想される八重山群島での放飼をするという順である。

宮古群島では一九八三年一二月から抑圧防除を行い、一九八四年九月から実際に不妊虫放飼を始めたところ、いろいろな問題が起こってきた。

一つは、成虫の羽化箱が不完全であったため、羽化したハエが弱く、放飼効果が上がらなかったことである。これはハエのとまる面積が足りなかったためで（図3-21上）、格子状の板を入れたところうまくいくようになった（図3-21下）。

成虫放飼は、はじめは宮古群島の全域で一様に行われた。その防除効果は全島に配置したトラップで調べられる。宮古島はサトウキビの栽培がおもであり、ウリミバエの好むウリ類は少ないから、根絶は容易だろうと当初は考えられていた。ところが、島の南西部にある下地町（現・宮古島市）のたった一個のトラップで野生のハエがなかなか減らない。そこでこの付近にトラップの数を増やして調べてみると、さきほどの一個のトラップの付近だけで野生のウリミバエが入った。

　現地を見に行くと、そこには畑にニガウリやヘチマが栽培されていた。宮古島は水はけのよい石灰岩質の土で、降った雨がすぐに土に浸みこんでしまうため、サトウキビのような乾燥に強い作物しかできないのだが、下地町のこの場所だけは湧き水が出るため夏にはウリなどの野菜の栽培ができた。また冬にはオキナワスズメウリという直径二センチほどの丸い野生のウリがなり、一年中餌が豊富だったため、ウリミバエの密度が特別に高かったのである。このようなハエの密度が局地的に高い場所はのちに「ホットスポット」と呼ばれた。

　このことがわかってから、ミバエ工場の生産能力を週三〇〇〇万匹から四〇〇〇万匹に上げて、下地町への放飼数を増やした。それでも足りなかったので、すでに効果が十分上がっている

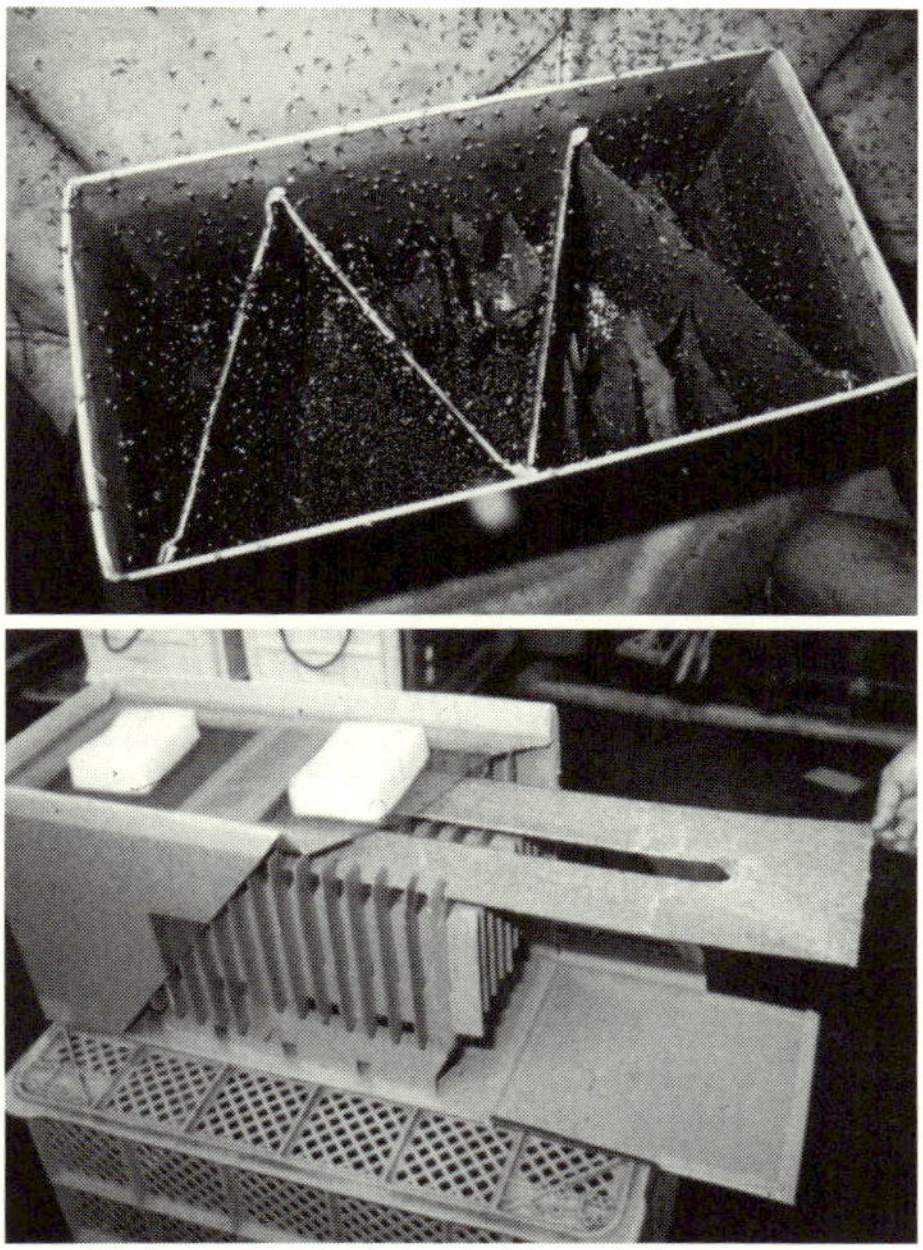

図3-21　成虫羽化箱の内部。改良前（上）、改良後（下）

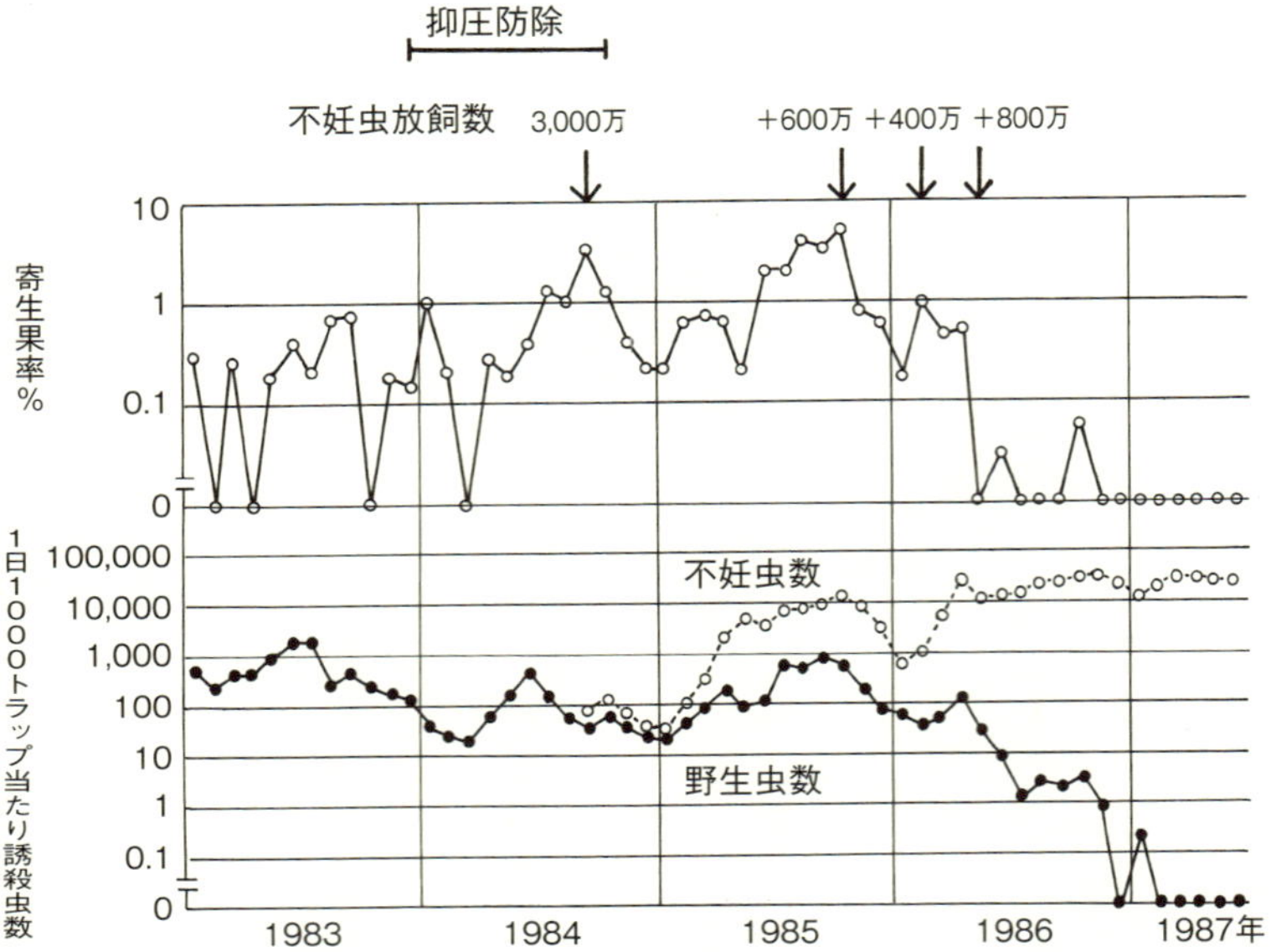

図 3-22　宮古群島のウリミバエ根絶経過。縦軸は対数目盛（沖縄県農林水産部、1994を改変）

多良間島に放すハエを減らして、その分を下地町にまわして不妊虫放飼を集中することによって、ようやく野生虫の数が減りはじめた。

宮古島では最終的には不妊虫放飼数を四八〇〇万匹まで増やした結果、一九八六年一一月から被害がまったくなくなり、一九八四年八月の不妊虫放飼開始から二年余りで根絶が達成されたのであった（図3-22）。

続いて沖縄群島で放飼

宮古群島の次の根絶目標は沖縄県最大の沖縄群島である。ミバエ工場では飼育装置を増強して生産能力を週一億匹に増やした。

沖縄本島は広いので、ミバエ工場のそばの一カ所のヘリポートでは足りず、北

図3-23　冷却成虫放飼装置。改良前（上）、改良後（下）

部の名護市にもヘリポートが作られた。そのため、那覇から北部の名護まで大量の蛹を運ぶ方法を考えなければならない。

　蛹は呼吸して代謝熱を発するが、これを密閉容器に入れて酸素の供給を断つと呼吸が止まって熱を出さなくなる。これをアノキシア（アはない、オキシは酸素、これをつなげた用語である）と言う。ウリミバエではアノキシア状態で数時間置いても再び酸素を与えると、正常に羽化することがわかった。そこで、プラスチック製の密閉容器に蛹を入れて、空気を遮断することによって楽に運べるようになった。

　放飼の能率を高めるために、ヘリコプターから不妊バエを放飼する装置も大幅に改良された。メキシコの放飼装置を参考にして作った装置は、箱の中で成虫を薄く広げてのせる水平の棚を何枚も重ねて、この棚を一枚ずつ倒して少しずつハエを落としていく方法だった（図3-23上）が、改良した装置では冷やした成虫を箱いっぱいに入れ、箱の底に螺旋状の溝のある太い丸い棒を二本水平において、この棒をゆっくり回転させる。そうするとハエはこの棒の端にある出口にむかってゆっくり進み、少しずつ外

図3−24　冷却成虫の地上放飼（仲盛広明氏撮影）

に出て行くのである（図3−23下）。

この放飼装置の改良によって、一台の装置にこれまでの倍の二〇〇万匹が入るようになった。この装置をヘリコプターの両側に二台取りつけると、一回のフライトで四〇〇万匹が放飼できるようになった。

沖縄群島には沖縄本島のすぐ西側に伊平屋島、伊是名島、伊江島、慶良間諸島、久米島などがあるが、東方海上に三七〇キロ離れたところに南大東島と北大東島がある（図3−5参照）。ここには固定翼のプロペラ機は就航しているがヘリコプターが飛んで行ける距離ではない。そこで、冷却して眠らせた成虫を箱に入れて、そのまま飛行機で運び、現地で人手によって箱から藪などに直接ばらまくという方法がとられた（図3−24）。

このように放飼方法を改善しながら、沖縄群島の不妊虫放飼が始まったのは宮古群島根絶成功に先立つ一九八六年の秋である。

沖縄本島は中南部で一九八六年五月から抑圧防除が始まり、一一月から週八八〇〇万匹の放飼を始めた。これに引きつづいて北部では一一月から抑圧防除、翌一九八七年三月から週二一〇〇万匹の放飼が行われた。ハエの密度が高い中南部では一ヘクタール当たりの放飼数は一七六二匹とし、ハエの密度が低い北部ではその半分以下の七五三匹とされた。これは野生虫の密度に応じて不妊虫を増減するという宮古島での方法が生かされたものである。すでにミバエ工場の生産能力は、設計時に計画された週一億匹をはるかに超える二億匹にまで増えており、このハエを全部使って、野生虫との闘いが繰り広げられたのであった。

沖縄本島でもやはりホットスポットがあらわれた。

一カ所は南部の太平洋戦争最後の激戦地、摩文仁(まぶに)の丘に近い場所であった(図3-10参照)。ここは、夏には沖縄でも有数のニガウリの産地である。また冬には藪にクロミノオキナワスズメウリという野生のウリの実が多い。宮古島の下地町と同様に、ウリミバエにとって一年中餌が豊富だというホットスポットの条件があてはまる。そこで、本来は大東島のために開発された「冷却成虫地上放飼」がここでも行われた。冷却したハエを密閉容器に入れて車に積んで行き、藪にばらまく。この方法によって野生虫は減っていった。

もう一カ所のホットスポットは、中部の与勝半島から延びる海中道路でつながれた伊計島、宮城島、平安座島である(図3-10参照)。そこには海を埋め立てて作った石油貯蔵基地がある。不妊虫放飼のためのヘリコプターは、万一墜落したときの危険を考えて、この基地の上を飛ぶことが許されていなかったが、基地の付近には野生のウリがたくさんなっていて、ウリミバエの巣になっていたのだった。そして、ここでも「冷却成虫地上放飼」が功を奏し野生バエをゼロにすることができた。こうした機械力と人力の組み合わせによって、ウリミバエを一歩一歩根絶へと追いこんでいったのである。

沖縄本島の野生ウリミバエは一九八九年七月にゼロになり、残っていた南・北大東島でも一二月には根絶が達成された。

ウリミバエ根絶宣言まで二〇年

ウリミバエが最初に侵入・定着した八重山群島での根絶は、当初困難ではないかと予想されたので最後に回されたのであったが、毎週九〇〇〇万匹の放飼によって防除は順調に進み、一九九二年七月には野生虫がゼロとなり、集められた一五万個のウリ類果実から幼虫は一匹も発見されなくなった。

この頃、わたしはすでに農林水産省を退職していたが、ミバエ専門家として近畿大学の杉本毅(たけし)さんとともに根絶確認調査を依頼され、一九九三年七月一三日から四日間、八重山群島の石垣島と西表島にむかった。

西表島南部の鹿川(かのかわ)湾の一個のトラップに野生のウリミバエ一匹が入っていたが、わたしたちは、これはいったん根絶したあとに南方から飛来したものと考え、根絶そのものは達成されたものと判断した。

一九九三年一〇月三〇日。農林水産省によってウリミバエの沖縄県からの根絶が正式に宣言された。これで沖縄からのミカン、ニガウリ、マンゴーなど熱帯果物の自由な本土出荷ができるようになった。マンゴーはミカンコミバエとウリミバエの両方の被害を受けるので、このときまで出荷できなかったのである。

一九七二年に沖縄県でウリミバエ根絶事業が始まってから根絶を達成するまでには、莫大な費用と二〇年余りの歳月が必要であった。不妊虫放飼法を沖縄県のミバエ類の実情にあわせて実現するためには、これまで述べてきたような若い研究者による多くの技術開発と県、市町村の全面的協力が欠かせないものであった。

4 ミバエ類根絶のあとには

(1) ミカンコミバエ

もし再侵入・再発生したら

ミカンコミバエは一九八六年に根絶された。その後、再侵入を警戒するために、沖縄県全域には五〇〇個以上のトラップが取りつけられ、二週間に一回調査が行われてきた。また万一再侵入が起こったときに備えて、年に数回の予防的なテックス板の設置も行われてきた。そして、もしトラップにミカンコミバエが発見されたときの対応は、あらかじめ次のように決められていた。

「発見されたトラップのまわり半径二キロの範囲で発見直後とその二週間後の二回、寄主果実を多く集めて、ハエの寄生があるかどうかを調べる。さらに半径二キロの範囲にトラップを増設し、発見後二週間は週二回調査する。また半径五キロの範囲では通常二週間に一回の調査を週一回に強める。これをハエの二世代に相当する期間(夏は約二カ月、冬は約三カ月以上)続けてハエが発見されなければ特別措置を解除する」

そして、もし寄主果実からハエが発見されると一日も早い再根絶を目指して、テックス板を増やし、

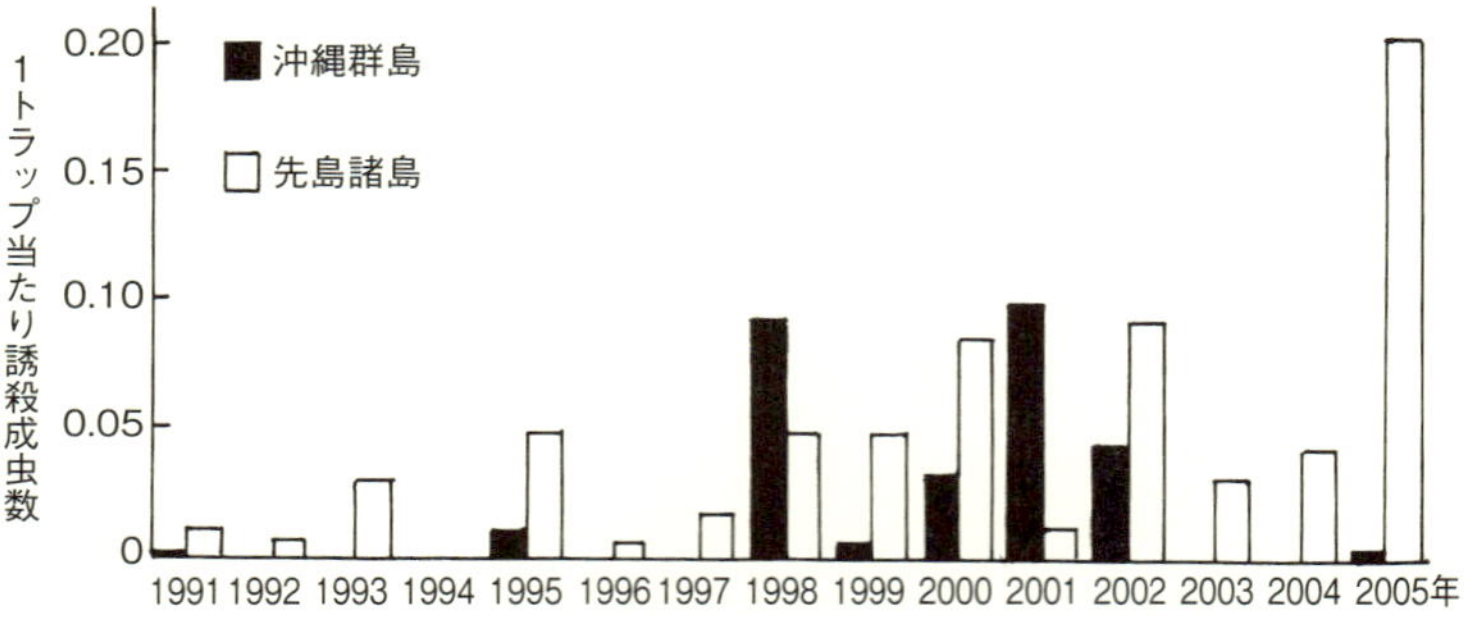

図 3-25　ミカンコミバエ誘殺成虫数の推移（Ohno et al., 2009 を改変）

毒餌剤を散布し、果実をすべてもぎとり、場合によっては幼虫が潜る土への薬剤散布も行う。これをハエが見つからなくなるまで続けるのである。

以下、トラップでハエが発見されたことを「再侵入」と呼び、寄主果実からハエが発見されたことを「再発生」と呼ぶことにしたい。

沖縄県農業研究センターの大野豪（すぐる）さんたちは、こうして調べられてきた一九八七〜二〇〇八年の二二年間のミカンコミバエの再侵入と再発生の結果を整理した。[11] **図3-25**は沖縄群島と先島諸島（宮古群島と八重山群島の総称）における年間の一トラップ当たり誘殺成虫数の推移を示している。

これによると先島諸島では、ほとんど毎年再侵入があり、その誘殺数は年とともに増えていく傾向を示している。グラフには示していないが、トラップにハエが多く入るのはおもに六〜八月の夏である。この時期には南風が強いので、おそらくハエは南方のフィリピンなどミカンコミバエが棲息している地域から風に乗って飛んできたものと考えられた。これに対して、沖縄群島では再侵入が起こる年は限られていて、入るハエの数は一〇〜一二月が多かった。

寄主果実からハエが見つかった六つの再発生地点についてその位

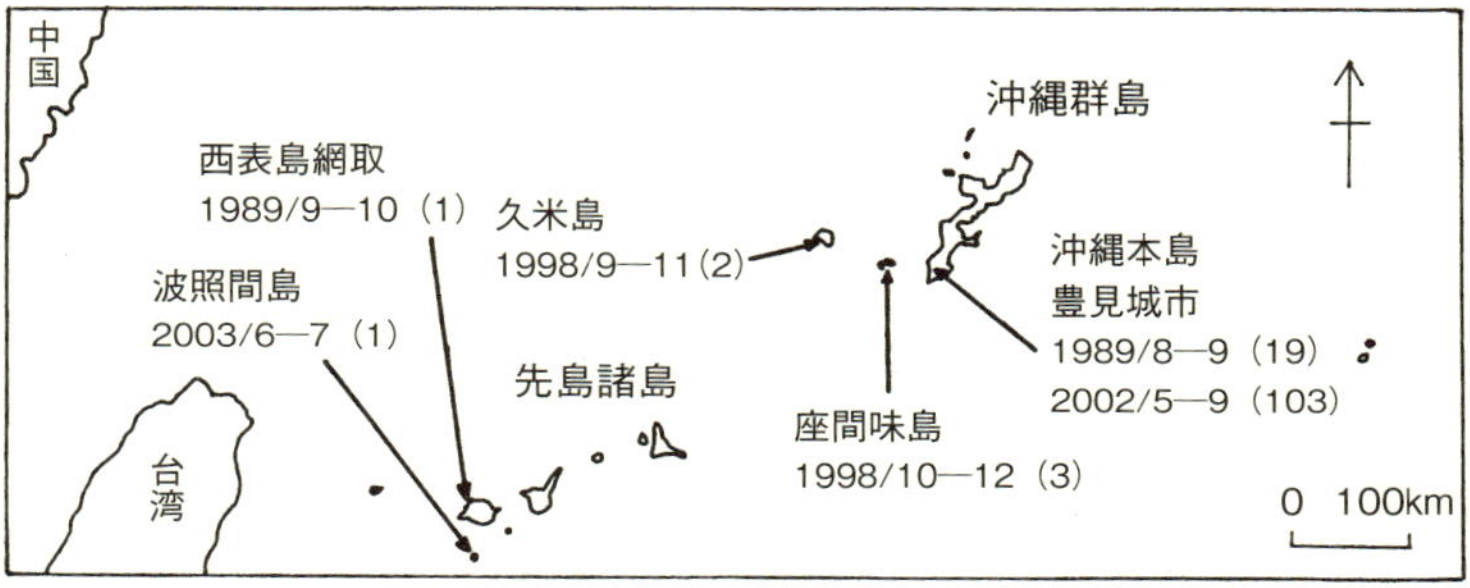

図 3-26　ミカンコミバエが再発生した場所と時期。括弧内の数字は発生地点数（Ohno et al., 2009 より作図）

置と期間を図3-26に示した。

これによると、先島諸島では一九八九年九月に西表島網取と二〇〇三年六月に波照間島で再発生したが、それぞれ一地点においてであり、被害は一カ月で終息している。また、沖縄群島でも久米島で一九九八年九月に二地点、座間味島で一九九八年一〇月に三地点で再発生したが、ともに三カ月で終息した。これはどちらかというと先島諸島に似た経過である。

それに対して沖縄本島の豊見城市の再発生は明らかに異なる様子であった[12]。すなわち、一九八九年は一九地点で被害果実が発見され終息まで二カ月、二回目の二〇〇二年はじつに一〇三地点で発生し終息まで五カ月もかかっている。豊見城市は旅行者が集まる那覇市に近く、植物検疫の寄主果実持ちこみ取り締まりの網をくぐってミカンコミバエの寄生果実が人為的に持ちこまれた可能性が高いと思われた。

再発生の現場を見る

わたしは二〇一〇年秋に沖縄を訪れ、二〇〇二年五月に豊見城市で起こった再発生の現場を、当時防除作業を担当した久場さんに案

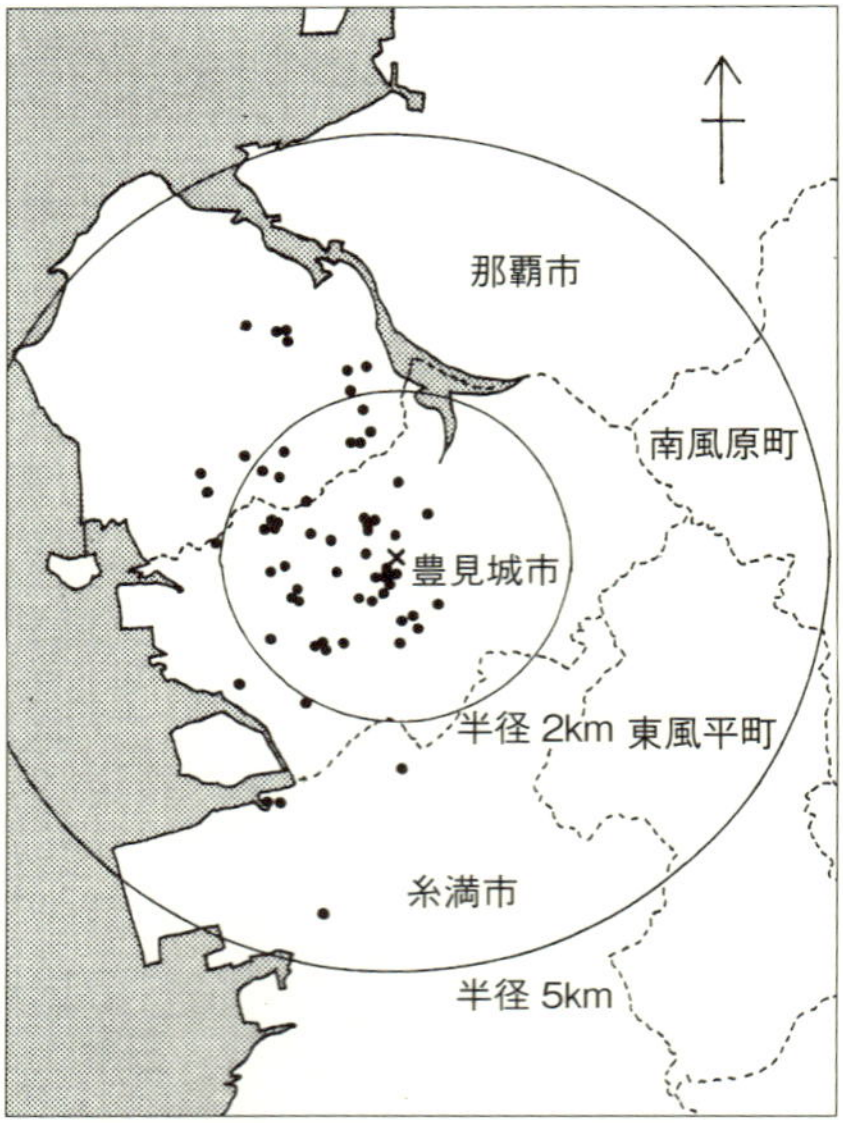

図 3-27 豊見城市とその周辺におけるミカンコミバエ再発生状況。2002年5月17日〜8月28日の寄生果実発見地点を●であらわす。×印は最初にトラップに成虫が入った豊見城市上田で、円はそれから半径2キロと5キロの範囲を示す（沖縄県ミバエ対策事業所、2003 を改変）

内してもらった。まず、最初にミカンコミバエ成虫がトラップで見つかった場所に行ってみたが、そこは静かな住宅地でミカンやグアバなどの果樹が庭に植えられているところであった。

久場さんは当時を振り返って、「二〇〇二年五月一七日に豊見城市の役場の庭に吊るしたトラップで四匹のハエがとれたのですが、このほか別の二個のトラップで一匹ずつ、合計六匹のハエが誘殺されました。緊急に発生地の周囲に取りつけたテックス板にはハエが黒山のように集まり、殺虫剤に触れて死ぬとポロポロと下に落ちてくるのです」と語った。「ミバエ対策事業所だけでは手が足りないので、県庁の職員も含めた防除チームを作りました。そして、付近の住宅になっているすべての果実をもぎとって地面に掘った穴に放りこみ、薬をかけて埋めました。また樹木には毒餌剤を散布し、テックス板を吊り下げました」

図3-27のように ミカンコミバエが発見された範囲は半径五キロに及び[12]、その多くが住宅地だったが、住宅の間にある畑ではビニールハウスの中でトマトやマンゴーが栽培されていた。そこでハウスの入り口には細かい目の網をはり、ハエの侵入を防いだ。こうして約五カ月の防除努力の結果、寄主果実でのハエは九月には発見されなくなったが、その後も防除を続けて、二〇〇三年一月に正式に再根絶が宣言されたのであった。

ミカンコミバエは台湾、フィリピンから東南アジア一帯に分布しているミバエである。先島諸島では、このハエが南風に乗ってひんぱんに飛んでくる。一方沖縄本島には、こうした地域からの旅行者も多い。検疫の網をくぐって持ちこまれた果実の中にミバエが入っていて、広がる可能性も高い。したがって、沖縄県全域での侵入警戒と、もし発見されたら、すばやく再根絶できる体制を常時整えておかなければならないのである。

(2) ウリミバエ

予防的に不妊虫を放飼しつづける

ウリミバエの場合、ミカンコミバエのようなひんぱんな再侵入は起こっていなかった。一九九三年一〇月に那覇市小禄（おろく）、一九九五年七月に与那国島、一九九六年七月に沖縄本島の与那原町（よなばるちょう）で、それぞれ一匹の野生のウリミバエ雄がトラップに入った。ミカンコミバエの場合の行動計画に準じて、半径一キロメートル以内に三個のトラップを増設して毎週二回の調査を行うとともに、半径二キロ範囲で寄主果実を調査した。およそ二世代にあたる期間この調査を続けたが、トラップからも寄主果実からも一匹のウリミバエも発見できなかった。二〇〇四年六月には、与那国島で寄主果実から雌一匹が出た。しかし、その後の調査ではトラップからも寄主果実からもハエは発見されなかった。

しかし、もしこれからも再侵入や再発生が起こった場合、野生ウリミバエと交尾できる不妊虫を待機させておかなければならない。ウリミバエの再侵入を防ぐため、ミバエ工場は今も稼働を続け、五～九月は週七〇〇〇万匹、一〇月～翌年四月は週四八〇〇万匹のウリミバエ不妊虫が放飼されつづけている。しかし、長年月、代々飼育を続けたハエの性質が変わっていくことはないかという問題があった。

ウリミバエの交尾行動の研究

話はわたしがミバエ研究室にいた頃にさかのぼる。

不妊虫放飼法は不妊化した雄が野生の雌と交尾することが前提であるから、ウリミバエの交尾行動についての研究が不可欠だった。そこで一九七九年にミバエ研究室に三カ月滞在した九州大学の鈴木芳人（よしと）さんが交尾行動を研究して、ウリミバエは夕方に交尾するが、大量増殖した成虫の交尾が始まる時間帯は、野生の成虫よりも三〇分ほど早いことを見つけていた[13][14]。

しかし、その後のミバエ根絶事業の忙しさにまぎれて交尾行動の研究が中断されていた。研究を再開したきっかけは、リンゴの実を害するリンゴミバエの研究者であるアメリカ、マサチューセッツ大学のプロコピイさんが沖縄を訪れ、わたしたちとウリミバエの交尾行動を調べてみたいと申しこんできたことであった。わたしは、研究再開のよい機会だと思い、研究室の久場さんと一緒に引き受けることにした。

まず、人が中に入ることのできる大きい網室（図3-28上）の中央に葉の広いデイゴの木を切ってきて立てた。これはウリミバエの寄主植物ではないが、その葉の裏によくウリミバエがとまっていたからである。このほか、寄主植物であるオキナワスズメウリの直径約二センチの実を木の枝にからませた。これで小さい野外条件が再現されたことになる。

図3-28　交尾実験をした野外網室（上）とウリミバエの交尾（下）（新垣則雄氏撮影）

そこに、野外から採集したウリミバエの幼虫から育てて、交尾しないように雌雄をわけておいた成虫を、雄雌各一五匹、午後の明るいうちから一匹ずつ葉の裏にそっと放してやった。

夕方、交尾が始まるのをじっと待

っていると、日没が近づく頃、雄も雌もいったん夕日の当たる方向に飛んで行って網にとまった。外がまったく暗くなる三〇分くらい前になると、まず雄が木の葉の裏にもどってきた。このとき雄は一匹が一枚の葉を占拠してほかの雄が近くに来ると追い払う。

やがてブーッ、ブーッと翅を振るわせると同時に独特の甘い匂いがしてきた。この匂いは雄が出す性フェロモンであろう。雄よりも少し遅く木の葉裏にもどってきた雌の一匹が、この匂いに誘われたのか雄のそばに飛んできてその正面にとまり、雄の頭をツンツンとつつく。すると雄はピョンと雌の背中に飛び乗って交尾が成立した（図3−28下）。

こうした交尾行動はすべてデイゴの葉の裏で行われ、オキナワスズメウリの実には雌がたまにとまるだけで、なにごとも起こらなかった。

わたしたちと一緒に観察したプロコピイさんは、「まず野生虫の交尾行動をしっかり調べてから、次に大量増殖虫の行動を調べて比較してはどうか」というアドバイスを残して、一週間後にアメリカに帰って行った。このあと、わたしたちは一九八〇年の秋遅くなるまで、毎晩のように野外網室の中で野生ウリミバエの交尾行動を詳しく観察した[15][16]。

野生虫と大量増殖虫で交尾行動は異なるか

わたしは、ここで学生時代に観察していた柳の木の下でのコブアシヒメイエバエの群飛と交尾行動のことを思い出した。野外にいるハエは餌を求めて広い空間を飛びまわっているが、どこかで雄雌が出会わなければ交尾ができない。コブアシヒメイエバエは柳の木の下で出会う。また、この出会いを確実にするには決まった時間帯が必要で、それが朝夕の薄暮という交尾時間となるのである。

ウリミバエも同じで、寄主植物ではない木の葉裏が出会いの場となっていて、また夕暮れの薄暮時を交尾時間としている。しかし、大量増殖虫は、薄暗く狭い成虫飼育箱の中で五万匹もの雄雌が隣り合って暮らしているのだから、特別の出会いの場所や時間帯を必要としないであろう。したがって、大量増殖を長く続けていけば、増殖虫の交尾行動はしだいに野生虫の行動とは変わってくるのではなかろうかと、わたしは気がかりであった。

わたしは一九八一年からは仲盛さんと一緒に、野外網室の中で大量増殖虫の交尾行動の観察を続けた[17]。その結果、大量増殖虫も木の葉の上で野生虫と同じように雄雌が出会い、雄の翅振動や雌の反応など、細かい交尾行動もあまり野生虫とはちがいがないことを確かめた。ただ、夕方交尾が始まる時間帯は大量増殖虫が野生虫より三〇分くらい早くなっていて、これはかつて鈴木芳人さんが小さい網カゴの中で調べた結果と同じであった。

一九八二年には、野外網室の中にあとで区別できるように背中に印をつけた野生虫の雄雌と大量増殖虫の雄雌を放して、どういう組み合わせで交尾するかを調べてみた。その結果、大量増殖虫と野生虫の交尾時間帯は少しずれるものの、野生の雄雌と大量増殖虫の雄雌は、たがいにわけへだてなくランダムに交尾した。そこで、大量増殖して不妊化した虫が野生虫と交尾しなくなることによって、不妊虫放飼法が成り立たなくなるのではないか、という心配は当面しなくていいことがわかり、わたしたちはホッとしたのである。

台湾の野生ウリミバエと大量増殖系統で交尾実験

わたしが沖縄を離れてから長い年月がたった。ウリミバエの大量増殖系統は一九八五年に沖縄本島で採集された一万九二八一匹の蛹から新たに導入され、世代を重ねて、宮古群島、沖縄群島、八重山群島では不妊虫としてその役割をはたしてくれた。しかし一九九三年に根絶が成功したあと、沖縄にはウリミバエの「野生虫」はいなくなった。したがって、大量増殖虫が野外から新たな遺伝子を取り入れる機会が失われたまま、二〇〇世代以上を重ねて飼育されてきた。

もし大量増殖虫の交尾行動が大きく変わっていたら、台湾などから野生のウリミバエが侵入したときに、それらの虫とうまく交尾して再根絶をはかることができるのだろうか。わたしはひそかに心配していたのだった。

それがようやく調べられたのは二〇〇三年のことである。野生虫はもう沖縄にはいないので、二〇〇〇年に台湾のヘチマから得られた一一〇八匹のハエが特別の許可を得て輸入されて、沖縄の増殖施設の中で飼育され、ミバエ研究室の松山隆志(たかし)さんと久場さんによって、大量増殖虫がこれとうまく交尾するかどうかが調べられたのである。[18]

松山さんたちは、まず一九八五年に沖縄で導入された大量増殖虫と台湾から輸入したハエを雄雌一匹ずつ対にした四つの組み合わせをつくり、直径八センチ×高さ四センチのプラスチックの容器の中で交尾させてみた。同じ組み合わせは二五回繰り返した。その交尾の経過と、その際に雄が雌に対して示した求愛行動(翅振動)の頻度を**図3−29**に示した。

その結果、台湾雌と台湾雄では三二パーセント、増殖雌と台湾雄では八八パーセント、台湾雌と増殖雄では五二パーセント、そして増殖雌と増殖雄では八二パーセントが交尾した。つまり増殖雌は台湾雌よりよく交尾する。ところが、交尾の時間帯を見るために、交尾した対において累積交尾率（交尾した対を一〇〇として）の時間的経過を見ると、増殖雄は台湾雄よりも交尾時刻が遅れることがわかった。もう一つは、増殖雄の求愛行動がきわめて弱いということである。特に、相手が台湾雌の場合にはほとんど求愛行動は見られない。

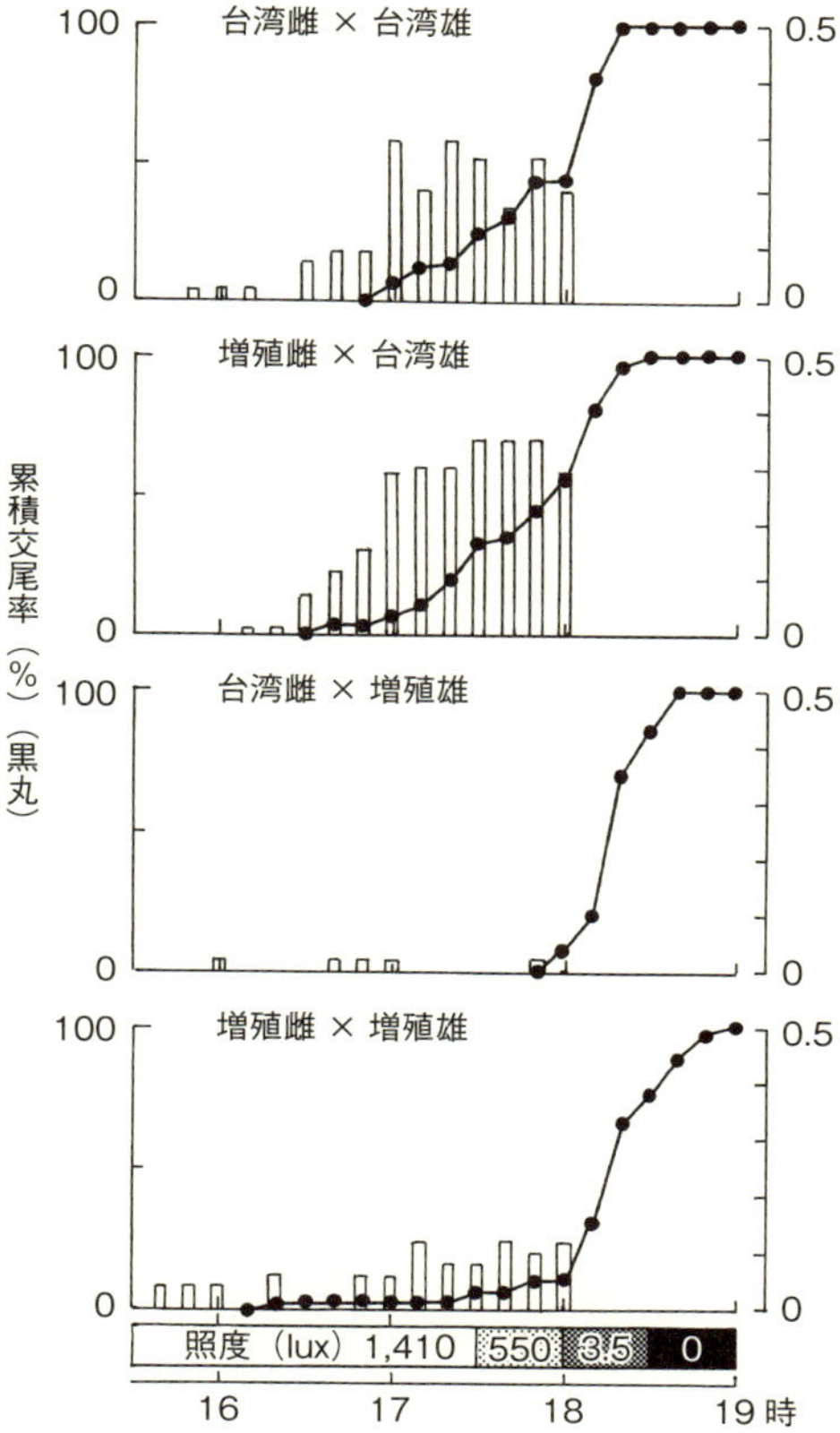

図 3-29　ウリミバエ沖縄大量増殖系統と台湾系統の雄の求愛行動と交尾の時間的経過（Matsuyama and Kuba, 2009 を改変）

増殖系統はなぜ変わったのか

では増殖系統はなぜこのように変わったのだろうか。わたしは次のように考えている。

琉球大学に移っていた岩橋さんと間島勉さんは、一九八二年に野外でのウリミバエの交尾行動を観察した[19]。それによると、かつてわたしたちが野外網室で調べたときと同じように、夕方まだ少し明るい頃からウリ畑のまわりのコセンダングサなどの葉の裏に雄が集まって、そこにやって来る雌と交尾する。もしこの時間に遅れたハエがいたら、交尾することができずに、その子孫は残らないだろう。また、野外では雄は翅をさかんに振動させて性フェロモンを放出し、雌をひきつける求愛行動をする。求愛行動がほかの雄より弱い雄は雌と交尾ができず、その子孫は残ることがないであろう。

ところが、大量増殖の飼育条件では、狭い成虫飼育箱の中に雄と雌がひしめき合っていて、雄はいつでも、すぐに隣にいる雌と交尾ができる。待ち合わせ時間を守らず、求愛行動が弱い雄にもその子孫を残すチャンスが十分に残されている。こうした条件で二〇〇世代あまりも飼育しつづけられた結果、交尾時間帯が遅く、求愛活動の弱いハエが温存されてきたのではないだろうか。

そこで松山さんたちは、**図3－30**のような組み合わせで現在の大量増殖虫と台湾のハエとの交尾競争を試みた[18]。これはある系統の雄をめぐって同じ系統の雌とほかの系統の雌を競わせる場合と、ある系統の雌をめぐって同じ系統の雄とほかの系統の雄を競わせる場合がある。三種類のハエを七匹ずつ、二五×二五×四〇センチの透明な箱の中で交尾させた。実験は一〇回繰り返された。

その結果、台湾雌をめぐって台湾雄と増殖雄が競争した場合には増殖雄が台湾雄の半分以下しか交尾に成功しなかった。これでは現在の大量増殖系統のままで、もし台湾からウリミバエが沖縄に侵入したときに、現在大量増殖中の不妊虫がうまくこれと交尾して根絶できるかどうか、はなはだこころもとない。早急に台湾から新系統を導入する必要がある。ところが、すでに根絶地域となった沖縄に外国から生きたウリミバエを輸入することは法律で禁止されている。

はじめのうち、農林水産省は、たとえ沖縄の隔離された増殖施設の中であったとしてもそれは許されないというのであった。しかし、松山さんたちの研究結果をもとに、農林水産省との粘り強い論議を経て、二〇〇八年には、台湾から輸入した虫をもとにして大量増殖系統を入れ替えることがようやく認められたのだった。

二〇一〇年の秋、わたしは沖縄を訪れて、大量飼育が始められたばかりの台湾系統のウリミバエを見せてもらった。二〇〇八年八月に台湾で採集した二万四一二九匹のハエから、現在ウリミバエの再侵入防止のために毎週放されている七〇〇〇万匹まで増やすには、少なくともあと一年くらいはかかるであろう。

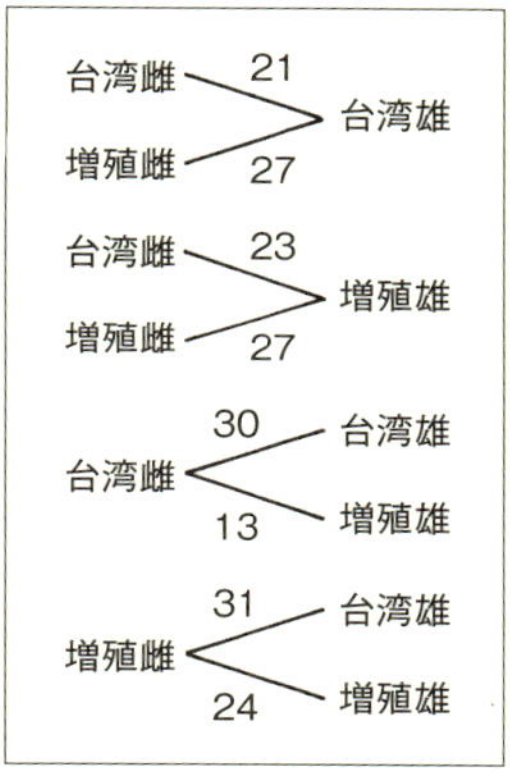

図 3–30 沖縄大量増殖系統と台湾系統の交尾競争試験。数字は交尾した対の数（Matsuyama and Kuba, 2009を改変）

不妊虫放飼法は農薬を使わない理想的な害虫防除法だと言われたことがあった。かつて、わたしたちは「不妊虫放飼法は、はじめは費用がかかるが根絶してしまえばあとは安心だ」と考えていた。しかし、根絶後も再侵入に備えて、半永久的な不妊虫放飼が必要なのである。その場合、放飼する不妊虫は侵入する野生虫と十分な交尾能力を備えていなければならない。

今回、大量増殖虫の交尾能力が世代を重ねるにしたがって低下することが明らかになり、さしあたっては台湾からの野生虫の導入によって更新されることになったことは喜ばしい。しかし、将来的には、野生虫と対等に競争できるようなハエをつくる大量増殖法や、その品質管理法の研究が必要であろう。

コラム4

雄除去法と不妊虫放飼法

「雄除去法（おすじょきょほう）」はミカンコミバエを根絶するためにアメリカのハワイミバエ研究所のスタイナー博士によって開発された[1]。

ミカンコミバエには、その雄だけを強力に誘引するメチルオイゲノールという化合物がある。これは熱帯のある種のランの匂いの成分で、はじめは蚊を追い払うためなどに使われていたが、あるときミカンコミバエが大量に集まることがわかって注目されるようになった。

スタイナー博士はこの薬と殺虫剤を混ぜて、木材の繊維をかためた薄い板（テックス板と呼ばれる）に浸みこませて野外に置いたところ、大量の雄が集まり殺虫剤に触れて死んだ。その結果、ほとんどの雄がいなくなったため、雌は交尾することができなくなり子孫を残すことができず根絶した。

そこでこの方法が「雄除去法」と呼ばれるようになった。この方法は少量の殺虫剤を使うが、その使用量は一般の農薬散布よりもはるかに少なく環境への影響は少ない。

「不妊虫放飼法（ふにんちゅうほうしほう）」はアメリカでラセンウジバエ（**図**）という家畜の害虫を根絶するために開発された[1]。

　ラセンウジバエはイエバエより大型のハエであるが、牛や馬がなんらかの理由で皮膚に傷がつくとその傷口に成虫が卵を産む。孵化した幼虫のウジが傷口から潜りこんで、肉を食う。生きたまま肉を食われるため家畜は苦しみ、ひどい場合には死んでしまう。このハエは昼寝をしている人の鼻の中にまで卵を産み、幼虫が体の中を食うので、「人食いバエ」とまで呼ばれた恐ろしい虫であった。

　ラセンウジバエが多いテキサス州などのアメリカ南西部とフロリダ半島では、広い放牧地を際限もなく歩きまわって、ハエの被害を受けた牛や馬を見つけて、その傷に殺虫薬をぬるのがカウボーイの大仕事だった。

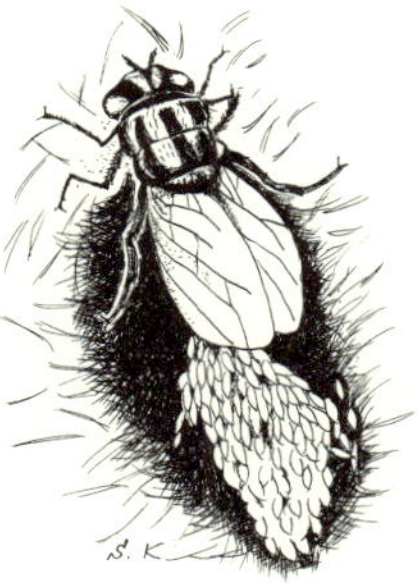

図　産卵するラセンウジバエ

　その薬の開発にたずさわっていたアメリカ農務省のニップリング博士は、もっと根本的な対策はないものかと考えたあげく、同僚のブッシュ博士とともにラセンウジバエを根絶するための「不妊虫放飼法」を開発したのであった。

　その方法は、まずラセンウジバエの幼虫に挽肉などの人工飼料を与えて大量に増やし、蛹になったときにガンマ線という放射線をあてて、雄の精子の受精能力だけを奪う（これを不妊化と言う）。この不妊化された雄を野外に大量に放して自然の雌と交尾させると、その雌の産む卵は受精ができず、幼虫が育たなくなる。野外にたくさんの不妊雄を放しつづけると、子孫がしだいに減っていって最後は根絶するというわけである。

　不妊化された雌は雄と区別するのが難しいため同時に放飼されるが、卵を産むことができないので被害を出すことはない。

　ただ、この方法はガンマ線をあてた雄が、自然の雄との競争にうちかって雌と交尾できるようでなければいけないし、また、自然にいるハエの数よりも多い数の不妊虫を作って放さなければ成功しない。

成功を危ぶむ多くの声にもかかわらず、この方法はみごとに成功して、アメリカ国内のラセンウジバエは完全に根絶され、次に南隣のメキシコでも根絶が成功し、今ではパナマ運河までの中米の国々で根絶防除事業が進められている。

雄除去法も不妊虫放飼法も防除対象の害虫種だけを防除し、人畜やほかの生物への影響がほとんどないという理想的な防除法である。

しかし、防除地域が地理的に隔離されて害虫の移動侵入がなく、人為的な侵入も検疫によって食い止められていなければ効果が上がらない。そのためこれまで成功したのは、ラセンウジバエとミバエ類だけであったが、ごく最近、沖縄県の久米島でサツマイモ害虫のアリモドキゾウムシ（甲虫の一種）の不妊虫放飼法による根絶が確認された。[2]

コラム5

ミカンコミバエの雄はなぜメチルオイゲノールに集まるのか

ミカンコミバエはメチルオイゲノールの強力な誘引力を使って雄を大量誘殺することによって根絶された。この誘引力はなぜ生まれたのか。この疑問に答える、京都大学大学院の西田律夫さんと元マレーシア理科大学のタン・ケンホンさんによって行われた研究を紹介しよう。[1]

東南アジアに分布するバルボフィラム属（マメヅタラン）というランの仲間の花は独特の香りを放ち、ミバエ類を誘引して花粉媒介をさせるのでミバエランと呼ばれている。その中で、バルボフィラム・チェイリという種はメチルオイゲノールを花から分泌し、ミカンコミバエの雄を誘引する（**図A**）。

ハエがメチルオイゲノールを舐めながら可動式の唇弁（下向きの花びら）に乗ると、これが内側にひっくり返ってハエは花の中に一時的に捕らえられ、花の雄しべにある花粉の一杯詰まった花粉塊がハエの背中に固着する（**図B**）。

このハエが次の花を訪れてメチルオイゲノールを舐めると再び捕らえられ、逃げようとしてもがく間に花粉塊が花の雌しべに移り受粉が完了する。

これは花の構造と雄ミバエの行動とがぴったりあっているために起こることで、ミバエランの受粉には都合がよいことである。

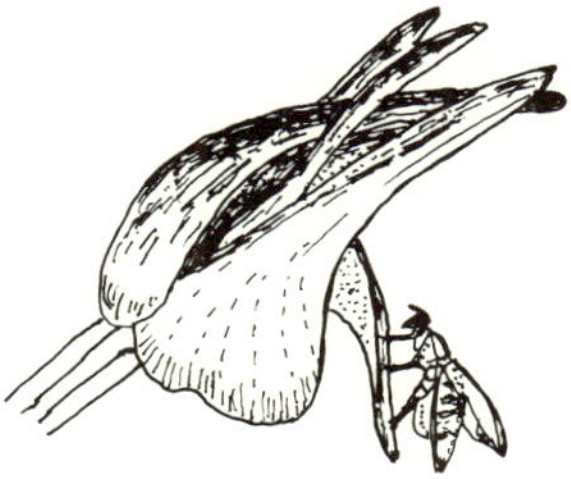

図A　バルボフィラム・チェイリの花とミカンコミバエの雄（西田律夫氏原図）

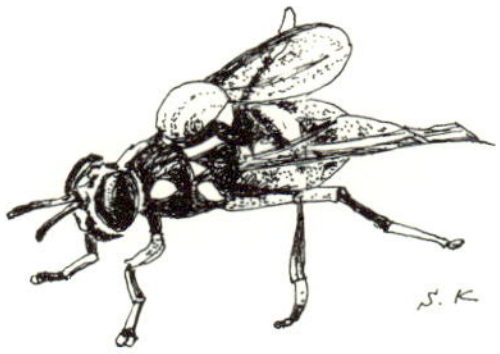

図B　花粉塊をつけたミカンコミバエ雄（西田、2009より描く）

それではハエの雄にとってメチルオイゲノールはなにがよいのだろうか。

メチルオイゲノールを飲んだミカンコミバエ雄は防御物質を分泌し、このハエを天敵のヤモリに与えると吐き出して二度と食おうとはしない。このヤモリは雄と同じ色の斑紋をもつ雌までも嫌がって食おうとしないのである。

また、雄が飲みこんだメチルオイゲノールは体の中で、**図C**のように変化して雄の性フェロモン成分になり、これを飲まなかった雄よりも多くの雌をひきつけて交尾することができる。

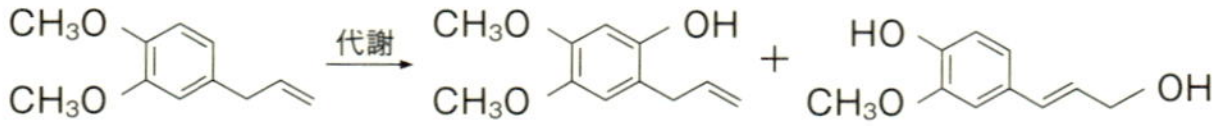

メチルオイゲノール（ミバエラン花香成分）　4,5−ジメトキシ−2−アリルフェノール　*trans*−コニフェリルアルコール（雄ミバエの性フェロモン成分）

図C　メチルオイゲノールの代謝（西田、2009）

このようにミバエランにとっても、ミバエにとっても有利な芳香物質の存在は、ミバエランとミバエがたがいに共生関係をもって進化してきたことを物語っている。

バルボフィラム属のミバエランが生産する芳香物質には三種類があって、①メチルオイゲノールはミカンコミバエとそれに近縁のミバエ類、②ラズベリーケトンはウリミバエとそれに近縁のミバエ類、そして③ジンゲロンは両方の種類のミバエを誘引して花粉媒介をさせる。

このうちラズベリーケトンにきわめて近い化学構造をもつキュールアは厖大な数の合成化合物から選び出されたウリミバエの誘引剤である。

オーストラリアの研究グループがパプアニューギニアでメチルオイゲノールとキュールアを誘引剤としたトラップをつけたところ、背中にミバエランの花粉塊をつけた二四種のミバエが多数見つかり、そのうち九種がパンノキミバエ、ミカンコミバエ、バナナミバエなどの農業害虫であった。

もしメチルオイゲノールやキュールアを使った害虫ミバエの防除が東南アジアで広範囲に行われた場合、花粉媒介者がいなくなって貴重な野生ランの生存が脅かされるおそれはないだろうか。気になる問題である。

第4章　世界のミバエ類防除

1　メキシコのチチュウカイミバエ侵入阻止作戦

メキシコに視察に出かける

　わたしが沖縄県ミバエ研究室に赴任した翌年の一九七九年の秋、県庁の与儀義雄さんから、メキシコのチチュウカイミバエ大量増殖施設を見に行ってもらえないかと言われた。メキシコにはラセンウジバエの根絶のための不妊虫大量増殖施設があり、それを、これから作る沖縄のウリミバエ大量増殖施設の設計の参考にしようと、前年の一月に、伊藤嘉昭さん、与儀さん、垣花廣幸さんが出かけたのだが、同じメキシコで建設中のチチュウカイミバエの大量増殖施設は見ることができなかったのである。二週間で、ラセンウジバエの施設とチチュウカイミバエの施設を見て、帰りにはアメリカのハワイミバエ研究所にも立ち寄るという忙しい日程であったが、わたしは県庁の植物防疫係の諸見里安勝（もろみざとやすかつ）さんと二人で出張することになった[1]。

チチュウカイミバエについて簡単に説明しておこう。

チチュウカイミバエ（**図4-1**）は体長四〜五ミリの小さいミバエで、背中にドクロのような形の斑紋がある。雌がカンキツ類、マンゴー、ブドウなど、ほとんどあらゆる温帯、熱帯果実に卵を産み、幼虫が内部を食い荒らす害虫である。地中海沿岸の原産であるが、ヨーロッパから、アフリカ、オーストラリア、ハワイ、南米などに分布を広げたため、これらの地域から、このハエの分布していない北米、日本などへの寄主果実の輸出は厳しく制限されてきた。この事情はアジアにおけるミカンコミバエ、ウリミバエと同じなのである。

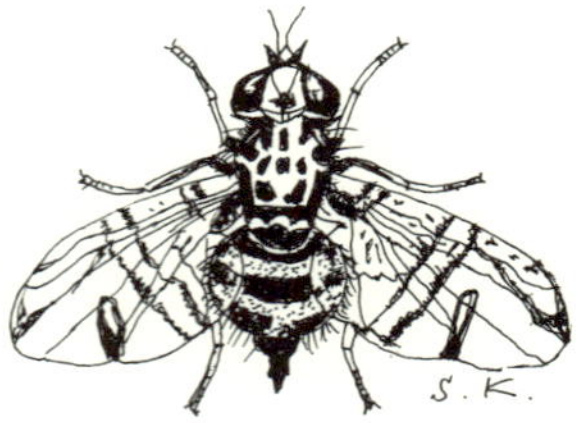

図4-1　チチュウカイミバエ雌成虫

わたしたちは、一九七九年一一月一六日に那覇を発ち、ロサンゼルスを経て、メキシコシティには一八日に着いた。途中メキシコ南部のトゥクストラ・グティエレスという町にあるラセンウジバエの増殖施設を見学したあと、グアテマラとの国境に近いタパチュラという町に着いたのは、二〇日の昼過ぎであった。ここでチチュウカイミバエの侵入阻止作戦が行われているのである。メキシコシティは赤茶けた乾燥地の中にあるが、飛行機が南下するにつれてしだいに緑が多くなり、タパチュラは一一月だというのに沖縄のような暖かさであった。

空港にはメキシコ農林省植物保護局長のパットンさんと、次長でチチュウカイミバエ防除プロジェクトの責任者であるヘンドリックスさんが出迎えてくれた。肩書きはいかめしいが、二人とも二〇代後半の若者で、ヘンドリックスさんは、前年九月に二週間、研修のためにミバエ研究室に来ていたので旧知の間柄であった。二人とも青いそろいのオーバーオールの制服を着て、気軽に車でわたしたちを案内してくれる。

最初に行ったのは防除事務所で、ここで侵入阻止作戦の概要を聞いた。

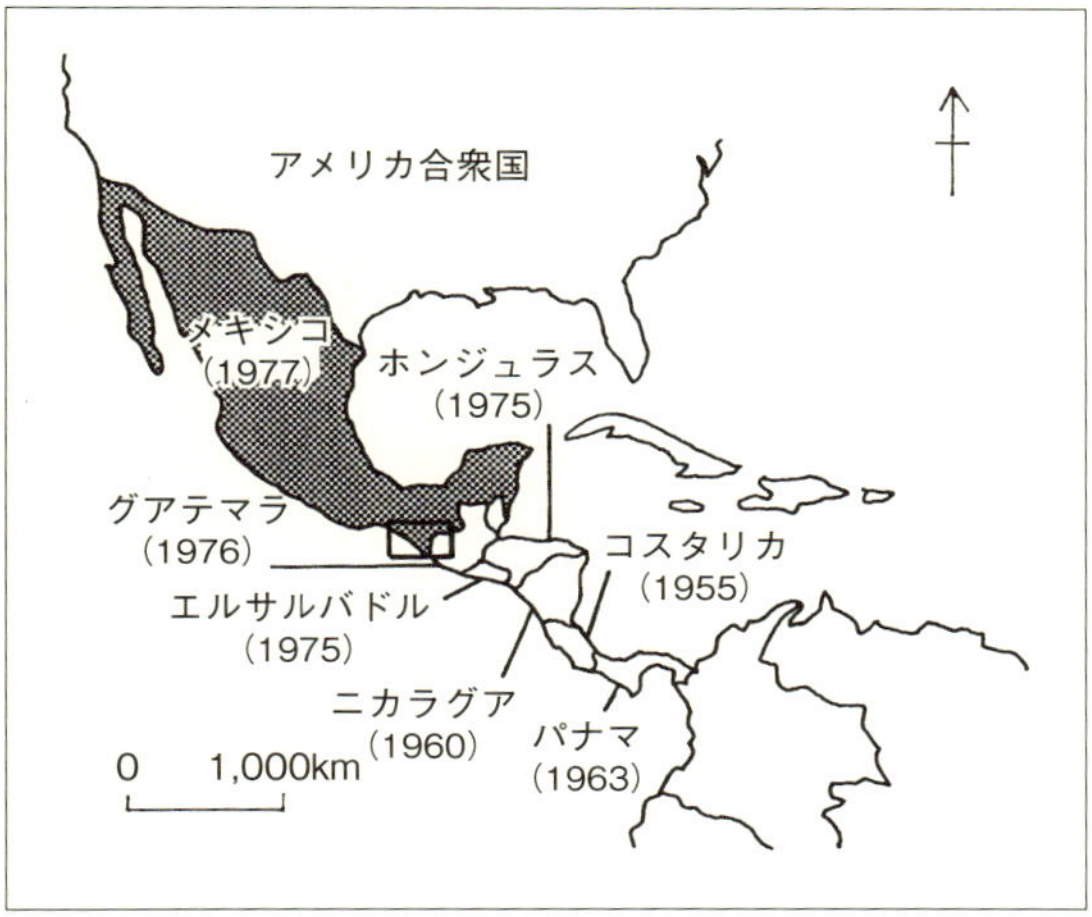

図4-2　中央アメリカにおけるチチュウカイミバエの分布拡大。括弧内は侵入年（小山、1980）

メキシコのチチュウカイミバエ侵入阻止作戦の状況

チチュウカイミバエはすでに南米に侵入していたが、中米では一九五五年にコスタリカで発見されたあと、しだいに北上し、一九七六年にグアテマラ、一九七七年にメキシコ南部（図中の長方形で囲った場所）に侵入した（**図4-2**）。

メキシコではアボカド、グアバ、マンゴー、パパイアなどをアメリカや日本などに輸出していたが、チチュウカイミバエが分布するようになると、その輸出が制限される。また、アメリカでも、もしメキシコを経由してこのハエが西海岸のオレンジなど果樹生産地帯に侵入すると同様に輸出が制限されるおそれがある。そこで、アメリカとメキシコが半分ずつ費用を出し合って、両国共同の侵入阻止作戦が、

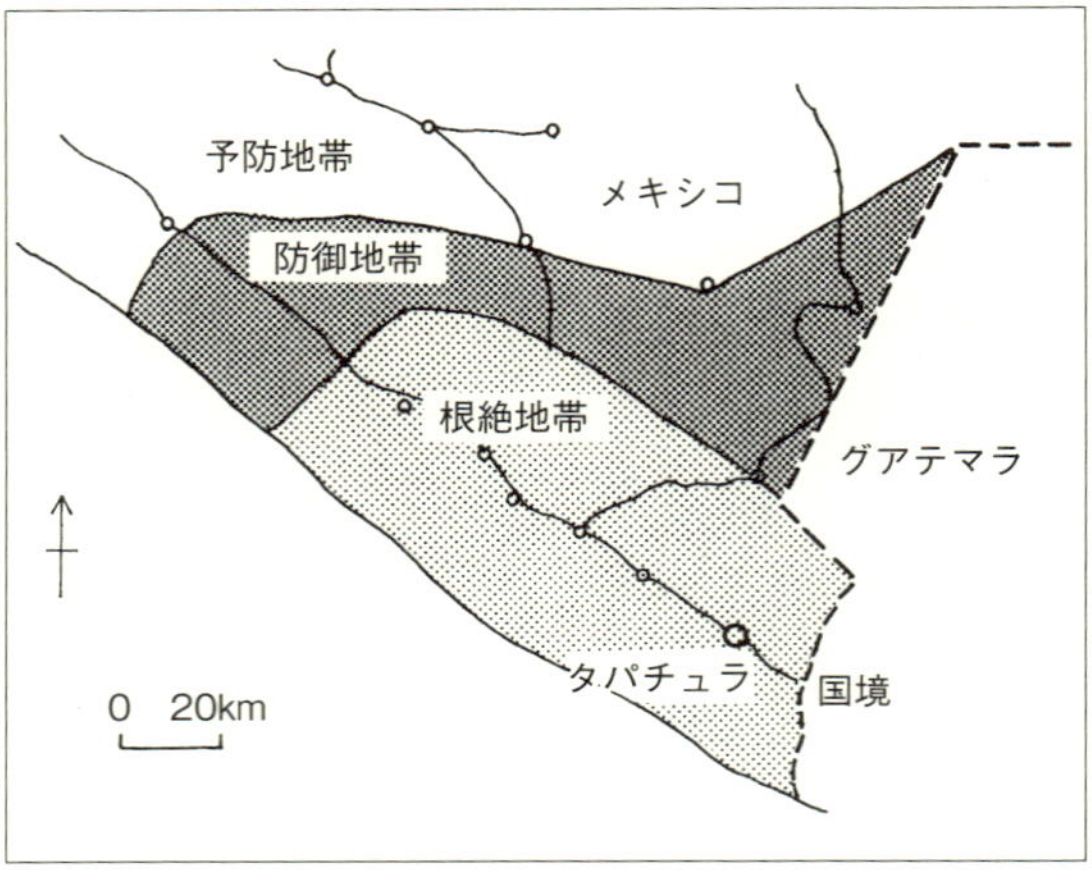

図4−3　メキシコ、グアテマラ国境付近のチチュウカイミバエ侵入阻止作戦図（小山、1980）

ただちに始まったのであった。もっとも、アメリカは技術上のアドバイスはするが、実際の作業はメキシコが行っていた。

　メキシコ、グアテマラの国境地帯（図4−3）ではトラップ調査でハエの密度を調べていたが、国境に近くハエの多いところを「根絶地帯」と名づけ、ここではまず毒餌剤を空と地上から散布してハエの密度を減らしたうえで、不妊虫を放飼して根絶をはかる。その後ろのハエの少ないところは「防御地帯」として、もしトラップにハエが入ったら、付近の果実を全部もいで殺虫剤とともに穴に埋めるとともに、不妊虫を放飼して侵入を食い止める。その後ろのハエのいないところは「予防地帯」として、トラップ調査だけを行い、もしハエが見つかれば、防御地帯に繰り入れる。

　このような三段がまえの防除地帯を、しだいに前進させることによって、グアテマラとの国境からハエを追い出そうという計画であった。また、国境や主要道路の途中には検疫所を設けて、車や人による寄主果実の持ちこみを厳しく取り締まっていた。

次に、国境に近いメタパという場所にある大量増殖施設（図4−4）にむかった。亜熱帯林の間の狭い道を時速一〇〇キロ以上の猛スピードで走ると一〇分ほどで施設に着く。まわりに人家のない畑の中にある、できたばかりの増殖施設は、赤い屋根、白塗りのしゃれたデザインで、ここには技術者の官舎もあった。

図4−4　メタパのチチュウカイミバエ大量増殖施設

この施設には三つの出入り口がある。一つ目はハエの飼料倉庫の入り口で、ここで混合された飼料が飼育室にパイプで送りこまれる。二つ目は不妊化されたあとの蛹の出口。この二つの口への出入りには制限がない。しかし三つ目の出入り口は、成虫と幼虫の飼育室とガンマ線照射室に通じていて、ここからは卵を産めるハエが外に逃げ出さないように人の出入りが厳しく制限されていた。

空からの毒餌剤散布を見る

二日目の朝、四時に迎えの車が来た。外はまだ真っ暗である。これから根絶地帯への毒餌剤散布を見るのだという。空港に着くと、薬剤を積んだ大小の飛行機が並んでいる。白々と夜が明ける頃、飛行機は次々と飛び立った。わたしたちも散布作業の監督が乗るセスナ機に乗せられて空に舞いあがった。飛行機は紫色の朝もやを越えてぐんぐん高度を上げ、山岳地帯にさしかかると、右へ左へと旋回しながら一時間半ほど散布状況を見た。窓からは大型の飛行機から緑の森の上に散布される薬剤が朝日に光ってスジ状に見える（図4-5）。作業は午前中だけで終わった。午後になると雲が出るので散布できなくなるという。

このあと防除事務所に行って、トラップ調査と被害果実の処分方法について野外調査の責任者であるオルティスさんから説明を受ける。オルティスさんも、前年ヘンドリックスさんと一緒に沖縄に研修に来ていたなつかしい人である。

トラップはジャクソン式トラップ（図4-6）と呼ばれるもので、三角に折った厚紙の中に、トリメ

図4-5　飛行機からの毒餌剤散布（諸見里安勝氏撮影）

図4-6　ジャクソン式トラップ（諸見里安勝氏撮影）

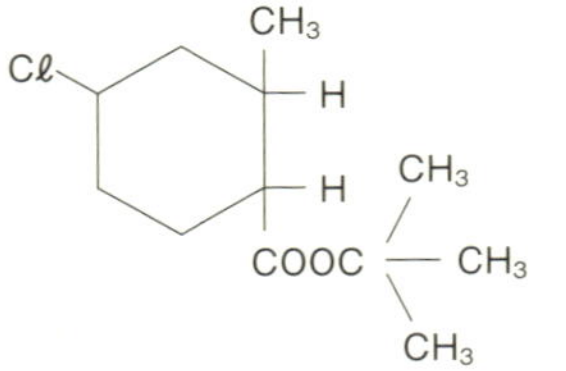

図 4-7　トリメドルア（チチュウカイミバエ雄成虫誘引剤）

ドルア（**図4-7**）というチチュウカイミバエの雄の誘引剤を浸みこませた脱脂綿を吊るし、下の面に置いた粘着剤をぬった紙に、誘引されたハエが付着するというしかけであった。この粘着紙は取り出して交換できる。不妊虫にはあらかじめ赤い蛍光色素がまぶしてあるので、その頭をつぶして、色素の有無から野生虫か不妊虫かを判別する。もし野生虫と思われたら、解剖して精巣の形からこれを確認するという点は沖縄と同じであった。

昼食をはさんで、事務所でパットンさんからスライドを使って事業の詳しい説明を受けた。二時間ほど宿で休んだあと増殖施設にもどり、ヘンドリックスさんから詳しく内部の説明をしてもらう。増殖のしかたは沖縄のウリミバエとはずいぶんちがう。

メキシコのミバエ増殖の方法

まず成虫からの採卵のしかたであるが、沖縄のように成虫を入れた箱に採卵容器をさしこむのではない。縦三メートル、横二メートル、厚さ二〇センチほどの大きい網張りのカゴ（**図4-8**）の中に成虫を入れて餌と水を供給する。雌は産卵管を網の面から外に出して中空に卵を産み出す。卵は下の溝に落下するので、これを水で集めるのである。このような産卵習性のハエは、三世代選択することで得られたという。

幼虫の餌は小麦フスマ、砂糖、酵母、塩酸、防腐剤までは沖縄と同じだが、これにバカスと呼ばれるサトウキビの搾りかすが入り、水分を少なくしてポロポロにしてある。幼虫は育っても自分で飛び出すことができないので、細かい穴のたくさんあいた大きい円筒に餌ごと入れて回転し、穴から幼虫を外に飛び出させる。この幼虫は少量のバーミキュライトを混ぜて薄い箱に詰めて、蛹化するまで飛び出さないように網の蓋をしていた。蛹化すると回転する篩（ふるい）で蛹だけを分離し、瓶に入れて通風しながら回転させて保管する。回転するのは蛹の代謝熱を逃がすためである。途中で検出用の蛍光色素を入れてまぶす。

この瓶から空気を抜いてガンマ線で照射し不妊化する。空気を抜くと必要な照射線量が多くなるが虫へのダメージが少ないという。また蛹が呼吸しないため代謝熱が出なくなるので、その後の輸送などに便利である。

照射装置は医療器具の消毒などにも使われる汎用性のもので、大きい金属製の箱が油圧で動かされて順番にコバルト線源のまわりを回るようになっていた。この箱には瓶に入った蛹を入れて照射するほか、使用ずみの餌を入れて照射し中に残っているハエを殺すためにも使われていた。

図4-8　採卵用の成虫を入れる網カゴ

これまでの増殖過程を見て沖縄とはずいぶんちがうなと思った。沖縄ではアメリカのハワイミバエ研究所の方法を取り入れながらも、ハエの習性をなるべく生かすような飼育方法を工夫してきたのに対して、メキシコでは、できるだけ機械化、能率化して、それにハエのほうを慣らしていくという考えであった。そして、飼育室は一日二四時間照明をつけっぱなしである。チチュウカイミバエは昼間に交尾する性質のハエなので、これでもよいのかもしれないが、あまりにも不自然ではないかと思った。この方法はオーストリアにある国際原子力機関（ＩＡＥＡ）の生物研究所などで開発されたものだ。

不妊虫の成虫放飼

三日目の朝、まだ暗いうちに起きて空港に不妊虫の成虫放飼を見に行く。ここでは、蛹を上面網張りの段ボール箱に入れて羽化（うか）させた成虫を、冷蔵室で冷やして眠らせたのち、放飼装置に入れてセスナ機から放飼するのである。この放飼装置は、前にも述べたように成虫をのせるたくさんの棚を重ねたもので、下から順番に棚を開いていくと、落ちた成虫がベルトコンベアで外に出るというしかけであった。この装置を小さい冷蔵庫に入れて飛行機に積みこみ、上空で一定時間間隔で棚を開いて成虫を投下する。放飼は高度一五〇〇メートルまで上昇して行われた。澄みきった空に山が青く見えてとても美しい。この成虫放飼装置を沖縄で取り入れるまでのいきさつは前に書いたが、このときは装置にハエが詰まって故障したので、わたしの印象はよくなかった。

グアテマラとの国境の防除現地を見学

午後は防除の現地を見に行く。例のごとく一〇〇キロの猛スピードで亜熱帯林の間を飛ばして、まずグアテマラとの国境（**図4-9**）に行く。ここには小さい川にコンクリート製の小さい橋が架かっていて、その中央に国境を示す線が一本引いてあるだけであった。

国境のメキシコ側には大きい国際検疫所がある（**図4-10**）。ここでは、ミバエが寄生するおそれのある果物はすべて取りあげられる。旅行者から係官が食べるのではないかと思われないように、果物はす

図 4-9　メキシコとグアテマラの国境の橋

図 4-10　グアテマラとの国境の国際検疫所

ぐにそばの焼却炉に投げこまれる。また車の車輪などにハエがついているおそれがあるので、殺虫剤が散布される。道路のそばには、なぜ検疫が必要かを説明した大きい絵入り看板が立ててあった。

このあと車で山に登って、コーヒー園を見た。飛行機から見ると森しかわからないが、地上から見ると、高い木の日陰に人の背丈ほどのコーヒーの木が栽培され赤い実がたくさんなっていた。

われわれの飲むコーヒーの豆はコーヒーの実の種なのであって、まわりの果肉にミバエの幼虫が一匹か二匹入るのだそうだ。この虫はコーヒー豆には影響しないが、ミバエの寄主果実としてコーヒーの果実は重要なものなのである。メキシコからグアテマラにかけての、この地域はコーヒーの大産地であって、ミバエにとっては絶好の生息場所なのであった。

したがって、ミバエの根絶防除はグアテマラでも行わなければ、メキシコへのミバエの侵入を阻止することはできないとわたしは思ったのだった。

コーヒー畑の間にコーヒー豆を製造する建物があった。ここではもぎ取った実を土間に広げて果肉を乾かし、これを取り除くとわれわれの知っているコーヒー豆があらわれる。その建物の一部屋を間借りして、ミバエの野外実験室があった。ここでは放飼した不妊虫の飛翔能力や交尾能力などを野外の網カゴで調べていた。

四日目は午前中増殖施設に行って、いろいろな人たちと自由に話し合った。沖縄での増殖の話、照射の話、放飼の話などなど。見学のつもりでいたのが、いつのまにか教える立場になっていた。口から英語がすらすら出てくるのにわれながら驚く。こうして空港に行く時間になるまで、誰もわたしたちを放してくれないのである。

このあとメキシコシティ、ロサンゼルスを経て、ハワイに三泊し、ハワイミバエ研究所の見学もすませ、一一月二九日、無事に那覇に着いた。

二一カ国のミバエ研究者・技術者との徹底討論

それから三年たった一九八二年一〇月に、国連食糧農業機関（FAO）と国際原子力機関（IAEA）の共同主催の「ラテンアメリカ地域、チチュウカイミバエ不妊虫放飼防除法研究会」が同じメキシコのタパチュラで行われ、わたしは日本のミバエ根絶事業について報告するために招待されて参加した。このときは、メキシコ、グアテマラ、アメリカ、日本のように現在根絶防除事業に取り組んでいる国に加えて、これから始めようとするペルー、ボリビアなどラテンアメリカの国々とエジプトや、ヨーロッパでミバエの基礎研究をしている、オーストリア、オランダ、イタリアなど二一カ国、六五名の研究者、技術者が五日間、ホテルに缶詰になって、ミバエ根絶技術について徹底的に討論した。

特に議論が多かったのは、ハワイ方式のように手作業を多くして品質の良いハエを作るか、メキシコ方式のように機械化して品質は多少劣っても大量のハエを作るかという点であった。メキシコのパットンさんらは侵入直後の緊急防除だったので機械化して、とにかくたくさんの不妊虫を作ろうとしたのだと説明した。しかしわたしは、沖縄ではハワイ方式にさらに改良を加えて、できるだけ品質のよいハエを作ろうとしてきたが、そのほうが結局は近道だろうと話した。

それでも、この三年間でメキシコのミバエ防除プロジェクトでは大幅な改良が加えられていた。一例をあげると、成虫の放飼は故障の多い冷却放飼装置にかわって、かつて沖縄で行っていた袋放飼法が取り入れられていた。その結果、一九八二年にメキシコ国内でのハエの根絶に成功し、引きつづいて、グアテマラ国内での根絶防除が始まっていた。そのため、メタパで生産される不妊虫の九〇パーセントはグアテマラに放飼されているという。

一方、メキシコを経由してのミバエの侵入から守られていたはずのアメリカでは、一九八〇年にカリフォルニア州のサンタクララ郡とロサンゼルス郡で同時にチチュウカイミバエが発見された。発生地は市街地であったので、おそらくこのハエのいるハワイからの旅客による寄生果実の持ちこみであろうと思われた。その根絶のためにハワイにあるミバエ不妊虫増殖施設の生産量だけでは足りず、メキシコからも不妊虫が運ばれて放飼されたがこれは成功せず、最終的には毒餌剤散布によって一九八一年に根絶をはたした。幸い果実生産地までミバエが広がることがなかったので、我が国へのオレンジやレモンの輸出が止まることはなかったが、一時はこれが社会問題化したのであった。(2)

わたしが次に中米のチチュウカイミバエ防除の情報を得たのは、一九九八年にマレーシアで行われた、FAO・IAEA共催「ミバエとその他の害虫の広域的防除法国際会議」に出席したときである。

そこでのグアテマラからの報告では、防除開始から二〇年近くたってもまだ根絶に成功していないというのであった。(3) その理由は、不妊虫放飼に先立って行われる毒餌剤の散布に地元の環境保護団体やミツバチ飼育業者が反対することや、財源の不足によるものであるという。グアテマラはこの地帯で生産されるコーヒーの輸出には関心があるが、メキシコとちがってミバエの根絶によって果実の輸出をしようという動機はない国であるから、メキシコへのミバエの侵入を阻止するというだけが目的の根絶防除には、あまり乗り気ではないように思われた。一方、アメリカのカリフォルニア州ではその後、何度もチチュウカイミバエが発見され、そのつど、ハワイの不妊虫増殖施設で生産された不妊虫放飼による再根絶の努力が繰り返されていた。(4)

このように、ある広い地域からミバエ類を根絶し、その状態を維持することは大変困難なことなのであり、根絶事業はしばしば永久事業となるのである。

アメリカのミバエ類防除

ここで、アメリカのミバエ類防除について簡単に述べておきたい。

ハワイには一八九五年頃にウリミバエが、また一九一二年頃にはチチュウカイミバエが侵入したので、アメリカ農務省は一九一二年にミバエ研究所をハワイに作り、ミバエ防除のための研究を始めた。一九四六年にミカンコミバエが侵入したため、この研究所が拡充され、スタイナー博士などによってミバエの雄除去法や不妊虫放飼法、毒餌誘殺法が開発されたことは前に述べた。世界のミバエ類防除においてハワイミバエ研究所のはたす役割はきわめて大きいものがある。沖縄からも、わたしを含め、何人もの研究者がこの研究所を訪れて学んできた。

しかし、一九九六年にハワイ州からのまねきでハワイミバエ研究所を訪れたときには、ミバエの基礎研究は続けられていたものの、ハワイ諸島そのものでのミバエの根絶計画はいまだに立てられていなかった。

その理由は、雄除去法や毒餌誘殺法による防除作業がハワイ在来の貴重な昆虫類を滅ぼすおそれがあるという反対論が根強いことであった。その結果、アメリカ本土にチチュウカイミバエが侵入したときに必要となる不妊虫の生産が、ハワイにあるアメリカ農務省の増殖施設などで行われているだけであった。したがって、これからもハワイからアメリカ本土へのミバエの侵入の機会は続くことであろう。

2　チリのチチュウカイミバエ根絶防除

チリの大使館からの要請

一九八〇年一一月、チリの大使館からミバエ研究室に突然電話があり、一カ月間の予定でチチュウカイミバエの根絶事業を見に来てくれないかと言われた。チリから将来日本にブドウなどを輸出したいので、日本のミバエ専門家に事業の現状を見てアドバイスをしてもらいたいのだという。農林水産省の植物防疫課に相談すると、すでにこのことは知っていて、日本の代表としてではなく、個人的にＦＡＯの専門家として様子を見に行ってもらいたいという話であった。わたしは、沖縄群島のミカンコミバエの根絶防除も、ある程度めどがついてきたので、今後の沖縄のミバエ類根絶防除の参考にもなると思い、行くことにした。

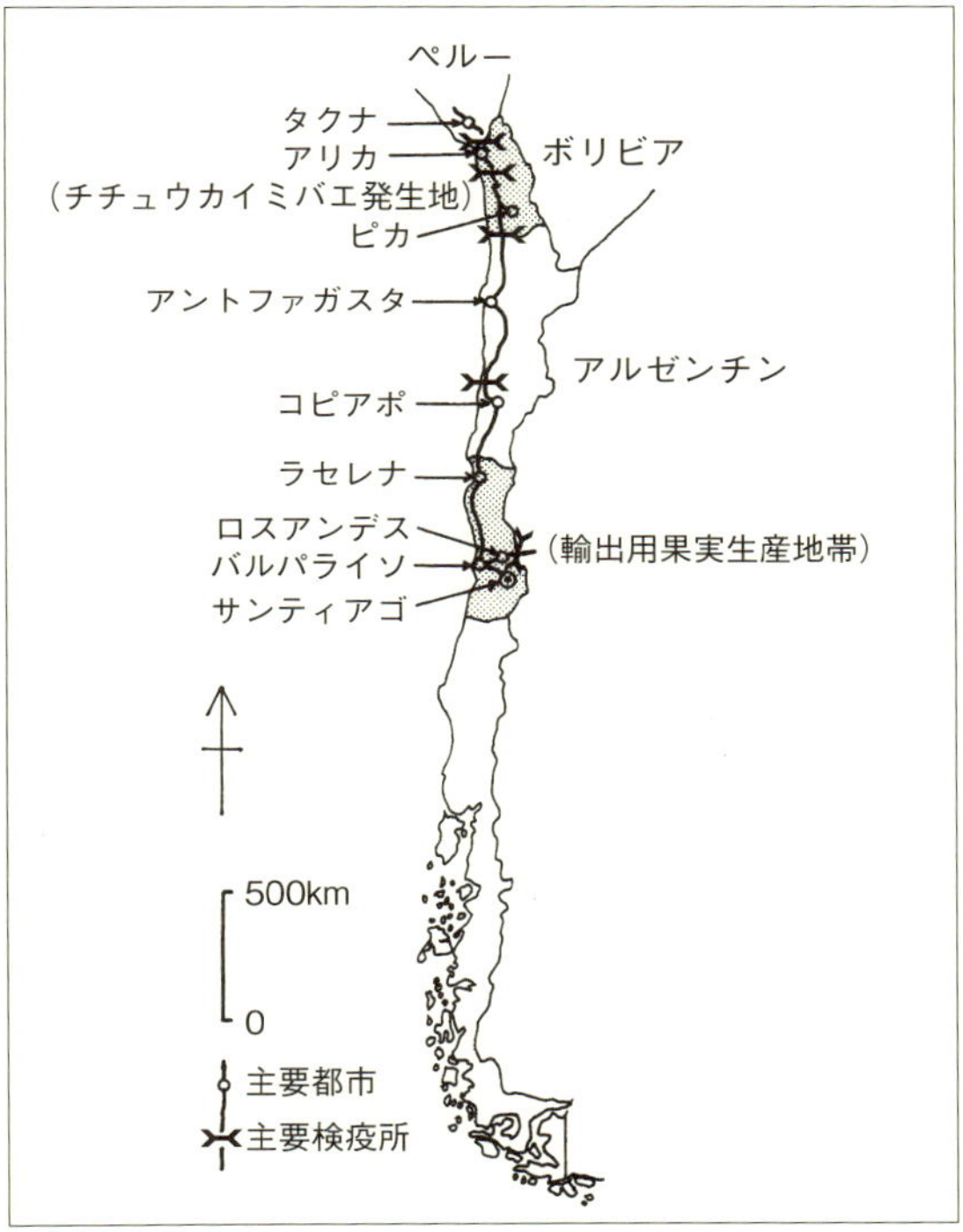

図4−11　チリ地図

チリは南米大陸の西岸のほぼ三分の二を占める細長い国である（**図4−11**）。南北四二七〇キロ、これに対して幅は最も広いところでも三五五キロ、平均一七五キロにすぎない。面積は約七四万平方キロで日本の約二倍、人口は約一一〇〇万人（一九七九年当時）と日本の一〇分の一以下で、先住民は少なく、スペイン、ドイツなどからの移民を中心にした国であった。

チリはこれまでチリ硝石や銅

などの鉱産物の生産、輸出がさかんであった。しかし、近年、化学合成によって硝石の需要が低下するとともに、国際価格の変動に左右されやすい銅にかわって野菜、果物、木材などの農産物の輸出の伸びが著しくなった[5]。そこで果実輸出の足かせになったのが、チチュウカイミバエの存在であった。

チリは東側を標高五〇〇〇メートル級のアンデス山脈によって隣国のアルゼンチンとボリビアからへだてられ、北のペルーとの国境から中部の輸出用果実生産地までの一〇〇〇キロ余は、狭い川の流域以外は不毛の砂漠である。南部は冬の間雪に閉ざされミバエは棲息できない。そして西側は太平洋に面している。このように地理的に隔離されているため、チチュウカイミバエの侵入は南米の国々の中では遅かった。

一九六三年に北部のピカという砂漠の中のオアシスで被害果実が見つかり、まもなく根絶されたが、その後もペルー国境に近い北部でハエの発見があいついだ。また一九六六年には輸出果実の主要生産地である中部の首都サンティアゴで、また一九七九年には中部のロスアンデスという町で被害果実が見つかった。これは、隣国アルゼンチンからの旅行者によって持ちこまれたものと考えられ、それぞれ短期間で根絶されたが、北部国境地帯ではハエが常に発生するようになっていた。そこで、北部の常発地帯でのハエの根絶防除を進めながら、植物検疫を強化してアメリカなどへの果実の輸出を行ってきた。その延長線として日本への輸出を求めてきたのである。

輸出用果実生産地帯での調査と検疫

那覇を一九八一年三月一三日午前に発ち、成田、ロサンゼルス経由でチリの首都サンティアゴ市の空港に着いたのは、三月一五日の昼過ぎであった。

サンティアゴは街路樹のある美しい都会で、南半球ではもう秋になっているため木々の葉が色づいていた。空港にはチリ農林省農畜産局（SAG）中央植物防疫所長のモラレスさんとミバエ根絶プロジェクトリーダーのオラルキアガさんが出迎えてくれた。モラレスさんはわたしと同年輩だが、オラルキアガさんは長年大学で動物学を教えたあと農林省に入り、この仕事についた老学者であった。

地球の裏側のチリと日本では一一時間の時差がある。その時差ぼけにもかかわらず、着いた翌日から仕事である。

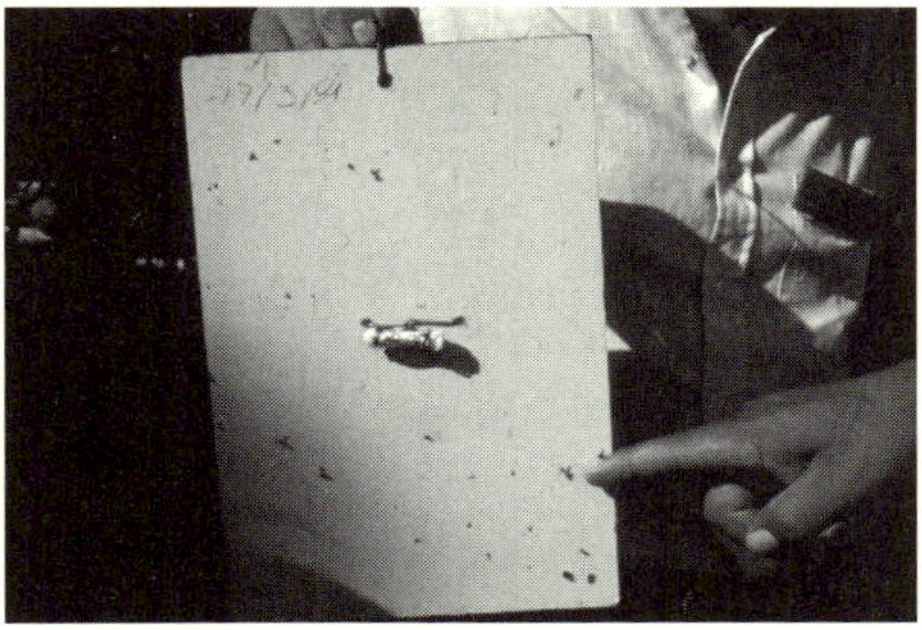

図 4−12　粘着式トラップ

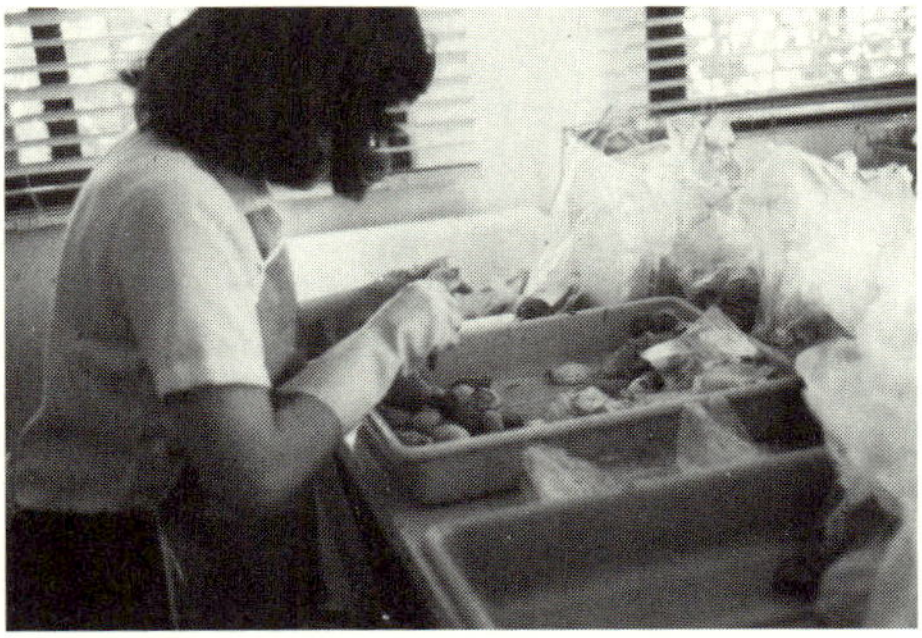

図 4−13　果実調査

一日目は、まず一九七九年にミバエが侵入した果実生産地であるロスアンデスのミバエ防除事務所に行って、この地域のトラップ調査と果実調査の説明を受けた。

チリではいろいろな成虫トラップが使われていたが、最も多く使われているトラップは黄色の板に粘着剤をぬり、その中央にチチュウカイミバエ雄の誘引剤であるトリメドルアを浸みこませた脱脂綿

図4−14　アルゼンチンとの国境の国際検疫所

図4−15　検疫風景

を取りつけたもので、誘引されて粘着剤に付着したハエを数える（図4―12）。

果実調査（図4―13）は沖縄のように、成虫が羽化するまで果実を保管するのではなくて、果実にいる幼虫の段階でチチュウカイミバエかどうかを判定する。もし幼虫が見つかれば、その場所で、ただちに根絶防除を開始することになる。

この地域は雨が少ないので、遠いアンデス山脈の雪解け水が流れ下る川の灌漑によって大規模にブドウが栽培されていた。午後からは木がまばらに生える谷をさかのぼって、標高二八八六メートルにある国際検疫所（図4―14）まで行った。

ここはアルゼンチンとの国境に近く、ミバエのいるアルゼンチンから陸路チリに入るほとんどの車が通過するので、警察、税関とともに防疫官（ぼうえきかん）が常駐し、すべての車と旅行者の荷物を徹底的に検査していた（図4―15）。もし果実が見つかれば、有無を言わさず取りあげて焼却される。

二日目の午前中はロスアンデスの大きいブドウ会社を見学した。これは七人の大地主が共同で立ちあげた会社で、「7アミゴス」(アミゴはスペイン語で友達の意味)という統一商標で輸出向けの果実を売っている。多くの労働者を雇って生産、箱詰め、燻蒸、冷蔵、輸送の一貫作業をしていた。ここで燻蒸とは、箱詰めしたブドウを密閉できる大きい倉庫に入れてEDBという揮発性の殺虫剤で二時間処理するもので、ミバエ防除事務所の技師が立ち会う。当時アメリカにブドウを輸出するためには、現在はミバエがいない場所で生産されたものであってもこの燻蒸処理が要求されていた。

二日目の午後は谷を海岸まで下って、チリ最大の貿易港であるバルパライソ港で輸出検疫を見た。この日はちょうどヨーロッパ向けのリンゴの輸出検疫作業が行われていた。この検疫は果物に病気、虫などがないことを輸出先に保証するもので、これも検疫所の重要な仕事なのである。

ミバエのいるチリ北部地方へ

チリ中部の輸出用果実生産地帯での調査と検疫活動は大体わかったので、三日目から一〇日余り、現在チチュウカイミバエが発生している北部地方に行くことになった(**図4-11参照**)。これには説明のためオラルキアガさんが同行する。朝早くサンティアゴ空港を発ち、北部の砂漠の真ん中の空港に降り、車で砂漠の中のピカというオアシスの町まで行く。ここは一九六三年にはじめてチチュウカイミバエが侵入した場所である。周囲は砂漠だが、ここだけ地下水位が高いのであろう。それをくみあげた貯水池があり、灌漑によってさまざまな果実が栽培されていた。生産された果実は燻蒸後、おもに首都圏で消費されるという。現在ミバエはいないが、トラップと果実の調査のために週一~二回、ミバエ防除事務所から人が派遣されてくる。

翌日ピカを発って北上し、途中クヤという場所で幹線道路の国内検疫所を見た（**図4-16**）。ここから北にはハエがいるというので緊張感がある。まわりは一面の砂漠で一木一草もない。そこに四人の防疫官ががんばっていて、アルゼンチン国境と同じように、通過するすべての車と旅行者の荷物を検査する。

このような路上の国内検疫所は北部から中部までの砂漠地帯に三カ所あり、北部地方で生産された果実が中部地方の輸出用果実生産地帯に持ちこまれないようにしているのであった。

幹線道路はこれ一本で、まわりは寄主植物のない砂漠だから、ハエの寄主果実の移動は阻止できるのだとオラルキアガさんは強調する。この検疫処置もアメリカへの果実輸出の前提となっているのであった。

図4-16　クヤの国内検疫所

午後、チリ最北の海岸の町、アリカ市に入る。アリカはもとはペルーに属していたが、一八八三年にペルーとの戦争で勝利してチリの領土となった。自由貿易港として税金が免除されるようになってから、人口が一五万人に増えたという。

砂漠の中にあるが、アンデス山脈から流れる川の狭い谷で乾燥に強いトウモロコシ、牧草などが作られ、町の水源ははるか一〇〇キロ余り山手の高地の湖からパイプで運ばれてくるという。チリの中部から北部にかけての海岸には同じような町がいくつかあり、その間は草木の生えない砂漠である。町をつなぐ幹線道路ができるまでは船で往来したそうである。ペルーとの国境までは約一五キロであった。それからしばらくアリカに滞在して、国境での検疫とハエの防除作業を見ることになった。

まず検疫であるが、ペルーとの国境の道路には大きい国際検疫所がある（**図4-17**）。

図 4-17　ペルーとの国境の国際検疫所

ここには警察、税関、防疫官がいて、厳しい取り締まりが行われる点はアルゼンチンとの国境と同じである。ここでは旅客によってペルーからさまざまな果物が持ちこまれていたが、すべて没収して大きい焼却炉で処分していた。同じような検疫は空港やバスターミナル、鉄道の駅でも行われていた。アリカの駅にはボリビアから週一回だけ列車が着く。ここでは、荷物の検疫を待つたくさんの乗客の姿が見られた。

徹底した防除作業

このような検疫にもかかわらず、アリカとその周辺のトラップにはたくさんのチチュウカイミバエが捕獲され、果実から幼虫も見つかっていた。トラップ調査と果実調査のデータは担当の技師によって整理され、グラフや地図にして事務所の壁に貼り出されて、誰でも見ることができるようになっている。トラップにハエが入ると地図上のその場所に赤いピン、果実から幼虫が発見されると黒いピンを刺していた。

次に、このハエを根絶するための防除作業を見ることになった。市街地全体には、週一回空から毒餌剤の散布が行われていた。ここでは散布する飛行機の進路を示すため、地上で旗を振る人がいた（**図4-18**）。

図4-18　アリカ市街地での毒餌剤の航空散布

一方、地上では、防除作業員が一戸一戸の住宅をしらみつぶしに訪ねて調査用の果実をもぎ、毒餌剤を撒く。もし果実からハエが見つかると、その木のすべての果実をもぎとって地面に掘った穴に入れ、殺虫剤を撒いて埋めこむ。まわりの地面には殺虫剤を撒き、周囲の木にも毒餌剤を散布する。こうした徹底的な防除作業によって、アリカ周辺のハエの数は急速に減っていた。

ペルーでは関心のないミバエ根絶

ある日、国境を越えてペルーの町タクナを訪ねた。アリカからタクナまでは約三〇キロの道のりで、途中に小さい村があるだけで、あとは一面の砂漠である。タクナは海岸から少し内陸に入ったところにあり、山からの川による灌漑で畑が多く、オリーブ、果樹、トウモロコシ、牧草などが栽培されていた。

色白のヨーロッパ人種が多いチリとはちがい、インカ帝国の末裔（まつえい）であるペルーの人々の顔は浅黒く、町の雰囲気もちがっていた。ペルー農林省の事務所で説明を受ける。

ここでは寄主果実のイチジクが一一月から三月にかけて結実し、その時期にミバエが多くなる。しかし防除は農家まかせの薬剤散布で、トラップは一応置いてはあるが、あまりよく調べられていないという。

このあと、ナシ園を見たが、果実に雌のハエが一匹とまっていた。またイチジクの葉裏でも雄成虫を発見した。果実にはミバエの幼虫がたくさん入っていたが、事務所の人たちはあまり気にしていない。むしろ熱心なのは、スイカ、ジャガイモにつくカイガラムシに天敵であるテントウムシを放して生物的に防除する試験であった。

図 4-19　アリカ市内の果物屋

このようにペルーではミバエの根絶にあまり関心がないのはなぜだろうかとわたしは考えていたが、休日にアリカ市内の市場を見に行って、疑問が解けた（図 4-19）。

そこには、地元の人たちが買う、色とりどりの果物やカボチャ、ジャガイモなどが並んでいる。それは、国境で没収されていた果物と同じ種類のものであった。アリカは今でこそチリの領土に入ってはいるが、ペルー時代の雰囲気を十分に残している土地なのであろう。ペルーの村々では、大規模な農場でブドウを大量生産してアメリカや日本に輸出しようという発想の農業とはまったくちがう、地元の人たちを相手にした果物や野菜の小規模な栽培が根づいているのだろうと思った。そこではおそらくチチュウカイミバエは、たくさんいる害虫の一つにすぎないのであろう。

チリで根絶するためにはペルーの協力が

チリでは、このようなペルーからのハエの侵入を、これまで見てきたように多くの検疫所で果実の移動を阻止することによって防ごうとしているのであった。しかしわたしは、たとえ砂漠でへだてられていても、ペルーから自力でミバエが飛びこんでくる可能性があるのではないかと考えた。

そこで、アリカの周辺の砂漠の中にある空港やオアシスの町でのトラップ調査データを担当技師から見せてもらって、これを比較してみることにした。

根絶防除はわたしが行く前年の一九八〇年九月から始まっていたが、図4–20にはその前後の成虫誘殺数を国境からの距離別に示した。幸い、国境からペルー国内に二キロ入った村にもチリのミバエ防除事務所によってトラップが置かれていた。

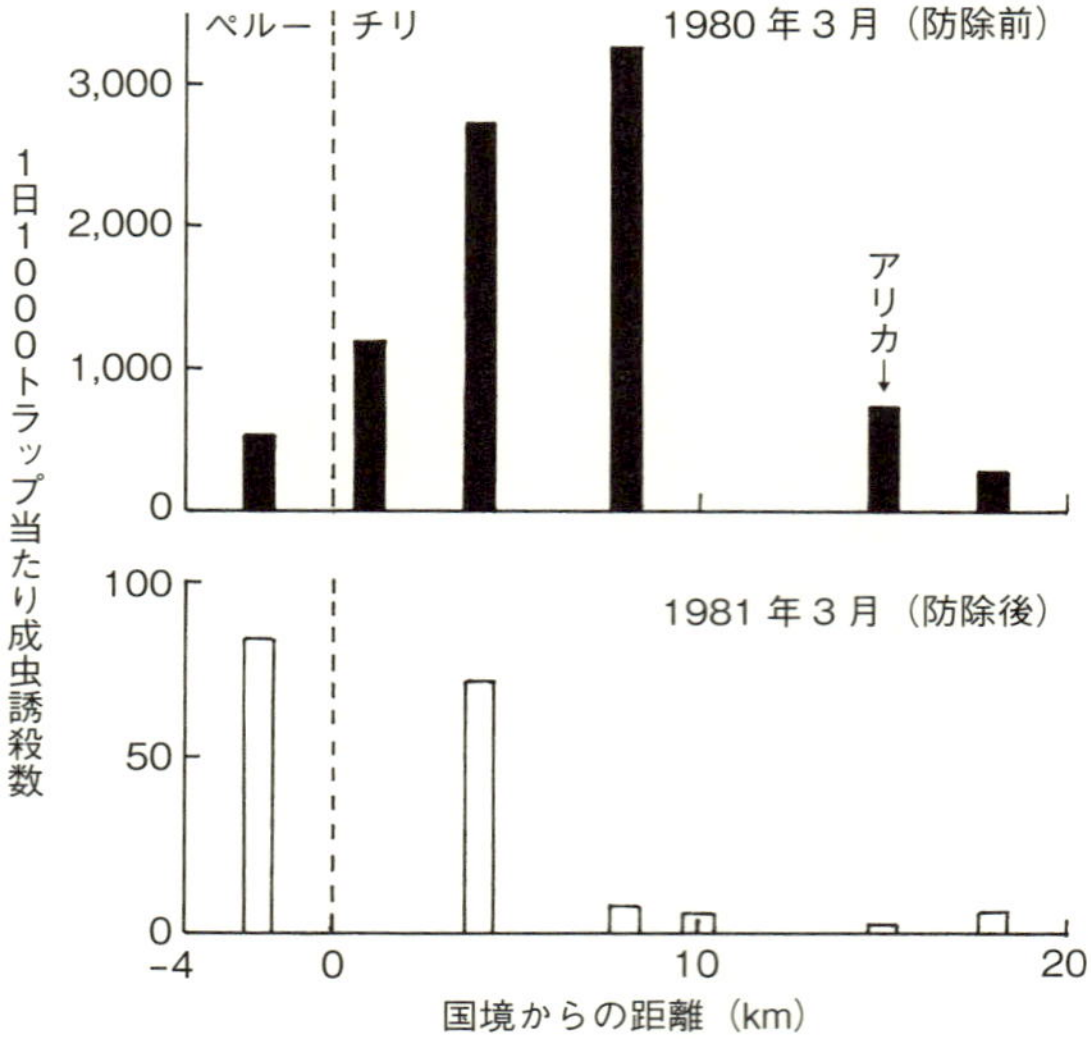

図 4–20　国境からの距離別トラップデータ

その結果を見ると、防除前の一九八〇年三月には、アリカで一日一〇〇〇トラップ当たり七二七匹が捕獲されていたが、国境から八キロの地点では三二四七匹ものハエが捕獲された。防除後の一九八一年の同じ三月には、アリカでは二匹へと激減していたが、国境から四キロの地点ではペルーの村での八三匹とほぼ同じ数の七一匹のハエが捕獲されていた。

このように根絶防除開始後もペルーに近いトラップで捕獲されるハエが多いということは、国境の砂漠地帯を越えてハエが飛んでくることを意味しているとわたしは考えたのである。

アリカ滞在も残り少なくなった頃、沖縄のミバエ根絶事業の話をしてくれと頼まれた。わたしは日本の代表ではなく、FAOの専門家として来たのだが、みんな日本のミバエ根絶事業のことが知りたいのであった。仕事が終わった午後七時頃から、一〇人ほどの技師たちを前に英語で話をした。それを英語のよくできる若い人がスペイン語に訳してくれる。

わたしは、まず南半球のペルーからチリにかけての地図を黒板に描き、そこに北半球の沖縄群島から奄美群島にかけての地図をさかさまに重ねて描いてみせた。そして「ペルーからチリにかけて並んでいる砂漠の中のオアシスの町は、ミバエにとっては、沖縄群島から奄美群島にかけて並んでいる海の中の島々と同じ関係にあると思うのです」と話し出した。

「日本ではミカンコミバエに印をつけて飛ばした実験によって、ハエが海の上でも何十キロも飛ぶことがわかっていました。根絶防除が早く始まった奄美群島では、なかなか根絶に成功しなかったのですが、まだハエのいる沖縄群島に近い島ほどトラップでハエが多くとれました。これは沖縄群島から海を越えてハエが飛びこんでくるためだろうと考えられたのです。今、ペルーからチリにかけてのトラップ調査の結果は、これとまったく同じ状況を示しています。ミバエは草木の生えていない砂漠の上を何キロも飛ぶことができるのではないでしょうか。国境の検疫所で寄主果実の移動を止めることはできても、自力で飛んでくるハエを止めることはできないでしょう」

沖縄群島でミカンコミバエの防除が始まりハエの密度が低下するとまもなく、奄美群島の根絶は成功した。これをチリの場合にあてはめて考えると、もしペルーでも国境に近い町で根絶防除をしてもらうことができれば、チリ国内でのハエの根絶はもっと早まるのではないかと私は強調した。このことは、すでにオラルキアガさんには話していたことだが、みんな熱心にわたしの話を聞いてくれるのだった。

砂漠の中二〇〇〇キロの旅

三月三〇日、アリカから陸路サンティアゴに帰る日がきた。迎えの車に乗りこみ砂漠の中をひた走る（図4-11参照）。

一日目はアントファガスタ、二日目はコピアポ、三日目はラセレナという海岸の町で泊まり、それぞれの町のミバエ防除事務所で説明を受けた。これらの町はいずれもアンデス山脈から流れる川の谷間にあり、そこにだけ緑があるが、あとは禿げ山と砂漠であった（図4-21）。

サンティアゴに近づくにつれて、降水量が増えるため、山にはシャボテンが生えるようになり、谷間では牧草、トウモロコシ、果物などの灌漑農業が行われるようになる。

そして四日目の夜、ようやくサンティアゴに着いた。およそ二〇〇〇キロの車の旅だったが、これほど長い距離を陸路でもどる計画が立てられたのは、広い砂漠の中の三カ所の国内検疫所によって、チリ北部地方からチリ中部地方の輸出用果実生産地帯へのハエの侵入が確かに阻止できるということを、チリ政府がわたしに深く印象づけたかったからであろう。

残りの約二週間は農林省の事務所に通ってモラレスさんや農林省の関係者とのディスカッションや、FAOのミバエ専門家として視察の報告書を書くのに過ごした。この報告書の中では、チリの現在の懸命な検疫と防除活動は有効であると思うが、北部地方でのミバエ根絶の達成のためには、国境に近いペルー国内での根絶防除が不可欠であるということを強調したことはもちろんである。

図 4－21　砂漠の中の道

チリの果物が日本でも食べられるように

あれからもはや三〇年余りがたった。チリでは一九八八年まで日本への果物の輸出はできなかったが、その後、低温処理によるチチュウカイミバエの殺虫技術が確立された。これは果実の中心部を零度に冷やして一二日間その温度に保つという方法である。これによって一九八八年から日本へのブドウの輸出ができるようになった。(6) 一九九一年にはキウイフルーツの一四日間の冷蔵処理による輸出も認められた。(7) 一九九六年からはチリ北部地方以外はミバエが根絶されたので、トラップと果実調査でハエの発生がないことなどを確認することなどを条件にブドウとキウイフルーツ以外の果実についても日本への輸入が解禁された[8]。そして一九九九年にはチリ全土のチチュウカイミバエ根絶を達成し、全土からの果実の日本への輸出ができるようになったのだった。ただし、リンゴやモモなど一部果実については、チリにコドリンガという別の果樹害虫が分布していることから、現在でも日本に輸出することができない[9]。

3 フィリピンのミカンコミバエ防除

退職して秋田にもどっていたわたしのもとに、農林水産省の植物防疫課から、フィリピンに行ってもらえないか、という電話が入ったのは、一九九二年二月であった。フィリピンでミカンコミバエの根絶プロジェクトが始まるので、二週間の予定でアドバイスに行ってほしいというのである。なお、これは社団法人日本原子力産業会議（現・日本原子力産業協会）からの派遣であった。「なぜ原子力か」というと、不妊虫放飼法はハエを不妊化するためにガンマ線という放射線を使うので、原子力平和利用の一環として取りあげられてきたからである。

ミカンコミバエが古くから棲みついているところも見たいという気持ちもあり、この年の三月一六日から二週間、農林水産省横浜植物防疫所の岩泉連(れん)さんと一緒にフィリピンに出かけた。

フィリピン原子力研究所

フィリピンは台湾の南にあり、およそ七〇〇〇の島からなる人口約六〇〇〇〇万人の国である（**図4−22**）。

熱帯果実のマンゴーはフィリピンの重要輸出品であり、そのおもな輸出先は香港、日本、シンガポールなどで、このうち日本向け輸出は、量は二位だが金額では一位となっていた。しかし、日本ではミカンコミバエのために果実の殺虫処理を義務づけているので、それを解除することを目的に、根絶防除実験が一九九二年からフィリピン原子力研究所と国立マンゴー試験場の共同研究として始められた（マンゴーにはウリミバエも加害するので、殺虫処理の解除のためにはミカンコミバエに加えてウリミバエの根絶も必要であった）。

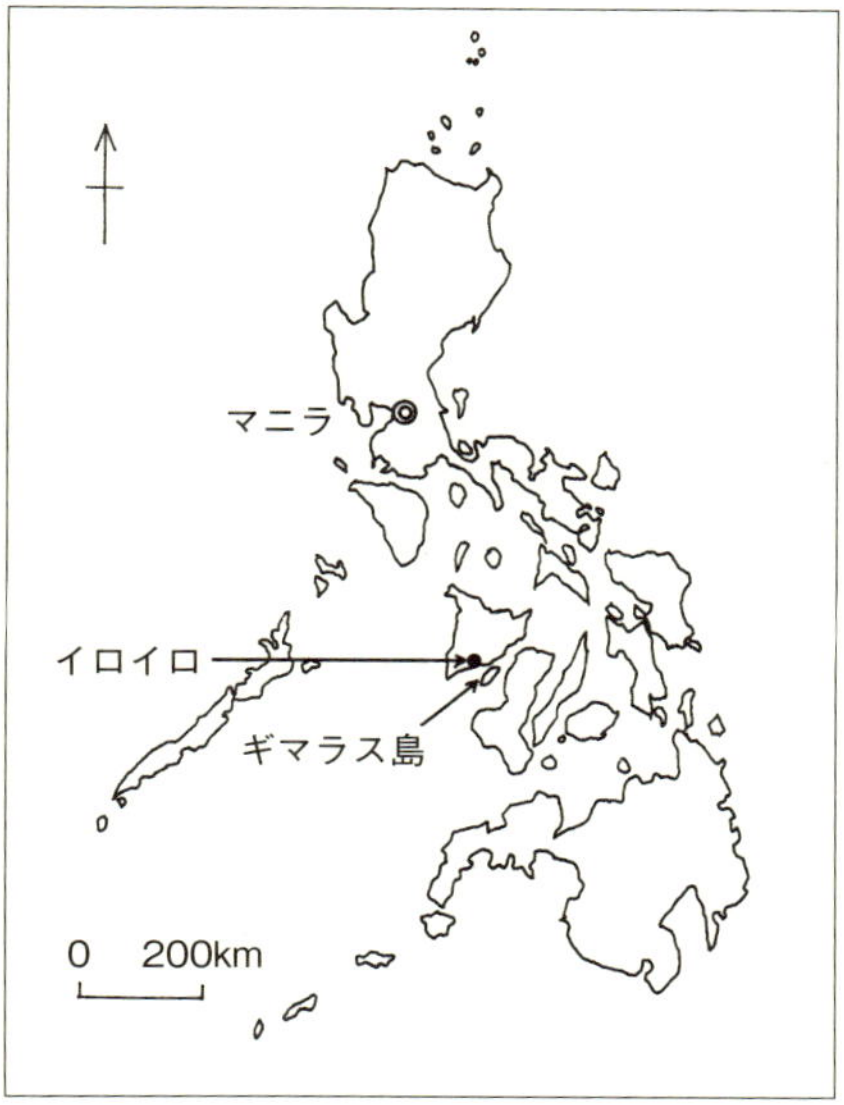

図4−22　フィリピン地図

最初に首都マニラ市の隣のケソン市にあるフィリピン原子力研究所を訪れた（**図4−23**）。この研究所は一九五八年に設立され、実験用原子炉もある近代的研究所だが、独裁的なマルコス大統領の失政による経済的困難のために荒れ果てて原子炉も停止したままであった。治安も悪く、入り口に銃を持ったガードマンがいるのには驚いた。しかし民主的なア

図4－23　フィリピン原子力研究所。左側の白いドームは実験用原子炉

キノ大統領になってからしだいに経済が回復し、ＩＡＥＡの援助でミカンコミバエ不妊虫放飼法の研究を始めることができるようになったのである。

この研究所で生物部門の部長をしているユージン・マノト博士が案内してくれた。マノトさんは女性研究者で、フィリピン大学を卒業してからアメリカに留学して博士の学位をとり、ハワイミバエ研究所でミバエの不妊虫放飼法を学んだ人であった。これまで沖縄のミバエ研究室から研究論文のコピーをマノトさんに送っていたので、わたしたちはすぐに親しくなった。

マノトさんの下には三人の若い研究員がいて、ミカンコミバエをサツマイモが主成分の人工飼料で大量増殖していた。

その飼育方式はハワイミバエ研究所の方法に準じたものであった。増殖したミカンコミバエは研究所のガンマ線照射装置で不妊化される。当時の不妊虫の生産規模は週一〇〇万匹であったが、将来は施設を増築して週二〇〇〇万匹にする計画であった。ここには、ちょうど沖縄の農業試験場八重山支場でウリミバエの大量増殖が始まった頃のような活気が感じられた。

研究所の施設をひととおり見せてもらったあと、マニラ市内の果物倉庫を見学した。ここではフィリピン全土から集められたマンゴーを日本向けに輸出（図4－24）するために、飽和水蒸気の熱を用いた、四六度一〇分間の殺虫処理（蒸熱処理と言う）が行われていた。この処理を確認するために、日本からは常時一名の植物防疫官が出張して立ち会っていた。

わたしからすると、ミカンコミバエはメチルオイゲノールによる雄除去法で十分根絶できるはずなのだが、原子力平和利用をすすめるＩＡＥＡの技術援助では、放射線を使う不妊虫放飼法をどうしても使わなければならなかったようである。

図4-24　日本向けに輸出するマンゴー

国立マンゴー試験場

次に、今回の根絶実験の対象地となっているギマラス島という広さ六二〇平方キロ（沖縄本島の半分ほど）、人口一一万人の島に渡った（図4-25）。

この島はマンゴーの主要生産地で、大きい商業的マンゴー園がある。ギマラス島はマニラ国際空港から国内便で南に約一時間のパナイ島という大きい島に行き、そこから小さい連絡船で三〇分ほどかけて海峡を渡ったところにある（図4-22参照）。ここにフィリピン農業省の国立マンゴー試験場（図4-26）があり、マンゴーの品種改良や栽培法の研究に加えて、主要害虫であるミカンコミバエの生態研究が行われてきた。

わたしたちは、パナイ島にあるフィリピンで二番目の大都会で

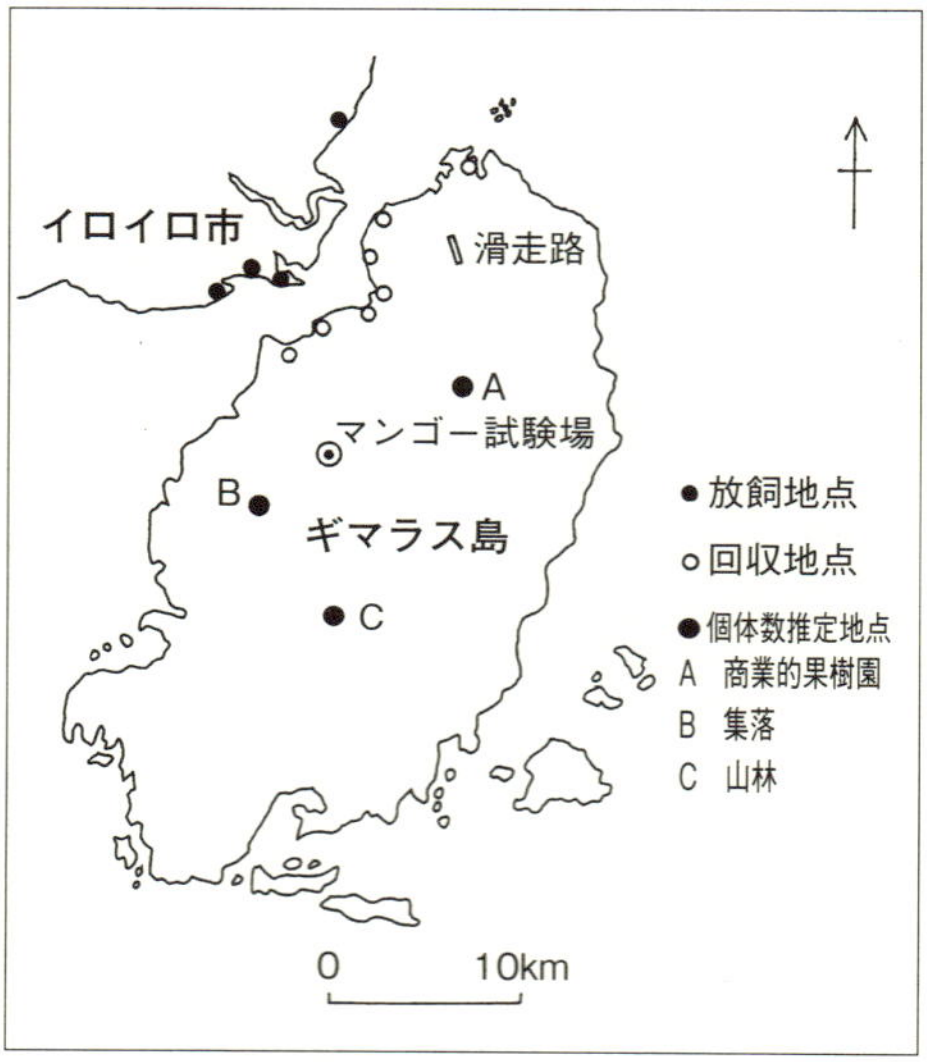

図 4-25　ギマラス島地図

図 4-26　フィリピン国立マンゴー試験場

あるイロイロ市のホテルに滞在し、毎日連絡船でギマラス島に渡った。
マンゴー試験場は港から車で三〇分くらいの小さい村にあり、木造平屋の建物の後ろには古いマンゴー園が広がっていた。この試験場は約二〇年の歴史をもつが、やはり研究施設の老朽化がひどく、実験用具もよくそろっていない。例えば、ハエの蛍光色素検出のために溶剤をたらすピペットは市販の目薬用のものだった。
場長のリンテーナさんの下に次長のゴレスさんと女性研究員が数名いた。ミカンコミバエ根絶プロジエクトの実質的な中心人物は、マンゴー栽培の専門家である女性研究者最年長のソフィア・コバーチャさんであった。

ミバエを根絶しようとする場合、沖縄のように対象地域が海によってミバエのいる地域から隔離されていることが必須条件である。ソフィアさんたちはパナイ島からギマラス島にハエが飛んでくるおそれはないかを調べるために、パナイ島のイロイロ市の港の付近の四カ所から、原子力研究所で飼育され、蛍光色素で印をつけた成虫を放飼して、約三キロ離れた対岸のギマラス島の七カ所に置いたトラップでこれが回収されるかどうかを調べていた。

図 4-27 フィリピン式ミバエトラップ

このトラップは経費節約のため、自動車のオイルの空き瓶にメチルオイゲノールを入れ、横にあけた穴から入って、下に取りつけた布袋に落ちたハエを集めるというフィリピン方式である（**図 4-27**）。

その結果、ギマラス島のトラップに入った成虫からは蛍光色素が検出されなかったので、海峡を越えたミバエの移動はないと判断したという。

また、人がギマラス島に果物を運びこむことがないように厳しい検疫も行わなければならないが、ソフィアさんは、果物はギマラス島で生産されるので、パナイ島に持ち出すことはあっても、パナイ島からギマラス島に持ちこまれる可能性は低いと考えていた。また、実際に根絶事業が始まれば、港に検疫所を設けて厳重に取り締まるつもりだという。

これまでのトラップデータを見せてもらうと、成虫は乾季の一～二月が最も少なく、果実が結実する四月のあと、雨季の始まる五～六月に最高に達する。また、ハエは集落やマンゴー園で多く、山林では少ないようであった。そこでわたしは、「不妊虫の生産量が少ないうちは、集落やマンゴー園で誘殺法や不妊虫放飼法を小規模にテストして、根絶に必要な薬剤と不妊虫の数を見積もり、技術を改良したうえでギマラス島全域に試験規模を拡大するのがよい」という提案書を書いて、二週間のフィリピン派遣を終わったのであった。

IAEAからの派遣依頼

日本原子力産業会議の依頼でフィリピンに行った翌年、今度はIAEAから直接、フィリピンのミカンコミバエ根絶プロジェクトを指導してもらえないかという依頼がきた。そこでわたしは、一九九三～一九九七年までの間に四回、一回につき半月から一カ月の期間フィリピンに滞在して、不妊虫放飼法をイロハから伝授することになった。

この五年間の間に、フィリピンの経済状態は大きく改善された。その結果、フィリピン原子力研究所のミカンコミバエ不妊虫生産量は週産一〇〇万匹から二五〇〇万匹に増強され、国立マンゴー試験場でも実験室が新たに二棟増設された。また治安も回復し、スーパーマーケットには商品があふれ、買い物や市内散歩を楽しめるようになっていた。

以下、作業の順にそって根絶実験の概略を述べてみよう。

まず個体数推定

まず、ギマラス島にいるミカンコミバエの個体数を調べることにした。ギマラス島は平坦で海岸沿いに集落と畑が多く、ところどころに商業的マンゴー園があって、中央部は山林になっている（**図4-28**）。

この三つのタイプの植生の場所に、それぞれ四ヘクタール（縦横二〇〇メートル）の場所を選んで、トラップを五〇メートル間隔の碁盤目状に二五個つけて、中心から印をつけたハエを放して回収するという沖縄方式のマーキング再捕調査を行った。

図4-28　ギマラス島の植生。集落と畑（上）、商業的マンゴー園（中）、山林（下）

そこで困ったのは、ハエの頭をつぶして色素を溶かし出すための、化学実験用の濾紙（ろし）が高価で大量に買えないということだった。かわりにトイレットペーパーを使うのだが、これには紙を白くするために蛍光色素が入っているので、紫外線灯の下では全体がぼーっと光り、放飼虫と野生虫の識別が難しかった。わたしはベビー用の蛍光色素を含まないトイレットペーパーを使い、頭を切り離さないでハエの体全体に溶剤をかける沖縄方式をすすめた。また蛹を送ってくる原子力研究所には、蛹にまぶす色素の量を増やすように頼んだ。

ミカンコミバエの成虫密度は、商業的マンゴー園や集落と畑が高く、寄主果実の少ない山林では比較的低かった。こうした三つのタイプの植生ごとに一ヘクタール当たり成虫密度を推定し、それを、ギマラス島のそれぞれの植生の面積に掛けて合計したものが全島の推定成虫数（雄）となる。

わたしが指導して行った一九九三年三月の個体数推定のあと、六月、一一月、一九九四年六月と合計四回の調査が行われたが、全島推定個体数（雄）は最小約一八九万匹から最大約二八億匹、平均約八億匹と変動した。これはトラップ誘殺成虫数の消長とおおむね一致するものである。

沖縄では経験的に、存在する成虫数（雄）の一〇倍以上の不妊虫（雄、雌）を毎週放飼しなければ野生虫が減りはじめなかったので、平均でも週八〇億匹が必要であり、原子力研究所が計画していた週二五〇〇万匹という不妊虫の数ではとうてい足りず、不妊虫放飼前にメチルオイゲノールを使った雄除去法による抑圧防除がどうしても必要だという結論となった。

雄除去法でハエを九〇パーセント減らす

木材の繊維を固めたテックス板は入手できたが、これに薬を浸みこませる作業をしてくれる農薬会社がなかった。そこで、ドラム缶に一杯入ったメチルオイゲノールの溶液に、殺虫剤を瓶からドボドボと入れて、これを木の枝でかきまわし、それにテックス板を浸して乾かすという作業を屋外で行うのであった（図4-29上）。作業は薄いビニールの手袋をつけてやるのだが、それはまもなく破れてしまう。だから手にも体にも薬はつく。そのひどい臭いにはさすがのわたしも驚いてしまった。

図4−29　薬剤の調合。メチルオイゲノールに殺虫剤を混ぜテックス板を浸しているところ（上）とテックス板を吊りさげているところ（下）

こうしてできたテックス板は集落と畑、商業的マンゴー園では沖縄と同じように一ヘクタール当たり四枚を人手で木に吊りさげた（図4-29下）。

この作業には、商業的マンゴー園はもちろん、全島で九一カ所ある集落の「バランガイ」（小舟という意味）と呼ばれるフィリピン独特の集落組織が協力した。ギマラス島の人々は、おおむね協力的だったが、一部の集落ではいやがって道路に石などを置いて作業の車が入るのを妨害するところもあったという。

島の中央部の山林では飛行機からテックス板を投下した。飛行機は固定翼の小型機で、その機内にテックス板を積みこんで、人手で外にばらまく。最初のテスト飛行にはわたしも乗って空から作業を確かめた。

沖縄ではヘリコプターの機外に取りつけたテックス板投下装置を使ったのであまり問題がなかったのだが、機内にはメチルオイゲノールと殺虫剤の溶剤の強烈な臭いがたちこめて、米空軍の退役軍人のパイロットは閉口していた。

この作業を一九九七年の二月から一一月まで、およそ二カ月に一回行った結果、トラップに入る成虫数は前年の一九九六年から九〇パーセント以上減少した。しかし毎月一回行われた果実調査の結果では、被害果実はほとんど減っていないことがわかった。これはやはり不妊虫放飼が必要であることを示すものであった。

空からの不妊虫放飼

わたしが訪れた一九九七年一一月に、ギマラス島全域で、はじめての不妊虫放飼が行われた。この放飼の前には、バランガイの代表を集めた説明会や、新聞、ラジオなどによる住民への広報活動が行われていた。

マニラの原子力研究所で増殖された蛹は蛍光色素をまぶしたあと、ソーセージのようなビニールの袋に入れて空気を遮断したのち、保冷剤とともに段ボール箱に入れられた（図4-30）。これはハワイと同じ方法である。こうすると呼吸が止まり発熱することがない。一つの箱には約一六〇万匹の蛹が入る。蛹は不妊化のために箱のまま照射施設で五〇～八〇グレイのガンマ線で照射されたあと、イロイロ市空港までは航空貨物として、さらに船と車でギマラス島の放飼センターまで運ばれる。この運搬にはおよそ六時間かかった。

この放飼センターは、ギマラス島にある今は使っていない小型飛行機用の滑走路（図4−25参照）のそばの空き家を借りたものであった。そこで箱をあけ、蛹を紙袋に約八〇〇〇匹ずつ入れて成虫を羽化させる。この袋には羽化後の成虫の当座の餌として砂糖とデンプンを厚紙にぬりつけたものを入れておく。成虫が羽化したのち、紙袋を破きながら小型飛行機から投下するのである。わたしも、航路確認のために飛行機に乗ったが、最初の投下作業には勇敢な女性研究者が乗りこんだ（図4−31上）。一回の放飼にはおよそ一時間かかり、ゆれる機内での作業に彼女は疲れきって降りてくるのであった。ハエの多い一部の集落では、蛹をカゴに入れた地上放飼も行った（図4−31下）。

図4−30　蛹の輸送箱

品質管理のために、到着時点での輸送箱内の温度、蛹の羽化率と粉をぬった円筒からの飛び出し虫率を調べたが、温度は二七度以下、羽化率、飛び出し虫率はいずれも九〇パーセント以上で、原子力研究所での増殖と、その後のギマラス島までの輸送条件は申し分なか

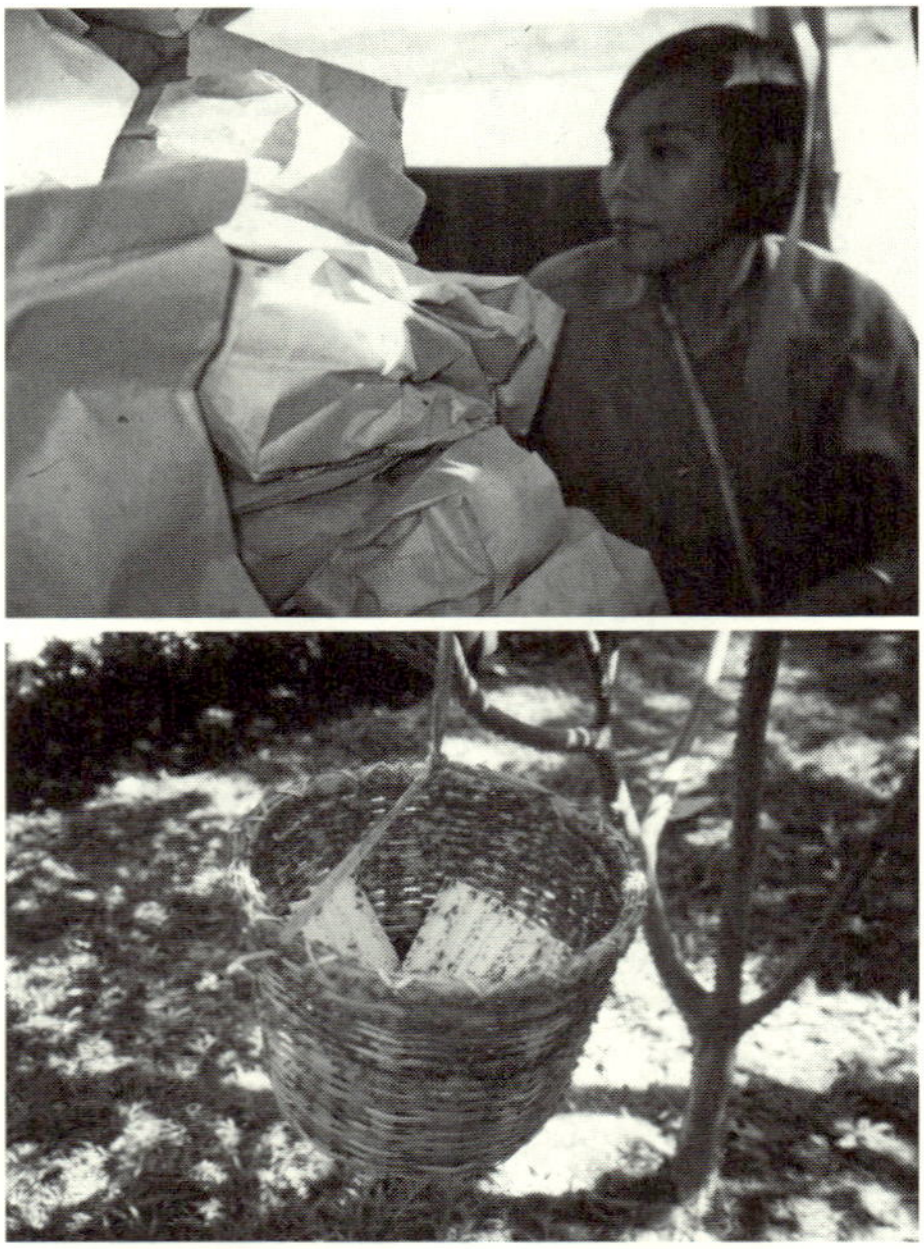

図4−31　放飼作業。機内からの袋放飼（上）と、地上でのカゴ放飼（下）

った。

しかし、一回目の放飼ではまだ蛹が十分に成熟していないうちに放飼したため袋内での成虫羽化率は五二パーセントと低かったが、三日後の次の放飼では羽化率は九〇パーセントを超えるようになった。

防除の効果と突然の中止

こうして、ひととおりの作業の手順を教えたあと、わたしのフィリピンでの指導は終わった。その結果がわかったのは、一九九八年にマレーシアで開かれた、FAO・IAEA共催の「ミバエとその他の害虫の広域的防除法国際会議」の席上である。

この会議には、ギマラス島からソフィアさんが来て試験結果の報告をした。それによると、図4−32で見るように「一九九七年二月に始めたメチルオイゲノールによる抑圧防除でミカンコミバエは大きく減ったので、一九九七年一一月から不妊虫放飼を始めたところ、一九九八年三月にはトラップに入る不妊虫が野生虫を上まわるようになった」という結果であった。[10]

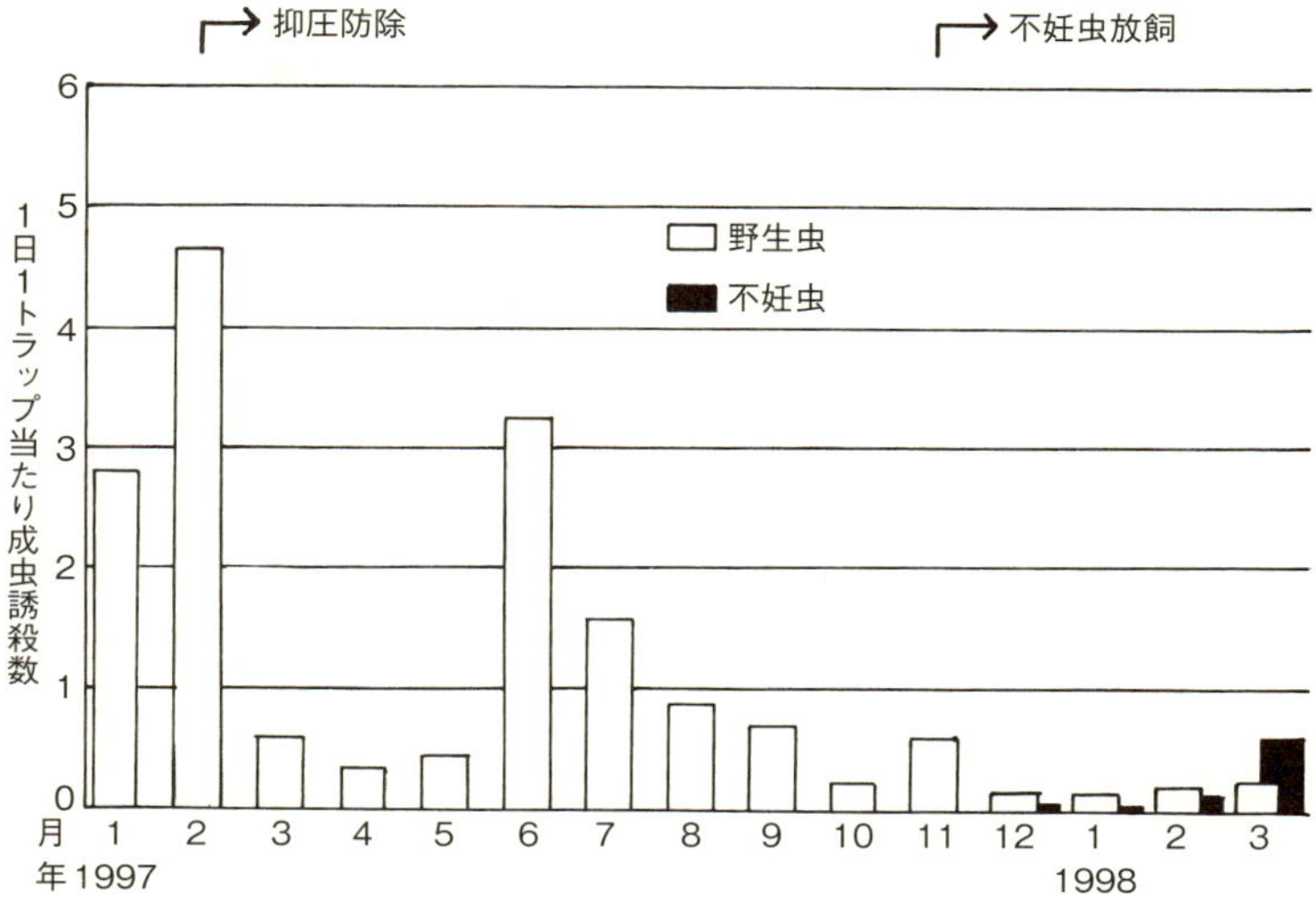

図 4-32　フィリピン、ギマラス島におけるミカンコミバエの防除経過（Covacha et al., 2000 を改変）

しかし、一九九七年に東南アジア各国を襲った経済危機のため、この根絶プロジェクトは突然中止されることになった。

ミカンコミバエが根絶対象の害虫になったわけ

こうしてフィリピンのミカンコミバエ根絶プロジェクトは挫折したのであったが、わたしにとっては「根絶防除とはなにか」ということをあらためて考えるよい機会になった。

よく、人から「この害虫も沖縄のミバエ類のように根絶できないものでしょうか」と聞かれることがあるが、わたしは「おそらく無理でしょうね」と答えることにしている。

その理由は、沖縄のように根絶対象地域の絶対的な隔離が必要だからである。ギマラス島は一応隔離されているということにはなっていたが、三キロの海上ならばハエはおそらく移動可能であるだろう。

また、パナイ島とギマラス島の間には定期船の港のほかに、島のまわり至るところの海岸から小さい漁船が自由に出入りしている。こういうところで厳密な検疫はおそらく不可能であろう。ギマラス島は沖縄とは比べものにならないほど、隔離が難しい条件下にあるのだった。

また別の人は「たとえ害虫であっても根絶とはおだやかでない。生物多様性保全の観点からも根絶はやるべきではないのではないか」と言う。わたしは、「そのとおりです。しかし、『ある地域からの根絶』は、その虫の『種の絶滅』とはちがいます」と答えている。

沖縄にはもともとミバエ類はいなかった。そこに侵入したミバエ類が根絶されても、東南アジア一帯にミバエ類は生存しつづけているのである。沖縄での根絶はミバエという種を絶滅させるものではない。しかし、それだからこそ、沖縄では永久に再侵入防止の警戒をしなければならないとも言える。

ギマラス島の農村をまわると、昔ながらの農村風景に出会う。水牛が小川で首まで水に浸かって、田起こしや代掻き（しろかき）などの水田作業が始まるのをのんびり待っている。竹で造られた涼しい高床式の家は屋根をニッパ椰子の葉で葺き（ふき）、そのわきには高さ一〇メートルもありそうな大きいマンゴーの樹があって、たわわに実をつけている。一家に一本のマンゴーの樹があれば、一〇〇年は食べるのに困らないという。確かにミカンコミバエはいるのだが、果実に一個一個紙の袋をかけて被害を防いでいた。これを見て、わたしは子どもの頃、米沢の自宅の畑にあったリンゴの実に袋をかけたことを思い出した。

こうしてフィリピンの人々はミカンコミバエとともに生きてきた。それが農薬や消毒が必要になり、また根絶プロジェクトが計画されたのは、商業的なマンゴー果樹園ができたからである。そこでは、手の届くように丈の低いマンゴーの木が碁盤の目状に整然と植えられて、この土地にかつて住んでいたと思われるたくさんの人々が農業労働者となって働いていた。できたマンゴーは防腐剤の液で消毒され、きれいな箱に入れられて国内、国外に向けて出荷される。特に日本向けの輸出はよい商売になるのでマニラの蒸熱処理場に送られるのであった。しかし、日本に帰ってきてフィリピン産の処理ずみマンゴーを買って食べてみても、フィリピンで食べたマンゴーのあのおいしさにはとうていかなわないのであった。

台湾とタイのミカンコミバエ根絶防除

同じ東南アジアの台湾では、南西の海岸から約一二キロ離れたランベイ島（面積六・八平方キロ）で、一九八四～一九八九年に雄除去法によってミカンコミバエを根絶する試みが行われた。一時期、トラップ誘殺虫数と寄生果実は減ったが、おそらく台湾本島からの再侵入によって根絶には成功しなかった。[11]

タイでは、北部のミャンマー国境に近い標高一〇〇〇メートルほどの高地にあるドイアンカンという村で一九九一～一九九六年に不妊虫放飼法によるミカンコミバエの根絶実験が行われた。ここでは、少数民族が麻薬の原料となるケシの栽培をしていたのをやめさせ、そのかわりにモモやナシなど温帯果実の生産をすすめていたが、その害虫となるミカンコミバエを根絶しようとしたのである。

わたしは一九九三年にここを見学する機会があった。不妊虫はバンコクにあるタイ原子力研究所で作られ、鉄道と車によって現地に運ばれて放飼された。この地域は平地の果樹栽培地帯からは細い山道があるだけで一応隔離はされており、防除によって被害果率は減っているようであったが、根絶までには至らなかった。[12]

こうして見てくると、ミカンコミバエが古くから棲みついているフィリピン、台湾、タイのような地域では、ミバエの根絶ではなくて、ミバエと共存する道を探るほうがよいのではないかとわたしは思うのである。

第5章　森は病んでいる

1　マツが枯れた

広がるマツ枯れの被害

二〇〇三年の秋、退職後しばらく住んでいた秋田市で知り合った佐藤晋一さんから次のような手紙が届いた。

「現在秋田県の海岸は松枯れ（松くい虫）被害が甚大なものとなっております。マツノザイセンチュウとその宿主のカミキリが原因とされております。県でも対策はしているようですが、決定的決め手のないまま被害が広がっており、海岸沿いは幽霊のような枯れ木が続いております。残念なことです。できればゆっくりお話をうかがいたく、ご来秋をお待ちしております」

佐藤さんは、少年時代から昆虫や植物に興味をもち、銀行に勤めるようになってからも、アマチュア

図5−1　秋田県の海岸のマツ枯れ

として活動している人である。

このようなひどいマツ枯れは、秋田では二〇〇〇年頃から急に始まったと言うが、わたしは一九八六年に香川県善通寺市にある農林水産省四国農業試験場に勤務していたときにすでにこれを見ていた。

この頃、瀬戸内海沿岸地方のアカマツの枯れはひどく、四国の金比羅宮のある象頭山の山麓にある四国農業試験場土地利用部の構内では、枯れたアカマツの伐採に忙しかった。この山ではアカマツが多く、かつてはマツタケが大量にとれたので、それを段ボール箱に一杯詰めこんで実家に送ったという話も同僚から聞いていた。

試験場のまわりでは、ヘリコプターによる薬剤散布がさかんに行われていた。しかし市街地に近い山林で薬剤を全面に散布することには反対者も多く、ヘリコプターに長いノズルをつけて枯れた木のまわりだけに散布しているのをよく見かけたものである。

西日本のマツ枯れは、以前のように松林が利用されずに放置されたことから始まったという。わたしは、秋田のマツ枯れにもこうした森林管理上の原因があるのではないかと思った。それにはやはり現地を見なければならない。そこで翌二〇〇四年の五月末、このマツ枯れを見に行った（図5−1）。

マツ枯れの現地を見る

秋田市から海岸沿いに走る国道七号を南下すると、市街地を出て海水浴場のある下浜あたりからひどいマツ枯れが始まり、日本で最初にペンシル型ロケットを飛ばしたという道川付近では、生きているマツはまったく見あたらなくなっていた。この状態が由利本荘市まで続いた。しかし、松尾芭蕉が『おくのほそ道』でふれている象潟の九十九島の松はまだ健在であった（図5−2）。

このコースは一九九五年まで秋田に住んでいた頃には、よくドライブしたところである。帰りに眠くなるとマツ林の陰で松風に吹かれながら一休みしたものだったが、その頃は密集して植えられたクロマツの林のために海がどこにあるかさえもわからなかった。それが、今では枯れたマツの木の間から青い日本海や遠い男鹿半島まで見渡せるようになっていた。そして、枯れ木の根元にはニセアカシアの藪が

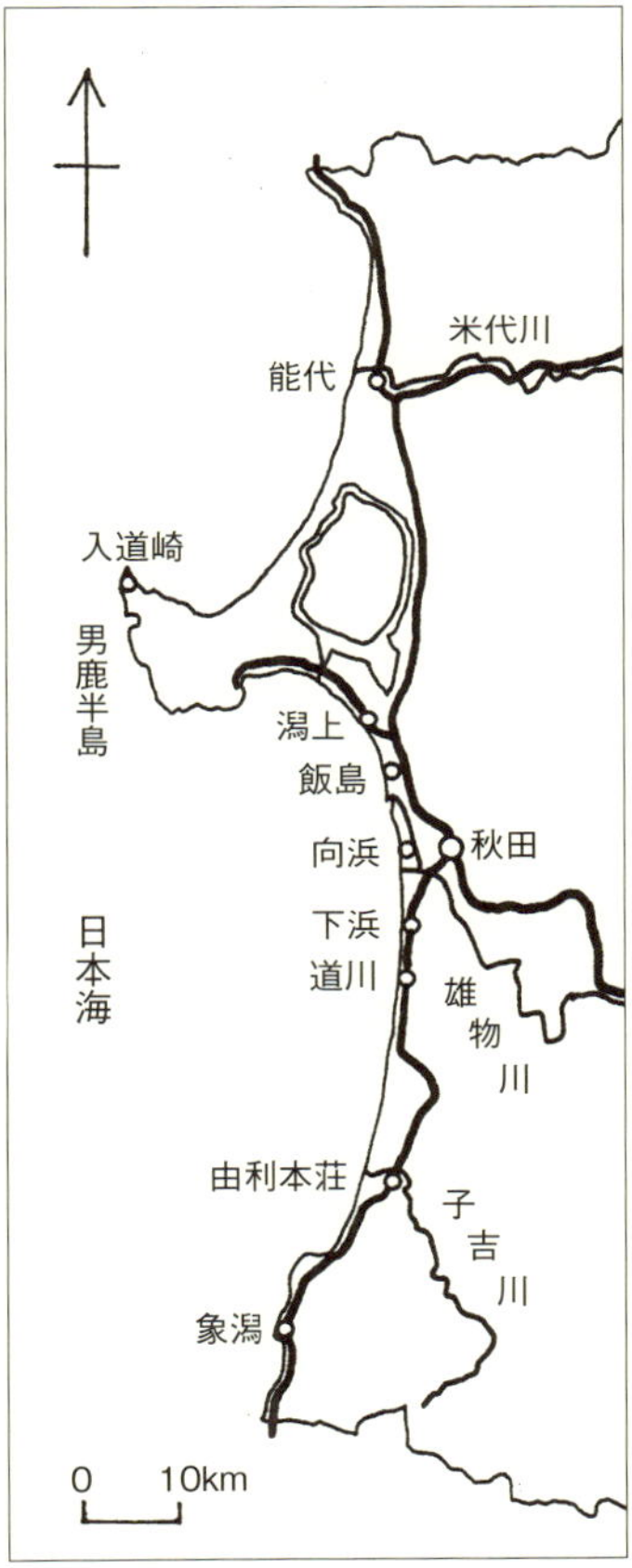

図 5–2　秋田県海岸の地図。太線は鉄道

一面に地面を覆っているのである。このニセアカシアはマメ科植物で、空中窒素を固定する根粒菌（こんりゅうきん）をもっていることから、以前マツ林の肥料になる木として植えられたものであった。

これまでのマツ枯れ研究

秋田から帰ったわたしは、これまでにマツ枯れについて発表された研究論文を調べてみた。そこからわかったのは次のようなことである(1)(2)(3)。

マツ枯れが問題になったのは今から一〇〇年以上も前の明治三八～三九（一九〇五～〇六）年、長崎市での報告が最初であった。当時はいろいろな種類の甲虫の幼虫がマツの樹皮の下に入って食うのがマツ枯れの原因とされ、これらを「松くい虫」と総称していた。マツがなんらかの原因で弱ると、いつもは幼虫の食入を妨げているマツヤニの分泌が止まることによって幼虫の加害が可能になる。したがって、マツ枯れの要因は一つではないということから、マツの衰弱をもたらす栄養条件も含めた検討がなされていたのであった。また当時はマツ枯れそのものも散発的で、大きい社会問題になることはなかったのである。

それが大きい問題となったのは一九六〇年代のことである。九州地方で始まったマツ枯れは中国、四国、近畿地方へと北上しはじめた。そのためマツ枯れの原因をさぐる研究が各地の林業試験場でさかんになり、一九七〇年前後に、マツ枯れを引き起こすマツノザイセンチュウと、これを媒介するマツノマダラカミキリの関係が明らかにされたのであった。このあと、「マツ枯れは害虫問題である」との認識が一般的になり、各林業試験場でのマツの栄養条件などについての研究は中断された。

マツノザイセンチュウ（図5―3）は長さ一ミリ程度の線虫である。これがマツに入ると大量に増えて仮導管に詰まり、根から水を吸いあげることができなくなってマツは急速に枯れる。これによってマツヤニの分泌も止まる。マツノザイセンチュウには木から木に移動する能力はないが、それを可能にするのは運び屋であるマツノマダラカミキリ（図5―4）である。この昆虫は長さ三センチぐらいの灰褐色の甲虫で、雌がマツの幹に卵を産み、孵化した幼虫は木の材を食って育ち、蛹から成虫が羽化する。しかし、マツが健康でマツヤニが分泌されるような状態では幼虫がよく育たないので、マツノザイセンチュウが寄生した木が必要である。

マツノザイセンチュウはマツノマダラカミキリの幼虫の体の表面にある呼吸のための気門からその体内に入り、羽化して幹の外に出た成虫の体表には線虫がたくさん付着している。マツノマダラカミキリの成虫は交尾する前にマツの新梢を食うので、そのときにセンチュウがマツの枝から木に入って繁殖す

図5–3　マツノザイセンチュウ

図5–4　マツノマダラカミキリ成虫（佐藤晋一氏撮影）

る。そのためマツヤニが分泌されなくなり、カミキリの幼虫はよく育つことができるのである。こうしたセンチュウとカミキリムシの共生関係がマツ枯れを広げるのであった。

マツノマダラカミキリは日本在来の昆虫である。そして、ニセマツノザイセンチュウという在来のセンチュウと共生関係を結んで細々と暮らしていた。したがって、このカミキリムシは、かつては昆虫マニアの間で稀少種としてむしろ珍重されていたという。

しかし、一〇〇年ほど前に、北米から輸入されたマツ材からマツノザイセンチュウが日本に侵入した。当時は、現在ほどマツ枯れもひどくなかったので、そのことが最近までわからなかったのである。北米のマツはマツノザイセンチュウに抵抗性があるため、ひどいマツ枯れは起こらない。この線虫に抵抗性の低い日本のアカマツ、クロマツ、南西諸島のリュウキュウマツがひどいマツ枯れを起こすのである。

燃料革命のあとマツ枯れが増えた

それでは、一〇〇年前に侵入したマツノザイセンチュウによるマツ枯れが、なぜ一九六〇年代までひどいマツ枯れを引き起こさなかったのだろうか。それは一九六〇年代に、日本の燃料と肥料の事情が大きく変わったからだと考えられている。

それ以前は、家庭の燃料は薪と炭であった。海岸地方では薪や炭の焚きつけ用にマツの枯れ枝や松葉がよく使われた。そのため海岸のクロマツの松葉はよく集められて、林床は砂が露出した状態であった。また内陸地方のアカマツの葉は集められて田畑の肥料となっていた。

それが、一九六〇年代から家庭の燃料は灯油やプロパンガスに変わった。これは「燃料革命」と呼ばれている。また田畑では化学肥料が使われるようになった。その結果、クロマツもアカマツもその林床に松葉が残されて堆積するようになっていった。

マツという木は海岸の砂地や痩せた山地にいち早く生える植物である。こういう栄養分の少ないところで養分を吸収することを助けているのが、菌根菌（きんこんきん）である。[4] 珍重されるクロマツ海岸林のショウロ、ハツタケ、キンタケや、山のアカマツ林のマツタケなどはこの菌根菌である。菌根菌はマツの根のまわりにからみついて菌根（**図5–5**）を形成し、光合成をするマツから糖質をもらうかわりに、長い菌糸を土中に伸ばし、わずかにあるミネラル分を吸収してマツに与える。この共生関係によってマツは養分の少ない土地でも育つことができるのである。

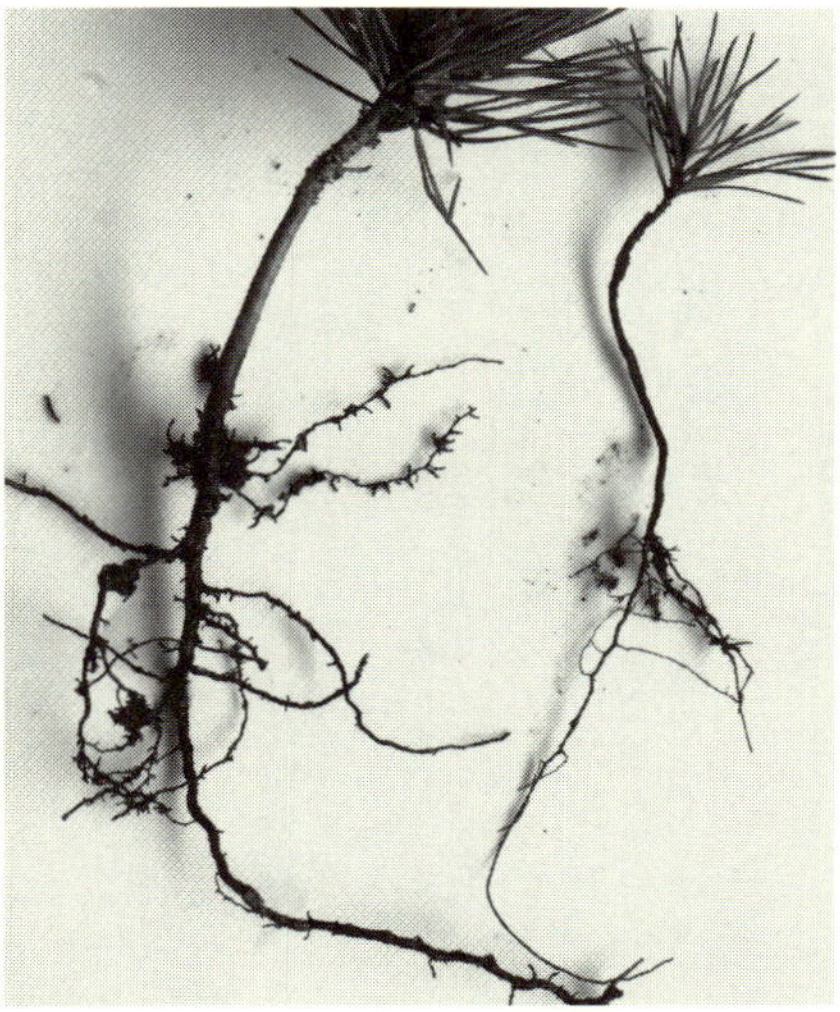

図5–5　クロマツの菌根。根のまわりの短い突起状のもの

ところが松葉が林床に堆積するとバクテリアや一般の糸状菌（しじょうきん）が増えるようになり、そのために菌根菌は死んでしまう。その結果マツの栄養状態は悪化して弱り、マツノザイセンチュウに侵されやすくなって、マツ枯れに至るのである。また、マツノザイセンチュウに侵されたマツは一種の揮発性物質を出し、これにマツノマダラカミキリが誘引される。[3]

植物生態学ではマツのような痩せ地にいち早く根をおろす植物を「先駆（せんく）植物」と呼ぶ。この植物は枯れ葉が堆積して土壌が肥沃になると枯れて、より肥沃な土を好む別の植物に席を譲って姿を消すというのが、自然のなりゆきであり、これを「遷移(せんい)」と呼んでいる。

我が国では「白砂青松(はくさせいしょう)」と言って、自然の風物としてのマツを尊ぶ気風がある。しかし、それはじつは江戸時代以降のことである。「花粉分析」と言って、湖底の堆積物の中の花粉を調べる研究によれば、マツの花粉が多くなるのは近世以降であって、それ以前は広葉樹の花粉が多いという。近世になって、海岸にもともと生えていた広葉樹が切りつくされ、海岸の砂が強風で飛んで海に近い村々に被害を及ぼした。そこでこれを防ぐために海岸にクロマツが植えられたのである。またアカマツは、かつて過度に山の木を切ったことによって痩せた山に植えられたものであった。このマツ林が長く維持されてきたのは、燃料や肥料を松葉から得てきたからであり、マツが枯れたのは近年の燃料革命による必然的な出来事なのである。

したがって、「白砂青松」は決して自然そのものではなく、人によって利用されてきた「自然」なのである。そして、マツ枯れが激しくなった頃から、マツノマダラカミキリ防除のために薬剤散布がさかんに行われるようになったが、その原因を作ったのは、じつは人々の生活習慣の変化であった。そのことに多くの人はまだ気がついていないのである。

一方、時間の経過とともに、クロマツやアカマツの中にマツ枯れの流行の中でも生き残る抵抗性の木があることがわかってきた。またマツノザイセンチュウにも、マツをひどく枯らすものとあまり枯らさないものがあるという。したがって長期的に見れば、原産地の北米のように、センチュウとマツが共存するところまでたがいに適応することが期待される。もしマツ枯れのためにマツがすべて枯れてしまえば、センチュウもカミキリムシもその生活の場を失うからである[1]。そういえば、最近、かつての秋田でのような激しいマツ枯れは報道されていない。

2　マツ枯れをどうする

秋田のマツ枯れと広葉樹

ここまで文献で知識を得たわたしは、秋田のマツ枯れの現地をもっと詳しく見たいと思った。

日本海に面した長い海岸線には、東北の青森県から九州の福岡県まで、冬の北西からの強い季節風をさえぎるためにクロマツの防砂林が植えられている。わたしの妻、小山晴子（せいこ）は秋田市で中学校の理科教師をしていた頃、このクロマツ海岸林に興味をもち、海岸を歩きまわったり文献を調べたりして、その成り立ちについて調べた結果を『マツが枯れる[5]』という本に書いている。

それによると、クロマツ林が植えられる前の海岸にはカシワやミズナラなどの広葉樹の自然林があったのだが、製塩などの燃料としてこの林が切りつくされた結果、海岸の砂が飛んで、田畑、人家に甚大な被害が及ぶようになった。そのため、江戸時代に各藩は競ってクロマツの砂防林の造成にはげんだという。そのため、各地に砂防林造成の中心人物があらわれた。秋田市では栗田定之丞（くりたさだのじょう）が有名で、栗田神社という神社まである。そこでわたしは実態をよく知るために妻とともにもう一度秋田に行ってみることにした。[6]

二〇〇七年に、まず見に行ったのが秋田県能代市の「風の松原」である（図5–2参照）。ここでは嘉藤景林という人が砂防林造成の中心人物であった。現在ではそれが国有林となっている。能代の市街地の西側に接する林は最も古く、一部が公園になっているが、「百年松」と呼ばれる、大人が一人では手を回せないほどのみごとなクロマツが何本も生えていた。そこから海岸にむかってしだいに新しい植林が行われて、マツが小さくなっていた。

ここでもマツ枯れは起こっていたが、秋田市下浜や道川のようにすべてのマツの木が枯れるという状態ではなかった。公園内の遊歩道のまわりでは、枯れた木が伐採され下刈りが行われていた。毎年マツノマダラカミキリの成虫が羽化する夏には薬剤散布が行われているという。こういう林の管理がマツ枯れの進行を抑えているのだろうとわたしは思った。しかし、マツを植えてからの年数がたった場所ほど枯れ木は確実に多くなり、そのあとにカスミザクラやコナラなどの広葉樹が生えてきて、百年松のあるあたりでも、公園になっていない場所ではマツと広葉樹が完全に混交した林になっていた（図5–6）。海岸からここまでの林の幅は一・五キロほどもあり、この林によって能代市は冬の季節風から守られていた。

次にわたしたちは、男鹿半島先端の入道崎から秋田市までの海岸線に沿った道路を走ってみた（図5–2参照）。入道崎にはカシワの群落があった（図5–7）。これは以前からあったものだが、これまで気がつかなかったのである。

海岸を南下するにしたがって海岸のマツ枯れはひどいものであったが、枯れたマツの木の下から、これまで小さかったカシワが葉を広げて伸び出しているのが見られた（図5-8）。これはマツが植えられる前はカシワなどの広葉樹林だったということを示すものと思われる。

さらに南に進むと、秋田市の中心部の海岸には、秋田県が管理するクロマツ砂防林があって秋田市街地を風から守っていた。この県有林には外見上目立ったマツ枯れは見られなかった。それが、市街地からはずれて雄物川（おものがわ）の橋を南にわたった下浜に来ると、あのひどいマツ枯れが起こっているのだった。このちがいはいったいどこからくるのだろうと不思議に思いながら、この日の観察は終わった。

図 5-6　風の松原のクロマツと広葉樹の混交林

図 5-7　男鹿半島入道崎のカシワ群落

図 5-8　マツ枯れのあとに伸びるカシワ

図5-9　秋田県有砂防林のマツと広葉樹の混交林

機会をあらためて、佐藤さんの紹介で、一〇年も前から海岸砂防林造成の研究をしている秋田県森林技術センターの金子智紀（とものり）さんに県有林を案内してもらうことにした。

県有砂防林と鉄道保安林のちがい

金子さんはまず秋田市飯島（いいじま）の県有砂防林を見せてくれた（図5-9）。

普通、マツを植林する場合には、苗を約一メートル間隔の格子状に植える。このように密植しないと早くから風を防ぐことができないという。それから定期的に木を間引いていく。これを間伐と言う。理想的にはマツの枝がふれ合わないように間伐を続けるのだが、これをやらないと下葉が枯れてマツはヒョロヒョロと高く生長し、大風や雪で枝や幹が折れやすくなる。これはマツノザイセンチュウやマツノマダラカミキリが入らなくとも起こる現象なのである。ただ、センチュウやカミキリムシはこのマツ枯れを助長する。

こうして木が枯れると、日光があたる場所にカスミザクラやコナラなどの木が侵入する。サクラの種子は鳥が、コナラの実のドングリはネズミが運んでくる。そしてマツ林はしだいに広葉樹との混交林に変わっていく。それはわたしたちが能代の風の松原で見たのと同じであった。

県有林を海側の道路から見ると、まだ広葉樹が入っていない前面のマツ林だけしか見えないのでわからないのであるが、林の内部は混交林であった。そして、このようによく管理された県有林ではセンチュウとカミキリによるマツ枯れはほとんど目立たないのである。

それに対して、下浜のマツ林は、かつて見たように密植のままであった。この林は、もともと海岸沿いに走る羽越(うえつ)線の鉄道を風から守る保安林であった。国鉄時代には保線区の仕事の中にマツ林を管理することが入っていたそうだが、民営化されてJRになってからはマツ林の管理は保線区の仕事からはずされたと聞いた。それで間伐も行われず管理が悪くてマツが弱ったところにセンチュウとカミキリが発生したということであろう。男鹿半島でもそうであったが、下浜付近は民有林が多い。ここでも、管理が悪いところで、ひどいマツ枯れが起こっていた。

国有林や県有林ではカミキリ防除のために薬剤散布が行われているためにマツ枯れが少ないという人がいる。しかし、薬剤の効果がもし十分にあるのなら、九州から中国、四国、近畿、北陸と行われてきた薬剤散布によって、マツ枯れの進行が秋田まで及ぶことはありえなかっただろう。マツノマダラカミキリの成虫は夏の間、長い期間をかけてだらだらと羽化する。それではいくら残効性のある薬剤でも一回の散布だけで十分な防除効果が出るとは考えられない。

県有林と羽越線の鉄道保安林のちがいから、マツ枯れを防ぐには、適切な間伐を行い、林床を清掃することによってマツを健康に育てることがまず大切であるとわたしは思った。

わたしは薬剤の効果をまったく否定するものではないが、マツ枯れの拡大の進行を防ぐほどの効果はないと考える。一方、薬剤散布は林の近くに住む人々の健康に影響し、林内のいろいろな昆虫を殺して鳥の餌を奪うなど、マイナスの効果が大きいのでやめたほうがよいと思う。

図5−10　マツとカシワの混交林造成の試験地

海岸林を混交林に

金子さんの研究はさらにその先を行っていた。彼は、「マツノザイセンチュウの被害を防ぐには、海岸林をマツの単純林にしておいてはだめだと思う」と言う。そして、海岸に生えている木の種類を一〇年前から調べて、そのうちケヤキ、エゾイタヤ、カシワ、シナノキ、ミズナラ、ブナ、タブノキの七種類を選んで海岸に植えてみた。その結果、ケヤキ、エゾイタヤ、シナノキ、カシワの四種が風に強いことがわかったので、風当たりの最も強い砂浜の最前線に、これらの樹種をマツと一緒に植える試験を始めたのであった[7]（**図5−10**）。

金子さんは秋田市の向浜（むかいはま）にある試験地を見せてくれた。スギの間伐材で囲って強風を避けた試験地では、こうした広葉樹がマツとともに元気に育っていた。

「この試験を始めてからまだ一〇年で十分な結果とは言えないのですが、木が小さいうちは風に強いマツがよく育って、風に弱い木を守り、木がよく育ったあとでは、仮にマツノザイセンチュウのためにマツが枯れても、ほかの木が砂防林としての役割を担うでしょう」と金子さんは言う。

息の長い研究であるが、わたしはこうした新しい試みが成功することに期待している。

同じような考え方は、下浜でも試みられていた。ここではJRとスーパーマーケット大手のイオンが提携して、枯れたマツを伐採したあとに、ボランティアの協力のもとで植林をしている。そこでは全国的に「ふるさとの森づくり」を呼びかけている植物生態学者の宮脇昭さんの指導のもとで、マツのほかに、カシワ、ケヤキなど多くの種類の苗を植えていた。佐藤さんもこの活動に参加していて、子どもを背負いながら苗を植える若い父親の写真を送ってくれた。

こうした植林は秋田経済同友会も取り組んでいて、秋田市民に募金を呼びかけ、秋田湾沿いの潟上（かたがみ）市の海岸で、枯れたマツ林のあとにケヤキ、ヤマザクラ、ヤマボウシなどを植えていた。

「白砂青松」を守る

一方ではやはり「白砂青松」を守りたいという市民もいる。それに応えようとしているのが、菌類（キノコ）学者の小川真さんがすすめる「白砂青松再生の会」である。

この会では、マツ林の松葉をよく掻いて菌根菌を保護し、あらたにマツ苗を植えるときには炭と菌根菌を植孔に施して、マツを健全に育てることによってマツ枯れを防いでいる。小川さんは、先頃お会いしたときに、「一九七〇年以前は菌類学者のわたしにもマツ枯れ対策の相談があったのだが、マツ枯れの直接的原因がセンチュウとカミキリムシであるということがわかったとたんに、お呼びがなくなった」と嘆いていた。

これはマツ枯れの原因への理解がまだ一般に不足だからだと思う。マツノザイセンチュウとマツノマダラカミキリがいれば、ただちにマツ枯れが起こるのではない。これらの害虫が被害を出すためには「マツの木が弱る」という条件がなければならない。その条件を無視して、カミキリ防除用の薬剤を散布しておけば、マツ枯れの拡大は防げるという考えが誤っていることは、マツ枯れの発生実態を見れば明らかではないかとわたしは考えている。

秋田の海岸に広がるカシワ林

二〇〇七年一二月はじめ、わたしは妻と秋田から象潟までの羽越線に乗ってみた。これはマツ枯れあとのカシワの生え方を見たいと思ったからである。カシワは冬になっても枯れた葉を落とさないので、ほかの木と区別しやすい。海岸を走る鉄道の車窓から外を見て、わたしたちは思わず歓声をあげた。沿線の枯れたマツの木の下からカシワの枝がぐんぐん伸びて、一面に赤褐色の枯れ葉が広がっているではないか。これらのカシワはかつてマツ林の下で細々と生きていたものが、マツが枯れて明るくなったところに急に枝を広げてきたものであろう。将来はおそらく秋田の海岸にカシワ林が広がることであろうと思った。

その後、わたしたちは青森県の日本海岸も観察する機会があった。マツ枯れはまだここまで及んでいなかったが、北西の季節風があたる海岸の最前線に一面にカシワが生えているのを見た。カシワもマツと同じように、ほかの樹種が育つことのできない厳しい環境に生きる木なのである。

白砂青松を守るためにボランティアの協力で松林の落ち葉を掻くという作業は貴重なものである。しかし、広い海岸林全体でこの作業を行うことはおそらく無理であろう。そこでは、かならずしもマツの純林にこだわらず、強風に強い広葉樹との混交林化をはかる試みも大切だと思ったのであった。

3 ナラ枯れを見る

ナラ枯れを引き起こすキクイムシ

この頃、時々新聞紙面をにぎわすものに「ナラ枯れ」がある。一九九〇年前後から新潟県、山形県、福井県、滋賀県北部、京都府北部などで目立ってきたもので、七月末～八月に山のナラの木の葉が突然、秋になったように茶褐色に枯れる現象である。

わたしの郷里の山形県米沢市に近い小国町(おぐにまち)でも、この「ナラ枯れ」が始まったという知らせが、知人の塚原初男さんから二〇〇八年の夏に届いた。塚原さんは小国町出身で、山形大学で林学を教えていた方である。現地を見る前に、まずナラ枯れについての予備知識を仕入れた(8)(9)。

ナラ枯れの原因は、マツ枯れと同じように甲虫の一種であるカシノナガキクイムシである（図5−11）。この虫は長さ三ミリほどの細長い体をしていて、雄が、太いナラの木の地表から約一・五メートルまでの間の幹に集中的に孔をあけて中に入るが、ときには一〇メートル近い高さまで入ることもある。その木が産卵に適当であると孔の入り口にもどって、集合フェロモンと呼ばれる化学物質を放出する。このフェロモンには雌も雄も反応して、たくさんの虫が集まる。雄は雌とともに孔の中に入り、交尾したあと雌が孔の中に産卵する。この雌は背中にいくつかの穴があって、糸状菌の一種である「ラファエレア・クエルキボーラ」という菌（ナラ菌）を蓄えている。この菌は雌によって孔の内側に植えつけられ

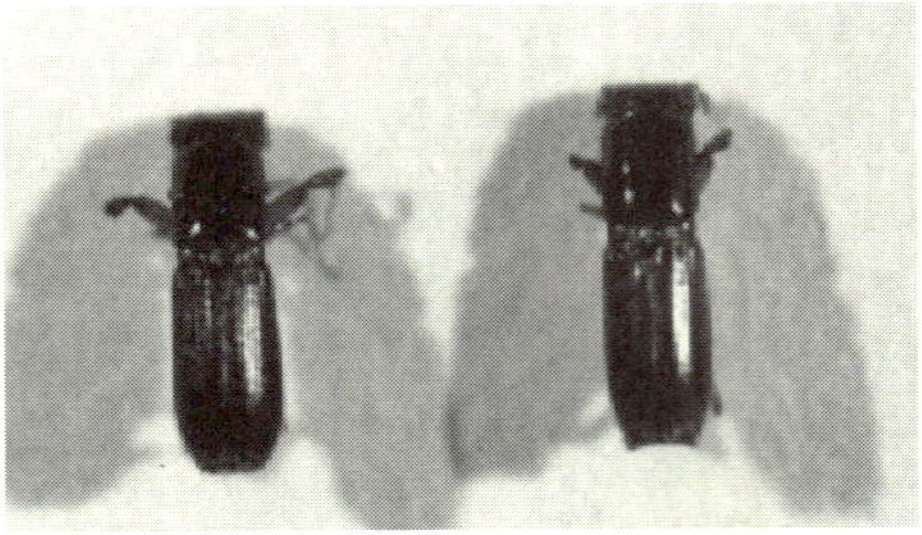

図5-11　カシノナガキクイムシ成虫（斉藤正一氏撮影）

ると増殖し、そのために、幹の周辺部が死んで水が通らなくなり木を枯らす。幼虫はこの菌やほかの共生菌を食べて成長し、孔の中で蛹になり、翌年夏に成虫が外に出てほかの木を探して孔を掘る。このようにキクイムシとナラ菌が共生している点はマツノマダラカミキリと似ている。

カシノナガキクイムシが二、三匹幹に入っただけでは木は枯れない。集合フェロモンの働きで集まった数百匹の虫がいっせいに木に入ると、木は急速に枯れて葉が赤褐色に変わるのである。その木はそのまま立ち枯れて、放っておけば何年か後に倒れるという。

被害木はミズナラがいちばん多く、コナラ、クリ、カシワがこれに次ぐ。また一般に若い木には虫は入らない。直径が二〇センチくらいから入りはじめ、三〇センチ以上の老木が最も被害を受ける。これは老木になると樹液の分泌が少なくなるためと考えられている。ブナは被害を受けない。

ナラ枯れの現地視察

翌二〇〇九年八月、小国町を訪れた。

朝九時、車で米沢を出発し、新潟県境に向かって延びる小国街道を西へ進むと、小国町境の宇津（うつ）峠のトンネルを越えるあたりから、山の木がポツポツと赤く枯れているのが目立ちはじめた。それが小国町の中心部に来ると、木が集団で枯れているようになった。待ち合わせ場所のＪＲ米坂線小国駅に着くと、塚原さんと小国町の役場や森林組合の方々が集まっていた。塚原さんのお世話で、小国町の森林関係者みんなでナラ枯れの現地検討会をやることになっていたのである。

早速むかった標高四五〇メートルの朴の木峠の展望台から見わたすと、小国町市街地の北側の山では赤茶色の枯れ木が緑を圧倒するほどに見えた。それに対して、市街地の東側の山では枯れ木はそれほど多くない。これは北側の山はミズナラとコナラの薪炭林となっていて、過去に伐採がさかんに行われてきたからだと森林組合の方が説明してくれた。

図 5−12 ナラ枯れの被害木（中央にある）（上）（斉藤正一氏撮影）と枯れた翌年の状況（下）

かつては、この伐採による薪炭の出荷が小国町の主要産業であった。それが、燃料革命以後、伐採されなくなり放置された結果、カシノナガキクイムシの好む老木が増えたのがこのナラ枯れの要因と考えられる。

それに対して、東側の山は薪炭林ではなく、自然に生えているブナとミズナラの混交林である。このうち一部のミズナラが枯れてはいるが、

図5-13　成虫の侵入孔（上）と、株元に落ちた木屑と糞（下）

北側のように山全体が枯れるという状態にはなっていないのであった。

次に、展望台の南側に移って飯豊（いいで）山（さん）に続く山並みを眺めた。ここではナラ枯れはほとんど目立っていない。役場の担当者は「昨年はナラ枯れがひどかったのだが、どうやら通りすぎたようだ」と言う。このように、ある場所のナラ枯れは通常二、三年でおさまるということらしい。遠くから見ると、前年枯れて葉を落とした木は、残っている健全な木々の葉の緑に隠れて目立たなくなるからである。

このあと参加者全員が山を下り、麓にある「健康の森交流センター」で検討会が開かれた。それに先立ち、センターの庭にあるナラ枯れの被害木を見た（図5-12）。昨年枯れた木は、風に吹かれると枝が折れて落下してあぶないので、大部分が切り倒されていたが、まだ残っている木は葉をまったくつけていない立ち枯れ状態であった。

その木の隣にある太さ一五センチほどのコナラで今年の虫の侵入孔が見えた。孔の直径は二～三ミリである、よく見ると、孔はたくさんあってそこから白い木屑と糞が出ている（図5–13）。この木屑があるのがナラ枯れの特徴であるという。このコナラは老木ではないが、ナラ枯れが激しくなると若い木でも被害を受けるようになるそうだ。

センターの展示室で検討会が始まった。小国町役場の資料によると、小国町管内のナラ枯れ本数は二〇〇五年の四三九本から始まり、年々増えて二〇〇八年には三万二一七九本に及んでいた。

これに対して、薬剤駆除をした本数は二〇〇五年が一七三本、二〇〇八年でも一三七〇本にすぎない。とても薬剤防除が追いつかないというのが現状である。

図5–14　薬剤処理をした木

薬剤防除作業を見る

午後は、薬剤防除作業の実態を視察した。ここでは農林水産省の東北森林管理局置賜（おいたま）森林管理署の職員の方が説明してくれた（図5–14）。

薬剤防除の方法は、まず枯れた木の幹に地上一・五メートルの高さまで一五センチほどの間隔で千鳥状に穴をあけ、そこに殺虫剤を注入して、内部にいる虫を殺す。このほか、木の根元に穴をあけて殺菌剤を注入する方法もある。これは雌が穴の中に植えつける菌を殺して虫の餌を奪うということである。

ナラ枯れは最初、山の中の孤立した木から散発的に起こるので、その木を目指して急斜面を登り、一本一本、背負い式のエンジンドリルで穴をあけて薬剤を注入するが、この作業には大変な労力がかかる。わたしも試験地の中にある枯れ木を間近に見たいと思って、急斜面を下りていったが、帰りは人に手をひかれてようやく登ることができた。

図5-15　集合フェロモンによるおとり作戦。幹に2個のフェロモン容器が吊るされている

集合フェロモンを使った「おとり作戦」

このように一本一本の枯れ木を処理するのではなく、ある地域を面的に防除することを目指した試験がここでは行われていた。それはカシノナガキクイムシの集合フェロモンを使う「おとり作戦」である（図5-15）。

この集合フェロモンは、農林水産省の森林総合研究所で分離、合成された。これを製剤化し「おとり」になる木にぶらさげると、たくさんの虫が集まってきて木の幹に入る。このおとり木は殺菌剤を注入しているので枯れにくい。この木を切り倒し水分の供給を断つことによって菌が死に、これを餌とする虫も死ぬ。その結果、その地域の虫の密度が減ってほかの木は被害を免れることが期待される。

このおとり作戦にもとづいて、山形県森林研究研修センターの斉藤正一さんは、あらかじめナラの老木を大量に切り倒して積みあげておき、そこに集合フェロモンを吊るして虫を誘引したのち、これをチップ工場で細かく切って燃料にして虫を殺すという一石二鳥の方法を提案していた[10]。

検討会では、枯れたあとの山の木をどうするかという論議もあった。小国町では枯れ木を搬出してチップに加工して売ることを考えているが、搬出に多大の労力がかかるうえに、チップの引き取り手が少ないのが問題であった。年々働き手が老齢化する山林で、これからどうしていったらよいのか、十分な結論が出ないままこの検討会は終わった。

図 5–16　山形県地図。太い線は鉄道

ナラ枯れはどのように広がったか

わたしは、ナラ枯れの実態をもっと知りたくなり、翌二〇一〇年八月の末、山形県でナラ枯れ対策の中心になってきた斉藤さんの話を聞くために、塚原さんとともに寒河江市にある山形県森林研究研修センターを訪れた。斉藤さんは、山形県でナラ枯れが発見されてからどのように県内に広がっていったかを詳しく説明してくれた[10][11]（**図5–16**）。

「ナラ枯れは新潟県柏崎で発見され海岸伝いに上越と中越地方に広がりました。

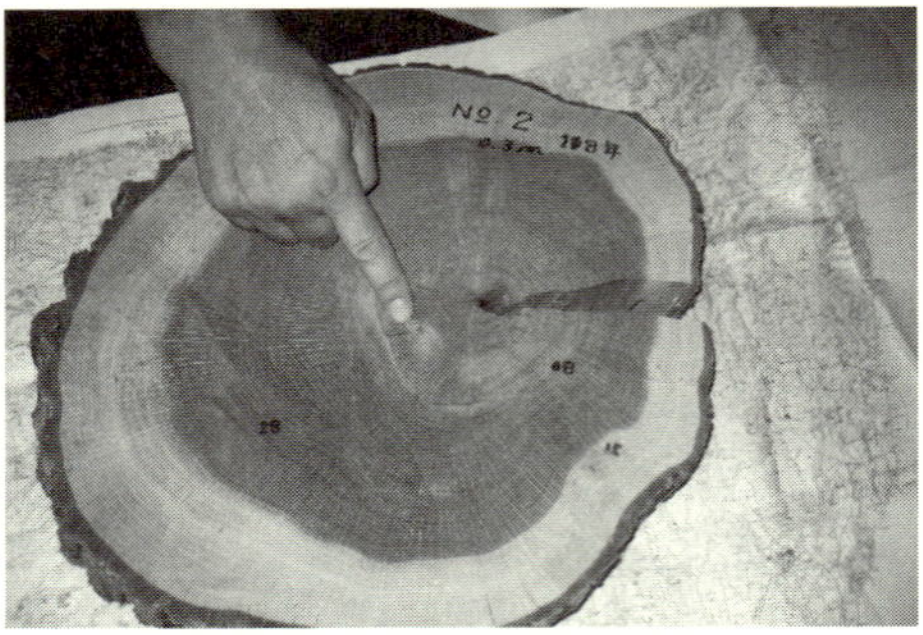

図5−17　1959年のキクイムシの侵入跡

山形県では一九五九年に日本海岸の新潟県境に近い早田（わさだ）の国有林で最初に発見されましたが、被害木はすぐに民間に払い下げられ燃料となったため虫は死に、ナラ枯れがそれ以上広がることはありませんでした。最近、この近くの木を伐採して、その断面を見てみると、当時の虫の侵入跡はありますが虫の密度が低かったため木は枯れることなくその後も生長を続けていました」と斉藤さんは、その木の断面を見せてくれた（**図5−17**）。

「次にナラ枯れが発見されたのは一九八九年で、今は鶴岡市に編入された旧朝日村の行沢（なめさわ）です。これは前回の発生とは関係がなく、新潟県境から山越えしたと考えられます。この成虫は谷沿いにしだいに広がり、一九九六年には隣の谷の旧立川町でも発生したので、徹底的な防除によって二年間、被害の拡大を食い止めることができました。しかし一九九九年には再発生して増えていきました」と、斉藤さんはくやしそうに語るのであった。塚原さんは行沢に近い山形大学演習林でも一九九六年に発見されたと当時をふりかえる。

これとは別に、二〇〇一年に早田付近で再び発生した虫は、海岸のカシワの木を伝って侵入したものできわめて繁殖力が強く、急速に広がるとともに、旧朝日村の谷から来た虫と合流して、舟下りで有名な最上川（もがみがわ）の谷を東に進み、二〇〇五年には新庄盆地に出て、山形盆地へと広がっていった。

一方、二〇〇三年には新潟県村上市の三面川（みおもてがわ）流域でナラ枯れが急増し、二〇〇五年に小国町から山

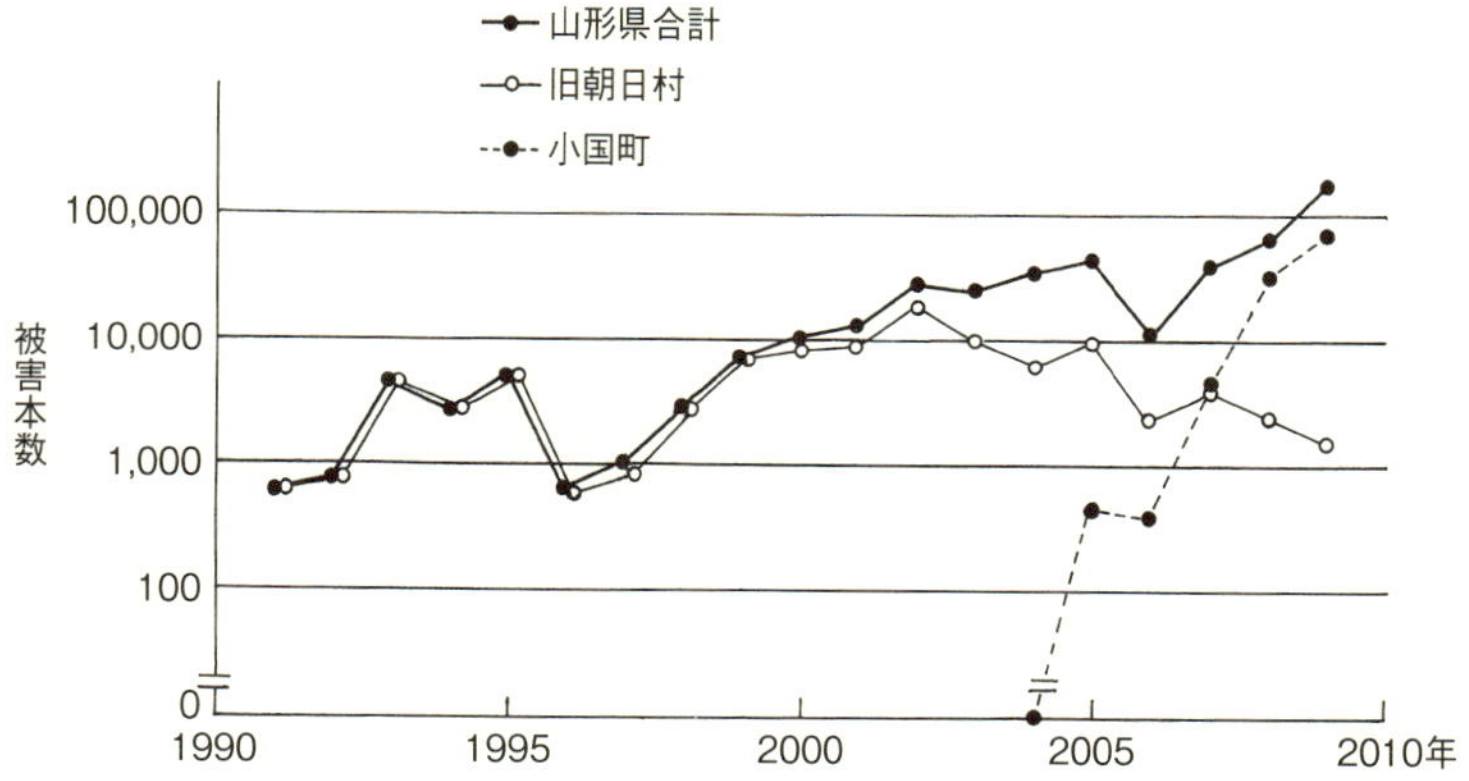

図5-18　山形県におけるナラ枯れ被害本数の推移。縦軸は対数目盛（斉藤、2010より作図）

形県に入ったのが、前年にわたしたちが観察したナラ枯れであった。懸命な防除努力にもかかわらず、ナラ枯れは二〇〇八年には米沢市とその周囲の町に広がり、さらに県境を越えて宮城県、秋田県へと拡大しつつある（図5-18）。

斉藤さんの話では、山形県はスギなどの人工林が沖縄、新潟に次いで少ない県だという。林地のうちブナが三四パーセント、ナラ類は三二パーセントを占める。カシノナガキクイムシによって被害を受ける木の割合はミズナラ一〇割、コナラ五割、クリ一割で、ブナは被害を受けない。したがってナラ枯れによって、ブナとミズナラの混交林ではブナだけが残り、ミズナラ林は消失する。そのあとにはホオノキ、イタヤ、オオヤマザクラ、ヤマモミジなどが増えるそうだ。

「林業家にはスギなどの人工林に対して『ナラ林は雑木である』という意識が強く、これまでは燃料にするものだと考えられてきました。そして伐採と萌芽を繰り返していくうちに、コナラやミズナラ主体の林となりました。この頃まではカシノナガキクイムシは老木を餌場として細々と暮

図５-19　行沢のナラ枯れ跡地

らしていました。それが燃料革命後、ナラが伐採されずに放置された結果、虫に大量の住み家を与えることになり、今日の大発生をまねいたのです。これからは小国町のチップ事業のように、ナラ林に経済的価値をもたせて、適時に伐採することが大切でしょう」と、斉藤さんは説明をしめくくった。

このあと、わたしは斉藤さんに、二〇年前に起きたナラ枯れの跡がどうなったかをぜひ見たいので、行沢の場所を教えてくれるように頼み、塚原さんの車でそこを訪れた。

そこは集落の共同の山で、谷沿いの細い林道を車で登っていくと、途中に鎖が張られて通行止めとなっていた。そこで下の集落の家から借りたカギでこれをあけて、なおも進むと尾根に出た。そこには枯れて枝も落ちて幹だけになったミズナラが立っていた（図５-19）。周囲には高い木はなく、およそ一ヘクタールほどの範囲に低い灌木が生い茂っていた。こうした灌木は、ナラが生えているときには林床で細々と暮らしていたのだろうが、ナラが枯れて明るくなったことによって伸びはじめたのであろう。そのため地面が露出して土砂崩れになるというおそれはなかった。しかし、もとのように高い木が伸びるまでにはあと数十年はかかることであろう。

このあと、再び旧朝日村の自動車道にもどって周囲の山を観察した。塚原さんは「このへんは、かつては山の斜面一面にナラ枯れが見られたのですが、遠くから見ると枯れた木はほとんど見えなくなり、緑が回復しているように見えますね」と言う。山の斜面には、さきほど近くで見たような、枯れて白くなったミズナラの幹がところどころ立っているのが見えたが、どうやら林はゆっくりと回復する力をもっているようであった。

森の管理の悪さを虫に教えられる

米や野菜など、一年生の作物の害虫を薬剤で防除する場合、幼虫がまだ小さくて被害が少ないうちに作物に薬を撒くという方法が有効である。それによってその作物上で発育する幼虫の食害を免れることができる。しかし、この薬剤防除によって、その畑の外にもいるすべての虫を殺すことはできない。そのため、次のシーズンには同じように害虫がやって来て、また薬剤散布が必要になる。これを繰り返しているのが一般的な作物害虫への薬剤防除である。

しかし、マツノマダラカミキリやカシノナガキクイムシのような森林害虫の場合には、虫によって木が枯れるという被害が見えたあとで薬が撒かれる。その薬剤散布はその地域一帯で次世代に残る虫を減らし、将来の被害をなくそうとするのが目的である。これはあたかも沖縄のミカンコミバエやウリミバエで行われてきた根絶防除に近い考え方である。しかし、根絶防除は限られたケースであり、それはめったに成功するものではないということはすでに述べてきた。

わたしはマツ枯れやナラ枯れを見学した結果、森林害虫の場合、森の管理をおろそかにしたまま「虫を殺して被害を減らす」という考え方にはどうも無理があると思うようになった。

二〇〇九年の小国町での検討会の終わり頃、塚原さんがつぶやくように言った「虫が教えてくれた……」という言葉にわたしは深い印象を覚えた。塚原さんの言葉は、「森の管理が悪いということを、虫の発生が教えてくれているのだ」という意味だとわたしは解釈したのである。

マツ枯れはマツ砂防林の管理が悪いところで起こった。ナラ枯れも、長年続いてきた薪炭林としての山の管理が燃料革命によって途絶えたところで始まっている。管理がいきとどかないために森はまさに「病んでいる」のである。マツノザイセンチュウ、マツノマダラカミキリ、そしてカシノナガキクイムシはそのことをわたしたちに教えてくれているのではないだろうか。

これからも、自然を利用して生きていかなければならない人間は、自然の声にもっと耳をかたむけ、ただ効率だけを求めてきた森林管理を反省すべきときがきたのではないかと、わたしはあらためて思ったのである。

第6章　再び田んぼへ

1　斑点米カメムシ問題

無人ヘリコプターで薬剤散布

一九九八年春、わたしは大学時代を過ごした仙台にもどってきた。これからは東北の地で水田を眺めながら暮らそうと思ったのである。

かつて習慣的な農薬散布の対象となっていたニカメイチュウは、もはやまったく問題になっていなかった。若い稲作害虫研究者の間では、ニカメイチュウを見たことのない人が多い。しかし、そのかわりに登場したのが斑点米カメムシ類であった。

現在、宮城県ではこの虫のためにほとんどの水田で薬剤が散布され、そのうち、約四割の水田ではラジコン操作による無人ヘリコプターを使って薬剤散布が行われているという。しかし無人ヘリコプター

図6–1　斑点米

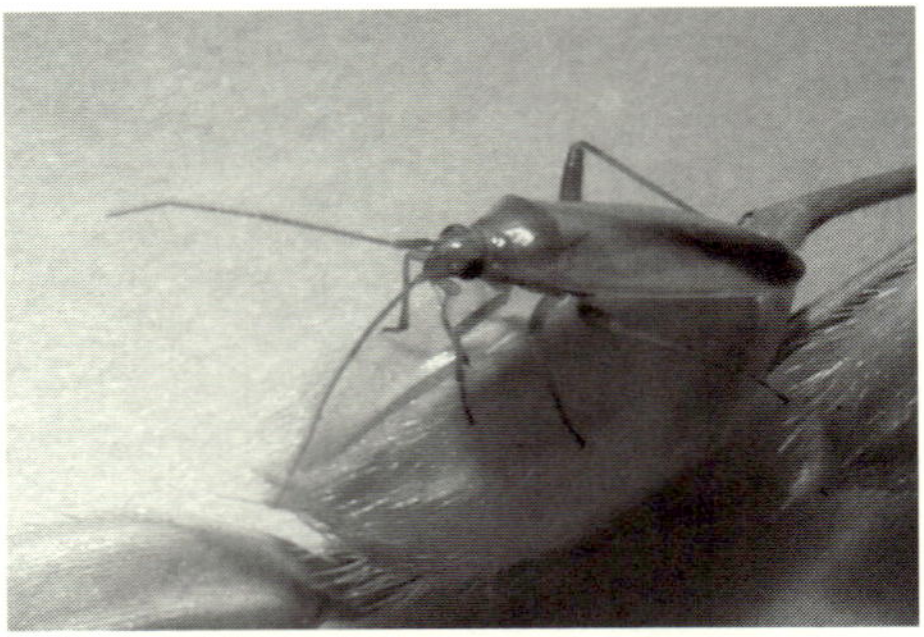

図6–2　アカスジカスミカメ成虫（石本万寿広氏提供）

は小さくて、その散布が人目につきにくいので、このことを知っているのは農家とその関係者だけであろう。

斑点米（図6－1）というのは、米粒の先端や腹に黒い斑点がついているもので、わたしが小さい頃は茶碗一杯のご飯の中に一、二粒は見られたものであるが、市販されている米ではこれが完全に取り除いてあるために消費者は見ることがない。だから、斑点米カメムシ類が生産現場では大変な問題であることを知る人は少ないであろう。

米粒を害するカメムシにはいろいろな種類があるが、現在北日本でおもに問題になっているのは、宮城県と岩手県に多いアカスジカスミカメ（図6－2）と北海道、青森県、山形県、新潟県などに多いアカヒゲホソミドリカスミカメである。

米の等級にかかわる被害

　これらのカメムシは、長さ五ミリほどの細長い一見弱々しく見えるカメムシであるが、イネの穂が出ると水田にやって来て、イネの籾(もみ)の隙間から細い口をさしこんで、稔りつつある玄米から汁を吸う。そうすると、そのあとに、ある種の細菌が繁殖して黒い斑点をつける。この斑点が玄米一〇〇〇粒当たり一粒以下であればよいが、それを超えると、どんなによく稔った米でも一等級から二等級に格下げになり、六〇キロ当たり三〇〇円ほど安くなってしまうのである。

　このように厳しい米の検査基準が行われるようになったのは、一九七〇年に米の減反(げんたん)政策が始まってからのことであった。日本では長い間、米の自給ができなかった。しかし一九五〇年代から六〇年代にかけて、早植えや多肥栽培によって米の生産量が増えて自給を達成した。一方、学校給食によって誘導されたとも言われるパン、牛乳、肉など食の洋式化によって米の消費量が年々減少したため、米が余るようになったのである。その結果、一九七〇年から一部の水田で稲作を制限する、いわゆる減反政策がとられるようになった。

　それと同時に、これまで、どんな米でも生産量さえ多ければよいという考え方から、「良質の米」でなければならないという品質重視の政策に転換した。この場合、米の品質は本来、充実度とか栄養素とかで評価すべきものであろうが、もっぱら米の外観が重視された。斑点米は着色粒としてカウントされ、これが一〇〇〇粒に一粒以上混じっていればどんなに充実した米であっても一等米にされないのである。

　斑点米は、はじめ北海道の上川地方で発見され、当時は黒蝕米(こくしょくまい)と呼ばれて、原因は病菌ではないかと思われていた。やがて、これがムギなどから発生するアカヒゲホソミドリカスミカメというカメムシによるものであることがわかった。またアカスジカスミカメによる斑点米被害は一九八〇年代の半ばに広島県、宮城県、岩手県で確認された。当初その被害は局地的なものであったが、大きい問題になったのは、山形県で一九九九年、また宮城県では二〇〇二年頃からである。

その原因はまだはっきりはしていないが、減反政策のために水田に牧草が植えられるようになったことに加えて、米余りによって米の値段が下がりはじめたことで稲作をやめる農家が増え、耕作されなくなった水田に雑草が生えるようになったことが大きいと考えられている。かつて六〇キロ当たり二万円と言われていた米の値段は、今では一万円そこそこである。農家の高齢化に加えて、この安さでは小さい農家では生産費さえまかなえないだろう。

図 6−3　イタリアンライグラスの穂

カメムシの発生源

これらのカメムシの一年の発生経過を見ると、秋にメヒシバなどのイネ科植物に生まれた卵が冬を越し、春に幼虫になっていろいろなイネ科植物の葉や穂から汁を吸って育つ。特に水田の転作牧草のイタリアンライグラス（図6−3）はおもな発生源となっていて、ここで繁殖した成虫が水田にやって来る。

宮城県に多いアカスジカスミカメは成虫が籾から汁を吸ったあと田んぼから去っていくが、山形県な

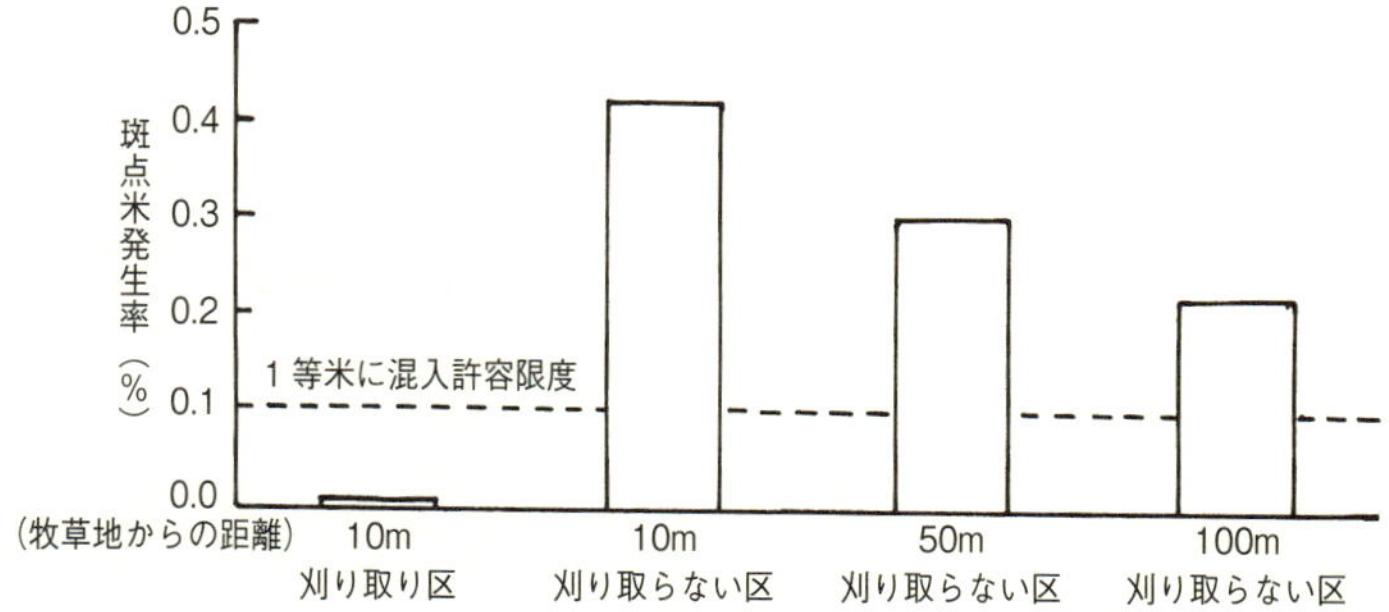

図6−4　牧草の刈り取りと斑点米（小野ら、2010を改変）

どに多いアカヒゲホソミドリカスミカメはイネの葉鞘に卵を産みつけて、その子どもの世代も籾から汁を吸う。

しかし、これらのカメムシの本拠地はあくまでも牧草地や雑草地である。これが増えたことが、カメムシの被害を大きくしたのだと思われる。だから水田に薬剤を散布しても牧草地や雑草地をそのままにしておくならば、次々とカメムシは田んぼにやって来て被害を出すのである。

宮城県古川農業試験場の小野亨さんたちは、水田の近くの牧草地を刈り取った場合と刈り取らなかった場合の斑点米の発生を調べた[1]。その結果、**図6−4**に示すように、牧草を刈り取った場合にはこれから一〇メートル離れた水田でも斑点米の発生がきわめて少なかったのに対して、刈り取らなかった水田では斑点米が多く、一〇〇メートル離れていても、一等米の許容限度以上の斑点米が発生した。しかも、これらの水田では薬剤散布が一～二回行われていた。この場合、薬剤散布の効果は低かったのである。

このようなカメムシの生態がわかってきたので、イネの穂が出る前の七月にカメムシの本拠地の牧草や雑草をいっせいに刈り取って、種子をつけないようにすることが、カメムシ防除の基本なのだが、働き手の減った今の農村ではそれがなかなかできないという。その結果、労力のかからない無人ヘリコプターによる薬剤散布に頼るということになっていた。

図6-5　捕虫網によるすくいとり調査

薬剤散布は有効か

それでは、薬剤散布の効果ははたしてあるのだろうか。各地の農業試験場の研究結果をもとに決められた薬剤散布に適した時期は、イネの穂が出そろったときとその一週間後の二回とされている。しかし、富山県新川農業改良普及センターの松崎卓志さんによれば、薬剤が有効な期間は、有機燐系やピレスロイド系の殺虫剤の場合には三日、より効果が長持ちすると言われるネオニコチノイド系殺虫剤でも五日から一週間である。[2] したがって、これよりあとに水田にやって来たカメムシには効果がない。

一方、無人ヘリコプターは一部の農協ではもっているというが、多くは農業機械業者への委託散布だという。そうなると、それぞれの水田に最もカメムシが多い時期に散布されるとは限らない。

また、斑点米カメムシ類の防除薬剤として現在最も多く使われているネオニコチノイド系殺虫剤は人畜毒性は低いというが、天敵であるクモ類やアブラバチへの影響は大きく、その密度を五〇パーセント程度に減らす。[3]

薬剤散布の要否を判定するために水田ですくいとり調査（図6−5）が行われているが、一〇〇〇粒に一粒以下という低い被害程度になると、カメムシのすくいとり調査の結果と斑点米の数は、かならずしも比例しない[4]（図6−6）。捕虫網で二〇回すくいとったカメムシの数が二、三匹でも斑点米が一〇〇〇粒に一粒以上になるということもあるし、もっと多くのカメムシがいても、斑点米が出ないこともある。こうなると、薬剤散布の要否を判断することも難しい。そのために、カメムシがいるかいないかにかかわらず習慣的に薬が散布されているのである。しかし、最近ではカメムシの性フェロモン剤を使って散布の要否を判定する方法が研究され期待されている。

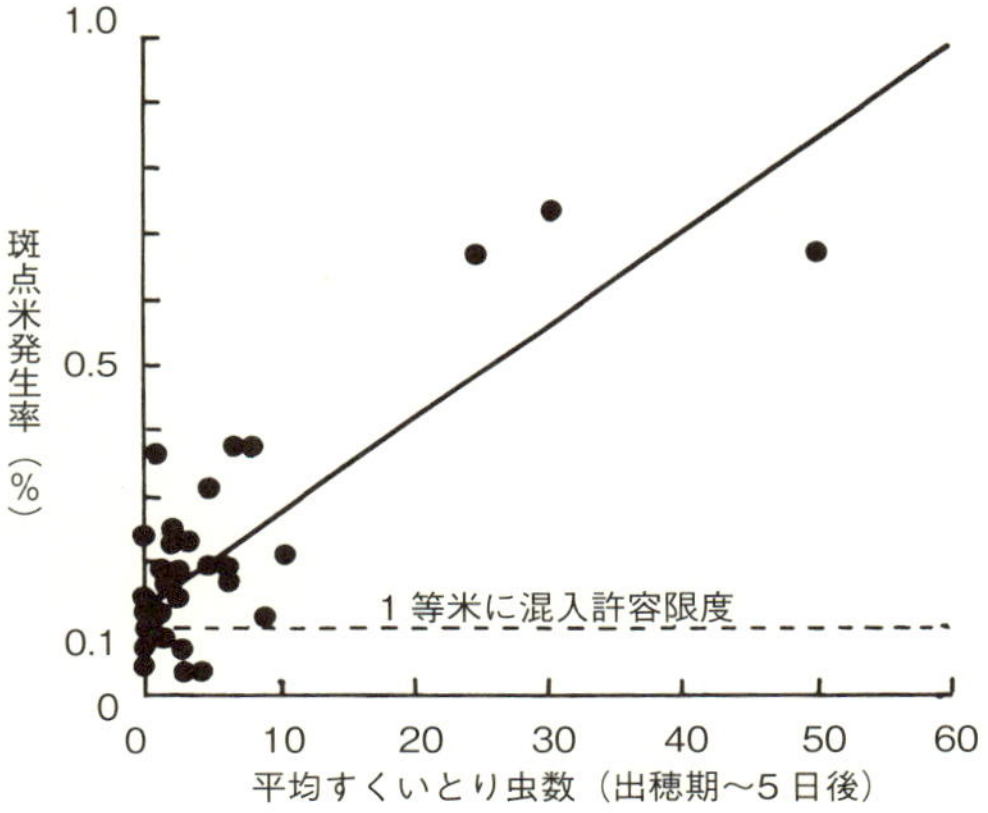

図6−6　アカスジカスミカメ成虫すくいとり数と斑点米（中田、2000を改変）

ミツバチの行動を狂わせる殺虫剤

カメムシ防除は別の問題もはらんでいた。

岩手日報によれば、二〇〇五年に岩手県でカメムシへの薬剤散布をした地域に、養蜂家によってミツバチが放されていた。ミツバチは花の蜜を吸うだけでなく、幼虫のタンパク質源として花粉が必要である。その花粉を大量に作るイネの花にミツバチが集まっていたのだ。散布されていたのはクロチアニジンというネオニコチノイド系の殺虫剤であったため、ミツバチの行動

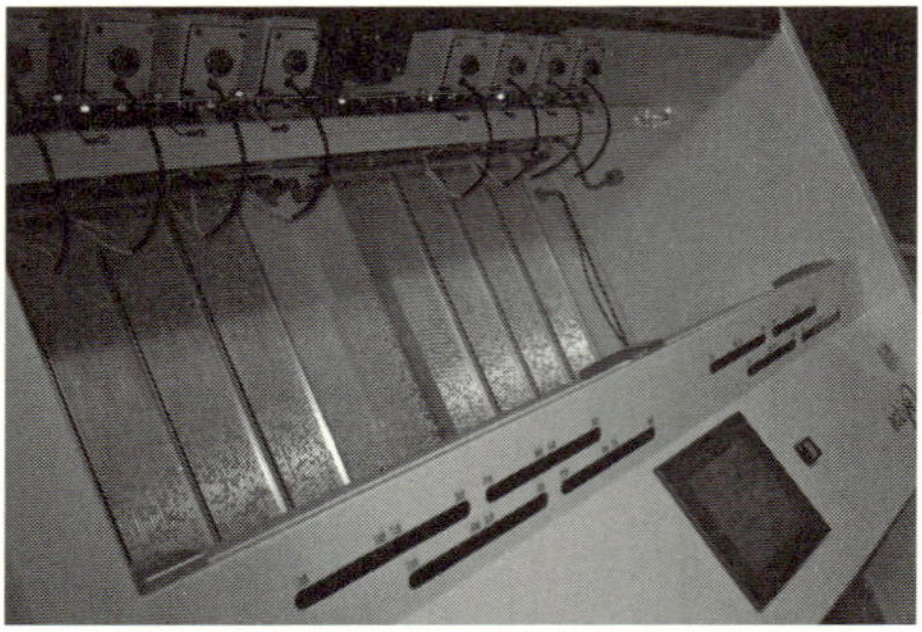

図6−7　米の色彩選別機。米を上から流して、センサーによって色のついた米だけを判別してはじきとばす

が狂って巣箱に帰れなくなったのであった。

そのことがわかったため、養蜂家と農家の間に損害補償問題が起こった。ネオニコチノイド系の殺虫剤の包装紙には「ミツバチを放している場所ではこの薬を散布しないこと」と確かに書いてはあるのだが、農家は、まさか水田にミツバチが来るということは知らなかった。

最終的には県と農協が間に入って養蜂業者に見舞金が支払われてこの問題に決着がはかられたそうであるが、斑点米カメムシはこうした社会問題まで引き起こしているのである。そのため、現在の米の厳しい検査基準の緩和を要望する声が大きくなっている。

色彩選別機で除ける斑点米

じつは、斑点米は色彩選別機（図6−7）によってかなり除くことができるのである。ＪＡみやぎ登米(とめ)では、斑点米の多く混じった米をこの色彩選別機にかけて、斑点米を取り除いたあとで米検査に出して、等級の低下を防いでいる。たとえ選別に費用がかかっても、斑点米の多い米はそもそも売ることができないからである。しかし、これは本来米の販売業者がやるべき仕事ではなかろうか。生産者がそこまでやらなければならない理由はないだろうとわたしは思う。

こうして見てくると斑点米カメムシ類はまさに「人が作った害虫」と言ってもいいのではなかろうか。

2　有機無農薬栽培稲作

有機無農薬栽培の田んぼ

わたしは有機無農薬栽培（以下、化学肥料と化学合成農薬を使わない栽培を総称する）には以前から興味をもっていた。山形県高畠町（たかはたまち）で有機無農薬栽培稲作をしている星寛治（ほしかんじ）さんの水田を見せてもらったことがあった。

星さんは我が国の有機無農薬栽培の草分けである[5]。若い頃農薬散布によって体をこわしたあと、一九七三年に仲間とともに高畠町有機農業研究会を立ちあげ、化学肥料と農薬をいっさい使わない稲作を始めた。はじめのうちはイネの生育が悪く、米の収量も化学肥料と農薬による一般の田んぼ（以下、慣行栽培水田と言う）の半分以下であったが、それは長年の化学肥料の施用によって有機物を分解する土壌中の微生物が少なくなっていたためと考えられた。有機肥料を与えつづけるうちに収量もしだいに増えていった。そしてそれが決定的に明らかになったのは一九七六年の冷害であった。この年、まわりの慣行栽培水田では収量が平年の三分の一だったのが、星さんとその仲間の有機無農薬栽培水田では平年作以上の収穫を上げたのである。これによって、一時は冷たかった周囲の農家の星さんを見る目も変わった。

一方、この頃公害問題に関心の深かった作家の有吉佐和子さんが『複合汚染[6]』という小説を朝日新聞に連載し、のちにこれは単行本となったが、その中で星さんの有機無農薬栽培を紹介した。星さんと会うと、いつでもそのときの話が出てくる。星さんが農薬を極力使わないで育てたリンゴを、有吉さんがおいしそうに丸ごと齧って食べたそうだ。この小説によって一般に知られるようになった星さんたちの有機無農薬栽培の米をわけてもらいたいという消費者が全国的に増えてきた。わたしも四国にいた頃、高畠町の有機無農薬栽培米や北海道で農薬を使わない餌を与えた牛の乳を買うグループに参加したことがあった。

わたしは、有機無農薬栽培稲作では水田の虫たちが慣行栽培水田とどう違うかを知りたいと思った。星さんには、二回ほど水田を見せてもらいに行く機会があった。そのときには捕虫網を持って行って、すくいとり調査をして虫の種類、数などを調べた。しかし一回だけの調査でわかることは限られていた。

田んぼの生きものを調査する

かねてからもっと詳しく調べたいと思っていたところ、大学の先輩の本田強(たけし)さんが、宮城教育大学を退職後、仙台市の隣の大和町(だいわちょう)で有機無農薬栽培稲作を始めたので、この水田で調査をさせてもらうことにした。そこでまず気づいたことは、本田さんの有機無農薬栽培の水田に行くと、そばの道路にトウキョウダルマガエル（図6-8）が車にひきつぶされてたくさん死んでいることであった。これらのカエルは夜に本田さんの水田から這い出したものにちがいない。これだけカエルがいるということは、その餌となる虫が多いことを示すものと思われた。一方、隣の慣行栽培の水田の前の道路には、カエルの死骸はまったく見あたらない。それはおそらく薬剤散布によってカエルの餌が少ないためではないかとわたしは考えた。

調査は二〇〇〇年に行った。本田さんの有機無農薬栽培水田と、隣の慣行栽培水田で、イネの葉の上で捕虫網を五〇回ふりまわし（**図6-5参照**）、すくいとった虫をクロロホルムで麻酔して、七〇パーセントエチルアルコールを入れた小瓶に入れて持ち帰る。解剖顕微鏡の下で、虫を一匹ごとにピンセットでつまみ出して、同じ形のものをひとまとめにしてその数を数えた。

図6-8　トウキョウダルマガエル

本来であればそれぞれの虫の分類学上の種名を正しく判定（同定と言う）しなければならないのだが、わたしにはイネの害虫以外の虫の種名を同定する能力がない。これをそれぞれの昆虫の分類の専門家に頼めばよいのだが、それでは時間がかかっていつ結果が出るかわからない。そこで、わたしはこれらの虫を植食者（植物を食う虫）と捕食者（動物を食う虫）、腐食者（有機物＝死んだ植物体を食う虫）に大別して合計数を記録した。なお、ここでの虫の中には昆虫とクモ類を含んでいる。

捕虫網でイネの株の上をすくいとるのであるから、イネの株元にいるクモなどは入らない。またトンボなどの大型の昆虫などは網に入る前に逃げてしまう。このように、ある一つの方法で水田にいるすべての虫を調べることは難しい。それでも、この調査によっていろいろなことがわかってきた。

有機無農薬栽培水田には生き物が多い

このようにして田植えの一週間後から、月にほぼ二回、全部で六回の調査を行った。その結果を図6–9に示した。

本田さんの有機無農薬栽培の水田では田植え後約一カ月に、腐食者が増えてくる。これらの虫のうちの大部分はユスリカという昆虫で、その幼虫が水田の泥の中にいて有機物を食べている。そのあとにこのユスリカを食べる捕食者が増えてくる。その多くは田の畦（あぜ）で冬越しをしたコモリグモ類と、クモの糸にぶらさがって遠くから風に乗って移動してくるアシナガグモ類やコガネグモ類である。これらはのちに害虫を食うので天敵とみなされた。そして最後に増えてくるのが植食者であった。これはウンカやヨコバイ類などで、イネの茎や穂から汁を吸ういわゆる害虫である。

これに比べて慣行栽培水田では、はじめのうちは本田さんの田んぼと虫の数はあまりちがわなかったが、その後、普通の虫も天敵も害虫もすべて少なくなった。

これは、田植えのときに苗の上から殺虫剤と殺菌剤を混ぜた粒状の薬を振りまくからである。この薬はイネとともに水田の土に混じり、有効成分が少しずつイネに吸収されて効果を出す。その結果、腐食者も植食者も捕食者も少なくなったのであろう。

もう一つの理由は、腐食者の餌となる有機物が、化学肥料に頼っている慣行栽培水田の土には少ないことだ。そこで、腐食者もこれを食べる捕食者も少なくなったのであろう。

本田さんの有機無農薬栽培と隣の慣行栽培の米の収量を比較すると、本田さんの水田は一〇アール当たり五七五キロ、慣行栽培水田では五七〇キロで、害虫がいたにもかかわらず本田さんの田んぼがわずかに上回っていた。これは病害虫防除のための薬剤は必要がなかったということを示すものである。

二〇〇一年にも月一回の調査を行ったが結果はほぼ同じであった。

前にも述べたように、高知県で桐谷圭治さんたちは、ニカメイガ防除のために水田に塩素系殺虫剤のBHCを撒くとクモが死に、この薬剤に抵抗性のあるツマグロヨコバイがクモのいなくなった水田で大発生するという試験結果を出している。

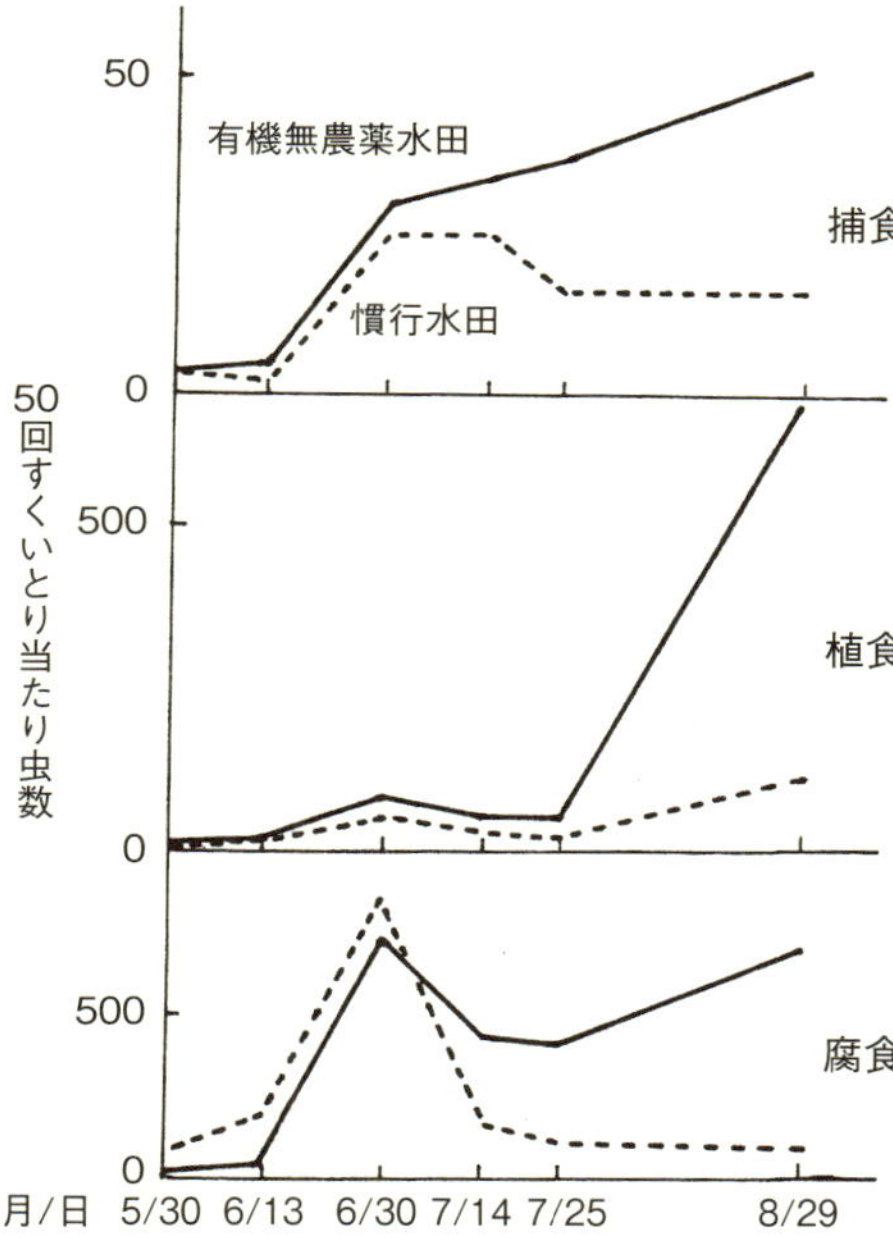

図6-9　水田ですくいとった虫の数の推移

現在では当時とは薬剤の種類は変わったが、害虫がいるかいないかにかかわりなく、殺虫剤と殺菌剤が習慣的に散布されているという点では同じである。もし、この調査のように、薬を撒かなくとも収量に影響しないのであれば、天敵も害虫も含めて虫を全体に減らす薬剤散布はやめてもいいのではないだろうか。

さらに、本田さんの有機無農薬栽培水田では、いろいろな虫がいて、これらの虫どうしは食ったり、食われたりの関係（食物連鎖）にあり、おそらく、そのうちのどれかが大発生して害虫になることは少ないのではないだろうか。東京大学の宮下直（ただし）さんはこれまであまり注目されることのなかったユスリカのような腐食者が有機無農薬栽培水田では、害虫が増えてくる前に発生して、これが天敵であるクモの餌となり、あとで増えてくるイネの害虫の抑止力として働く可能性があると考え、このようなことを「生食連鎖（せいしょくれんさ）と腐食連鎖（ふしょくれんさ）の結合による食物網（しょくもつもう）」と呼んで、害虫防除上の意義を認めている(7)。

このようなことを考えると、有機無農薬栽培は害虫防除のうえから有効な方法ではないかとわたしは思った。しかし、もし天敵の抑止力を超えるような量の害虫が発生した場合には天敵だけでは抑えきれないであろう。アワヨトウやウンカ類のような移動性の害虫では、そうしたことがしばしば起こる。そこでは、ニカメイチュウの項で述べたようなイネの補償力が頼りとなる。したがって、有機無農薬栽培の基本は、病害虫に対する抵抗力や補償力のある健全なイネを育てるということだと思う。

雑草対策をどうするか

有機無農薬栽培で最大の問題は田んぼの雑草防除である。無農薬ということは除草剤も使わないということである。除草剤は田植機の開発とともに、稲作の労力を減らすうえで大きい効果を上げてきた。除草剤が使われる以前の水田では、田植え直後からイネの葉が田面を覆うように生長するまで、少なくとも三回の手取り除草が行われてきた。鉄の爪で泥を浅くかきまわす手押し式の除草機も使われていたが、最後は人の手で雑草を抜かなければならない。特にヒエは穂をつけるまで放っておくと、種子がこぼれて翌年たくさん生えてくるので、イネの穂が出たあとも、田に入って穂を出したヒエ抜きが行われてきた。除草剤の出現によって、こうした除草作業がいらなくなり、現在では春に一回撒いておけば収穫時期まで草取りはいらないという「一発除草剤」というものが一般に使われている。

昔は農村に行くと、多くの中年女性は腰が曲がっていた。それは腰を曲げて行う田植えと草取りがおもに女性の仕事だったからである。今では腰の曲がった人は、ごく高齢の人を除けばほとんど見られない。田植機と除草剤が農村の女性を救ったという功績を否定することはできない。

しかし、除草剤には抵抗性のある雑草が次々とあらわれてくる。そして除草剤による水田の生物への影響もある。

図 6−10　合鴨のヒナ

そこで、有機無農薬栽培での除草法として、田植え後まもない水田に米ぬかや大豆粕を撒く方法がとられている。これは田の中で腐って、あとから出てくる雑草の芽を水中で枯らす効果がある。そのときイネの葉はすでに水から上に出ているので枯れることはない。

物理的に雑草を生やさないという紙マルチという方法もある。これは田植えのときに、機械でイネ株の間に紙を敷きつめていく方法である。しかしこれは、紙が強風ではがれたり、水田の泥面に当たる日光をさえぎるために、水温が上がらずイネの生育が悪くなるという欠点がある。

よく新聞やテレビなどで報道される「合鴨農法」を見た人がいるかもしれない（**図 6−10**）。これは合鴨という家禽のヒナを水田に放

図6-11　除草機の一種

す方法である。ヒナは水田の中の雑草も害虫も食べてくれる。そして成長した鴨は食品として出荷できる。[8] しかし、田んぼのまわりには、鴨が逃げ出さないように高さ一メートルほどの網を張らなければならない。さらに野犬が鴨をねらうので、これを避けるために牛の放牧のときに使われる電気牧柵が必要になることもある。また鴨が水田に落とす糞によって肥料過剰になりやすい。

このような事情から、多くの有機無農薬栽培水田では機械除草が行われ、各種の除草機が開発されてきた（図6-11）。しかし、取り残した草を最後は人の手で抜きとらなければならないのが有機無農薬栽培の宿命である。

冬期湛水・不耕起・無肥料栽培

「冬期湛水・不耕起栽培[9]」も除草に有効である。一般の栽培では秋の収穫後から翌年の春の田植えまで、水田は水を落として乾田状態にするのが普通である。日本の水田は、かつては冬も水がある湿田が多かったが、これを乾田化するために、土の中に穴のあいたパイプをうめる暗渠排水施設が莫大な資金を投入して造られてきた。この乾田では春に馬や牛、のちには耕耘機やトラクターで土をよく耕し、水を入れてかきまぜて、泥を均してから田植えをするのが普通である。冬も水田に水をはっておく「冬期湛水」はこの常識をくつがえすものであった。

わたしは宮城県でこの栽培法を続けている遠藤則靖さんに、冬期湛水田を見せてもらうことができた（図6－12）。遠藤さんは一〇年前、「自分の子どもには、安全なものを食べさせたい」と思ってこの栽培法を始めたという。

図6－12　冬期湛水田。まわりは乾田

ここでは、秋に稲刈りを終えると、刈り取ったあとのイネ株はそのままにして、水田に水を湛えておく。すると冬の間、泥の表面にはイトミミズが増えてきて、これが泥を食って排泄するために有機物の分解が促進される。春には水田を耕すことも代掻きをすることもしないで、イネ株の残る柔らかい泥の上に、そのまま田植えをする。これが「不耕起栽培」である。

イネの生育中に刈り株は分解してまったく形がなくなる。ユリミミズによって、泥の表面がたえず攪拌されるために、発芽したばかりの雑草の芽が泥にうもれて生長できない。また水面にはアオミドロのような藻類が増えてくるので、日光がさえぎられて雑草が伸びにくい。また耕さないので、土の中に深くうもれている雑草の種子が表面に出てこないため発芽しにくい。手取り除草はやはり必要だが、草が少ないため比較的容易である。

遠藤さんはまた、ここ一〇年ほど化学肥料をまったく施さない無肥料栽培を行っているが、一般の水田の七〇～八〇パーセントの収量が維持されているという。

はじめのうち、わたしにはこれが不思議であった。それが池橋宏氏の稲作の起源についての解説[10]を読んで納得がいった。

作物の栄養として土壌中の窒素の供給が第一に重要で、それは「地力」あるいは土壌肥沃度と呼ばれている。畑では有機物に含まれる窒素が酸化されて雨水で流され、作物によって利用できなくなりやすい。そのためヨーロッパの畑作農業では、土壌肥沃度が一作ごとに低下し、年々収量が減るために、家畜の排泄物を利用したり、休閑地を設けて地力の回復に努めてきた。

しかし水田に水を湛えておくと、土壌が空気から遮断されるので窒素の酸化は抑えられ長く作物に利用される。また水中には空中窒素を固定する藍藻類（らんそうるい）やそれと共生しているシダ類の活動によって窒素が供給される。イネはもともとは中国の長江下流域の湿地に生えていた野生イネを起源としていて湛水状態が適した作物である。日本での長期の試験の結果によると、水稲では肥料を施さなくとも完全肥料に比べて八〇パーセント近くの収量が上がるのに対して、ムギのような畑作物では、無肥料の場合の収量は四〇パーセントにとどまるという。

また畑作では前作の残りものから病原微生物が蓄積されるために、同じ作物の連作ができない。ところが水田では湛水することによって空気の必要な病原微生物が死滅するので、同じ土地に長年イネを作りつづけることができるのである。

そのほか畑作に対して水田稲作の有利な点は、水田には畦があるため、降雨によって土が流れるということがない。また湛水状態では雑草が畑作ほど多くない。ところが現代の日本ではこうした水田稲作の数々の有利な点を、稲作の機械化のために乾田化することによって、自ら失ってきたと考えられる。そのため低下した地力は化学肥料で補い、増えてきた雑草には除草剤で対処してきたのである。遠藤さんの冬期湛水・不耕起・無肥料栽培は、水田稲作の有利性を生かしたもので、イネにとっては望ましいものであるとわたしは考えるようになった。

ただここで問題なのは、現在では、広い水田地帯でいっせいに水管理が行われているため、冬には水の供給が止められることである。自分の水田だけに水を引くことができる場所はごく限られている。遠藤さんは水路に残っている水をポンプでくみあげて田んぼに引いてきたが、ときには水位が十分に保てない結果、雑草が増えることもあり困っているということであった。

図6–13　イチモンジセセリ成虫

有機無農薬栽培水田に出る害虫

このほか、有機無農薬栽培でよく問題になるのが、病害虫の発生である。じつは遠藤さんと知り合いになったのは、これまで見たことがない虫がイネの葉を食っているのでどうしたらいいかという相談を受けたことがきっかけだった。

調べてみると、これはイネツトムシ（イチモンジセセリ）（図6–13）という害虫で、わたしが秋田県農業試験場に勤めていた当時は秋田県内で時々発生していたが、最近では農薬散布のためにほとんど問題にならなくなった。

この虫は暖地の害虫で、宮城県では越冬できず、夏に成虫が暖地から移動してきてイネに産卵する。その場合、葉の緑色の濃いイネを選ぶ習性がある。遠藤さんの水田は田植えが遅いため、七月中旬の産卵期に、葉の色がまわりの慣行栽培水田よりも濃く、集中して産卵されやすかった。さらに、一般の水田のように殺虫剤を散布していないので、幼虫が生き残って被害を与えたのである。

わたしは、二〇一一年から毎年遠藤さんの水田を訪れているが、一九六〇年代に秋田県内の水田でよく見かけたイネドロオイムシ、イネアオムシ、イネツトムシなどの害虫の発生を見ることができた。そして最近ではまったく見られなかったニカメイチュウまでも発見してなつかしかった。

しかし、こういう害虫の発生密度はあまり高いものではなく、イネの収量に影響することはほとんどなかった。また、いもち病のような病気の発生も少ない。これは、有機無農薬栽培の水田では一般の慣行栽培の水田のように化学肥料を使いすぎることがないためにイネが健全に育ち、病害虫の被害に対する補償力が高いためだろうとわたしは考えている。また殺虫剤を使わないことによって、クモなどの害虫の天敵が豊富であることも、害虫の増加をおさえる効果があるのではないだろうか。だから、これらの昆虫を「害虫」と呼ぶべきではないとわたしは思う。

このように化学肥料をやめ、生産者と消費者の健康に影響する農薬をいっさい使わない有機無農薬栽培を志す若い農家は増えており、労力がかかるため価格が多少高くても、有機米のおいしさと安全性を求める消費者は増えているのである。

有機農産物認証制度

最後に「有機農産物認証制度」についてふれたい。

星さんたちが有機無農薬栽培を始めた頃には、生産者と消費者は直接顔を会わす仲であった。そのため有機無農薬栽培が、化学肥料と農薬を使うよりは、はるかに労力がかかるということは消費者にもよくわかっていて、有機無農薬栽培の農産物を普通の農産物より高く売ることが納得されていた。

しかし、やがて生産者と消費者の間に流通業者が入るようになると、「有機農産物」（以下、有機無農薬栽培の農産物をこう呼ぶ）ならば高く売れるということから、普通のように化学肥料と農薬を使って作られた農産物を「有機農産物」と偽って売るということが横行するようになった。そして「有機農産物は市場で作られる」と冗談すら言われる状態になってきた。

そのため農林水産省は「有機農産物認証制度」を発足させた。これは農林水産省に登録した認定機関によって農産物の生産過程を審査する制度である。この認証を受けようとする農家は、一定の講習を受けたうえで、化学肥料と農薬を使わずに、どのように生産しているかを文書で届け出る。そして、その文書どおりに生産しているかどうか、認定機関による現地検査を受けなければならない。これに合格すれば「有機ＪＡＳマーク」（図6‐14）のラベルを生産物に貼りつけて市場に出すことができる。消費者はこのマークを見て、確かに有機農産物であると信用して買うというしくみである。なおＪＡＳとは日本農林規格＝ジャパニーズ・アグリカルチュラル・スタンダードの頭文字である。

図6‐14　有機JASマークの例。下の文字は認定機関名

この認証制度は外国からの輸入品についても適用されるが、現在売られている「有機農産物」のうち国内で生産される有機農産物は全体の一七パーセ

ント（二〇〇五年）にすぎず、多くは海外から輸入されたものだという[11]。一方、この制度があまりに煩雑であるところから、認定を受けずに「〇〇さんの有機米」として、以前と同じように信頼関係で結ばれた消費者だけに宅配便などで出荷している有機無農薬栽培農家も少なくない。

3　環境保全米運動と田んぼの生き物調査

環境保全米ネットワーク

宮城県では、一九九一年六月に仙台市で起きた農薬へリコプター散布による浄水場の汚染問題をきっかけに、消費者からの農薬散布への批判が高まった。しかし、農業生産者の間では食糧の安定生産に農薬は欠かせないという意識も根強かった。そこで河北新報社は「環境と農薬」取材班を編成し、農業生産者、消費者、学識経験者の間で「考えよう農薬」という討論の場を組織し、これが「減らそう農薬」という環境保全型農業の提起へと発展していった。

その結果、一九九六年には、さきに紹介した本田さんを代表とする「環境保全米実験ネットワーク」が発足し、一五の地区の個人、グループ、県立上沼高校の参加によって有機栽培と減農薬、減化学肥料の米づくり実験が始められたのである。これは一九九八年に「環境保全米ネットワーク」へと発展し、二〇〇〇年には特定非営利活動法人（ＮＰＯ法人）となって、さきに述べたＪＡＳ有機登録認定機関の認可を受けるようになった。ここでは、有機無農薬栽培だけでなく、化学肥料や農薬の使用量を普通栽培の水田よりも半減した栽培も含めて、これを「環境保全米」と名づけて宮城県内への普及をはかってきた。このことを本田さんから聞いて、わたしも途中からこの組織に参加したのである。

二〇〇五年の秋の稲作の反省会で、環境保全米ネットワーク会員の高橋誠也（せいや）さんが「田んぼから出てきたトンボを、ツバメが来て食べるのでかわいそうなんですよ」と言うのを聞いて、そういうことを知らなかったわたしは、翌年その時期にぜひ見せてくれるようにお願いした。

図6−15　羽化したばかりのアキアカネ成虫

二〇〇六年七月のはじめに、宮城県の北部、栗原（くりはら）市にある高橋さんの田んぼを訪れた。

朝霧がしだいに晴れてきた水田では、トンボの羽化（うか）が始まっていた。トンボの種類はアキアカネとノシメトンボのようであった。水田からイネの茎にのぼってきた幼虫のヤゴの背中が割れて、淡黄色の成虫が体をのり出し、後ろにそりかえって翅（はね）と脚を引き出し、その翅が伸びて体が堅くなる様子を、わたしは時を忘れて見守った。見まわすと、水田のあちらでもこちらでもトンボの羽化は起こっていて、体の堅まった成虫が次々と飛びたっていく（**図6−15**）。

そのとき、一羽のツバメがやって来て、このトンボをカチッというくちばしの音をさせてくわえた。やがてツバメは二羽、三羽と集まってきて、田面すれすれに飛びまわり、次々とトンボを捕まえる。

そして、水面には食い残されたトンボの翅が散らばっていくのであった。これを見て高橋さんは「ツバメに食われないように早く飛んでいけよ」と、トンボにやさしく声をかける。ツバメが飛ぶのは、高橋さんの水田の上だけで、隣の水田にはまったく行かない。そこにはトンボがいないからである。

さまざまな生き物のいる田んぼ

高橋さんの田んぼにはトンボだけでなく、いろいろな生き物がいた。ニホンアマガエル、トウキョウダルマガエル、コモリグモ、アシナガグモ、アメンボ、ドジョウ、ヒル、コオイムシ、ミズアブなどなど。

畦を歩くとイナゴの小さい若虫が水面に跳び出すが、それにたくさんの子どものアメンボがワッとたかって食べていた。「イナゴは小さいうちはたくさんいますが、秋までにはこうして食べられるので減ってしまうのです」と高橋さんは言う。

トンボの幼虫やオタマジャクシ（カエルの幼生）は水の中の小動物を食い、コオイムシはオタマジャクシを食い、羽化したトンボはツバメに食べられる。クモは水田から出るユスリカを食い、そのクモはカエルに食われる。こうした田んぼの生き物の間の食物連鎖を量的に正確にとらえることは難しいが、生き物どうしが複雑に関係し合っていることはよくわかった。そして、そのおおもとにあるのは、有機物に富んだ水田の泥である。その泥は黒くて手ですくいあげると、指の間からトロトロとこぼれて手を汚すことはない。これは山形県高畠町の星さんの有機無農薬栽培水田や、宮城県大和町の本田さんの有機無農薬栽培の水田と同じであった。

試みに隣の慣行栽培の水田の泥を見ると、堅くて表面は褐色だが、そのすぐ下は灰青色である。すくうと泥は手にべったりとついて、よく洗わなければ落ちないのであった。

畦に腰をおろして話を聞いた。

「わたしが農薬散布を減らそうと考えたのは、村の共同防除班の班長をやらされたときからです。その頃、大型液剤散布機のホースを持って田んぼの薬剤散布をすると、全身が薬まみれになりました。これでは百姓は体がもたない。なんとか薬を減らしたいと思ったのです。今、よく言われているように、薬を減らすのは環境保全のためでも消費者のためでもなくて、自分たち百姓自身の健康のためだったのです」と、高橋さんも星さんと同じことを言うのであった。

化学肥料を多くやると病害虫が多く出るということがわかり、化学肥料をしだいに減らしていった。有機肥料だけにしたのは五年ほど前からである。これには賛同者があまりいなかったが、冷害の年に有機肥料の水田でイネがよく稔ったことから、まわりの見る目が変わったという。これも高畠町の星さんと同じであった。

病害虫が少ないので殺菌剤も殺虫剤も使わない。しかし、除草剤は、まったく使わないと手間がかかりすぎてイネの栽培が成り立たない。そこで、一般の使用量の半分以下の量を使っているが、それでも十分に除草効果があるという。

わたしは、水田にトンボやドジョウがたくさんいるので、てっきり除草剤も使っていないと思っていたのだが、これは意外であった。しかし、最近の除草剤は魚毒性がきわめて低くなっているためか、かつての除草剤のように動物を殺すことが少ないのであろう。高橋さんはドジョウがたくさんとれるので、もし食べるようだったら宅配便で送りますよと言うのであった。

「環境保全米」の栽培法

高橋さんのイネ作りはまわりの一般の農家とはまったく違う。まずイネ苗は大きく育ってから植える。慣行栽培ではイネの葉が二枚か二・五枚ぐらいで、もう田植えをする。これによって、初期にはイネ株の間が広くあくので、そこに雑草が生えやすい。そのため除草剤は必須のものとなる。また、イネの苗が小さいと、あとで分げつ（茎分かれ）が多くなって、イネが繁茂しすぎ、露が乾きにくいのでイモチ病にかかりやすく、また株もとまで日光がさしこまず秋の稔りがよくない。

高橋さんは手植え時代のイネ作りと同じように、イネの葉が五枚半ぐらいになるまで苗を大きくしてから田植えをする。田植え時期も一般の農家が植える五月上旬ではなくて、以前と同じように五月下旬から六月初めにしている。これによって、イネ株の間が広くあかず、雑草の生え方も少ないから除草剤も多く使う必要がない。そして、分げつは少ないが、一本の茎当たりの籾の数を多くして収量を確保する。秋の穂の稔りもよい。

毎年いろいろな栽培法を試した結果、今のやりかたにたどりついたそうだ。それは、単に化学肥料や農薬を減らすということではなくて、雑草や病害虫の出にくい栽培法をとるということなのである。また、農薬はいっさい使わないというのでなく、労力の節約上で必要最小限の除草剤は使うというような現実的な考え方であった。

この考え方は環境保全米ネットワークでも取り入れられている。有機無農薬栽培の生産者だけでなくて、化学肥料と農薬を半分以下にして栽培するタイプをふくめて「環境保全米」と名づけて、多くの農家にこの栽培法を呼びかけていた。現在の栽培基準は、化学肥料は一〇アール当たり七キロ以下、農薬の有効成分数は、宮城県の栽培基準で許されている一七成分の半分以下の七成分である。これは農林水産省が決めた「化学肥料農薬節減栽培のガイドライン」にしたがったもので、一般的には「特別栽培米」と呼ばれる。ここで農薬が半分というのは、高橋さんのように、ある農薬の有効成分の「濃度」が半分というのではなくて、農薬の有効成分の「数」が半分ということである。

図 6-16　環境保全米の水田に立つ旗

すべての農薬には、効果があって安全な「安全使用基準」が農林水産省によって決められている。これは多くの試験によって、農薬の種類ごとに適正な濃度、使用回数、収穫前使用制限期間を決めたものである。この基準にしたがっていれば、生産された農産物は消費者が食べても安全であるというものである。したがって、農林水産省の見解からすれば、濃度が半分では、そもそも効果がないだろうというのであった。

いずれにしても、「環境保全米」は安全性が高いということで、米が余っている現在でもよく売れているが、慣行栽培米よりは労力がかかるので価格は少し高く設定されている。

しかし、消費者にすれば、本当に化学肥料や農薬の成分数が半分以下になっているかどうか確かめようがない。環境保全米ネットワークでは、二〇〇〇年にすでに国の有機農産物登録認定機関の認可を受けていたが、現在ではさらにJA(農協)宮城と提携して、環境保全米の栽培実態を認証する活動もやっている。その結果、二〇一二年には宮城県の四〇・八パーセントの水田が「環境保全米」となったという(図6-16)。

「環境保全米」の田んぼで生き物調査

しかし「環境保全米」と言っても、「化学肥料と農薬を減らしている」というだけで、これまでは水田の生物環境についての調査がなかった。そこで二〇〇七年から「田んぼの生き物調査」を始めることになった[12]。

はじめにわたしが提案した方法は、トンボ、カエル(オタマジャクシ)、ドジョウ、メダカ、ホタル、イナゴ、クモ、アメンボ、タニシ、ツバメという農家なら誰でも知っていて、田んぼでよく見かける一〇種類(分類学上の種名はわからなくともよい)の生き物の量を「いない」「少しいる」「たくさんいる」の三段階で調査用紙に記録するというものであった。

この調査用紙を、七年前から環境保全米づくりに取り組んできたJAみやぎ登米の会員に配布して、その栽培方法とともに記入してもらった。栽培方法としては、環境保全米としての有機栽培と特別栽培(化学肥料と農薬有効成分数が半分以下のもの)、そして慣行栽培の三種類とした。

秋になって二八六〇枚の調査票が集まったところで、「いない」には0、「少しいる」には1、「たくさんいる」には2という点数をあてはめて、それぞれの生き物ごとに、この点数の平均値をとって生き物の「多さ」をあらわした。

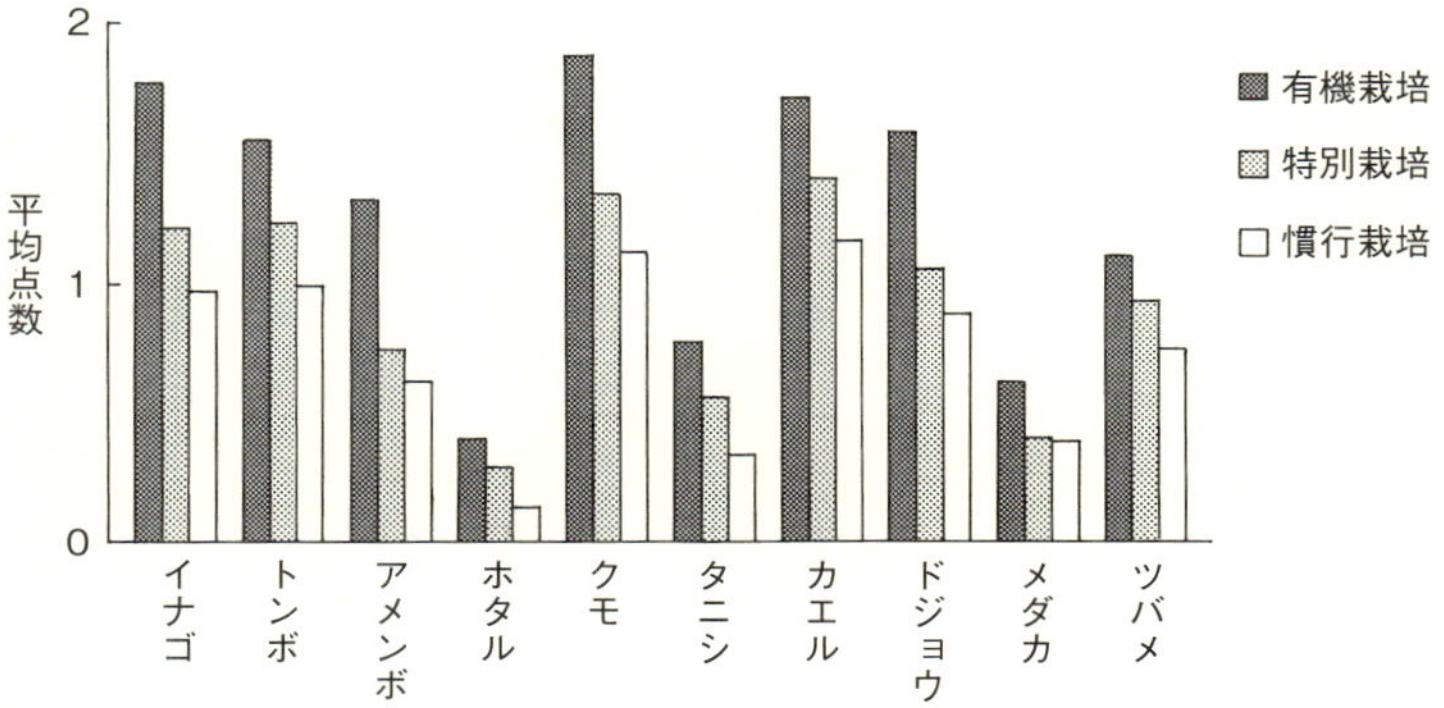

図 6-17　JA みやぎ登米における 2007 年の田んぼの生き物調査結果（小山、2011）

その結果が、あまりにみごとだったので驚いた。一〇種類すべての生き物の平均点数は「有機栽培」「特別栽培」「慣行栽培」の順に小さくなっていたのである（図6-17）。これは環境保全米が水田の「生物環境を保全している」ということを消費者にアピールするものとなった。

二〇〇八年から、この調査は環境保全米作りを始めた宮城県の一一の農協でも始められ、毎年合計一万五〇〇〇〜二万の調査票が集まるようになった。まだＪＡみやぎ登米のようなきれいな結果は出ていないが、将来が期待されている。

この結果には農家の主観が入っていると言う人もいる。しかし、この数値は、最近少なくなったホタルやタニシ、メダカの平均点数がそのほかの生き物よりも全体的に小さいところから見て、ある程度実態をあらわしているのではないかとわたしは思っている。

ホタルやタニシは水路がコンクリート張りになり、棲息に必要な泥が少なくなったために減り、メダカは冬越しする水路と水田が分離され、春に水の入った水田に泳いでくることができなくなったために減ったと言われている。

しかしわたしは、この調査が「主観的である」という批判に応えようと考えて、クモとカエルについてのより定量的な調査法を提案した[12]。

その方法は、イネの穂が出る直前の七月下旬～八月上旬に田んぼの畦を一〇メートル歩きながら、畦から飛び出して水田に飛びこむカエル（種類は区別しなくともよい）の数を数え、帰りには畦から約一メートルの幅の範囲のイネに網をはっているアシナガグモ類（**図6-18**）などのクモの数を数えるというやりかたである（**図6-19**）。この時期には水田にいるカエルもクモも最も数が多いので数えやすい。

図6-18　アシナガグモ類

図6-19　カエルとクモの調査風景

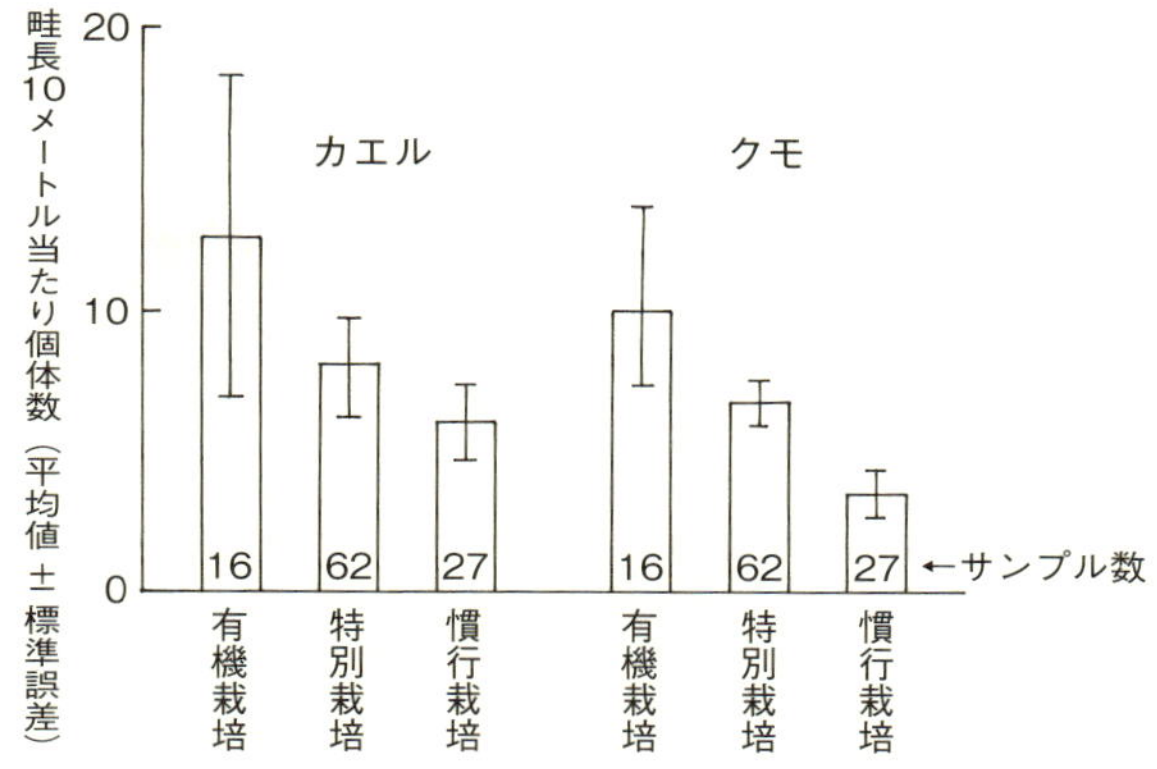

図 6–20 カエルとクモの調査結果（環境保全米ネットワークの資料による）

これならば生物学の専門家でない農家でも簡単に調べることができるのではないだろうか。

二〇一二年から環境保全米ネットワークがこの方法を宮城県内の農協に呼びかけて始めたところ、**図6–20**のような結果が得られた。結果にはかなりばらつきがあるが、有機栽培、特別栽培、慣行栽培の順にカエルとクモが少なくなる傾向がはっきりと見られた。

はじめに本田さんの田んぼで見たように、カエルやクモが多い田んぼはその他の生き物も多い。そうすれば、環境保全米づくりによって田んぼに生き物がどれだけ増えてきたかを、農家も消費者も確認できるのではないだろうか。

これまでのイネ作りは、米をいかに能率的にたくさんとるかということで進められてきた。その結果、農業機械と化学肥料、農薬に過度に頼るようになり、水田で役割をはたしている生き物への関心が失われてきたと思う。

環境保全米ネットワークが始めた「田んぼの生き物調査」は、これから有機無農薬栽培や減農薬栽培を普及するうえで、大きい役割をはたすにちがいない。

コラム6

合成性フェロモンを利用したアカヒゲホソミドリカスミカメの発生予察

アカヒゲホソミドリカスミカメは斑点米カメムシ類の一種で、おもに北海道、東北、北陸地方に棲息している（**図A**）。この虫はイネ科植物を餌とし、卵で越冬し、地域によって異なるが年三～五世代を経過する。発生場所はおもにイネ科牧草、休耕田雑草である。

水田には第一世代成虫と第二世代成虫が侵入し、このうち第二世代成虫および次世代幼虫が出穂したイネの籾から吸汁することによって斑点米となる。この斑点米率が〇・一パーセント以上になると、米の等級が一等から二等に格下げになるため、このカメムシは薬剤散布によって防除されてきた。

これまでは、捕虫網によって水田内をすくいとり、捕らえられた成虫の多少から散布の要否を判定しようとした。しかし、これには多大な労力を要し、本文にも書いたように、すくいとり成虫数と斑点米被害の相関関係があまりはっきりしなかったので、農家はカメムシの多少にかかわらず、毎年一～二回の薬剤散布を予防的、画一的に行わざるをえなかった。

中央農業総合研究センター北陸の樋口博也さん、高橋明彦さんと山形、新潟、富山県の研究グループは、二〇〇九年から三年間の研究によって、このカメムシの防除の要否を合成性フェロモンによって判定する技術を開発し、

図A　アカヒゲホソミドリカスミカメ成虫（樋口博也氏撮影）

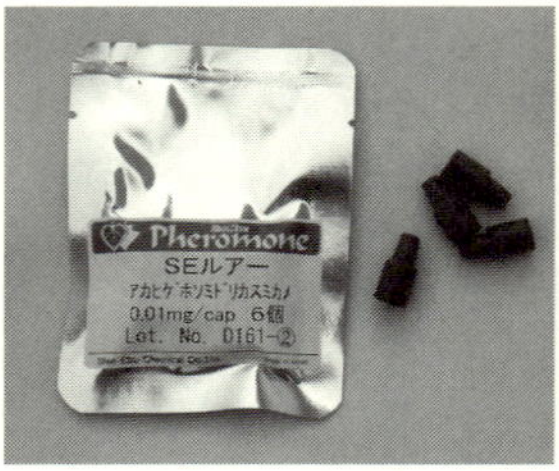

図B　合成性フェロモン製剤（樋口博也氏撮影）

適正な防除によって米の生産コストを下げ、環境保全をはかろうとしているので紹介したい。

アカヒゲホソミドリカスミカメの雌の性フェロモンの主成分は、ヘキシルヘキサノエート、(E)-2-ヘキセニルヘキサノエート、オクチルブチレートの三成分である[1]。これらを一〇〇：四〇：三の割合で混合した合成性フェロモンを製剤化し（**図B**）、水田内に垂直に立てた粘着板の上部中央に取りつけておくと（**図C**）、誘引された雄成虫がこれに付着して容易に数えることができる。

図C　粘着トラップ（樋口博也氏撮影）

水田で捕虫網によってすくいとった成虫数の消長と粘着トラップに誘引された雄の数の消長を比べると、たがいによく似ている[2]（**図D**）。

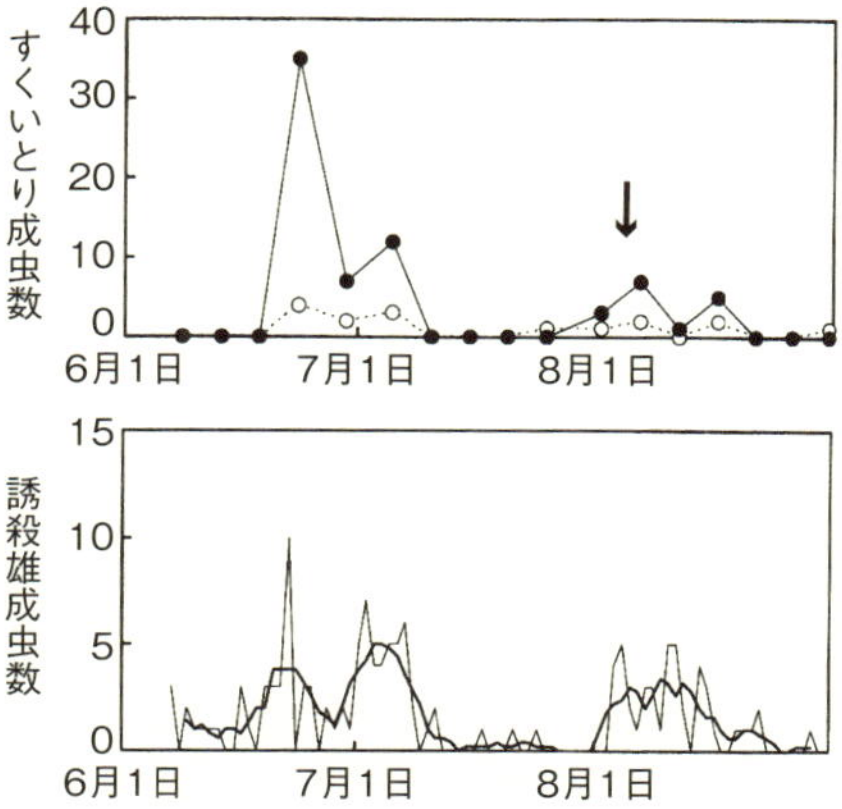

図D　すくいとり成虫数（上）と性フェロモントラップ誘殺雄成虫数（下）の消長。上図の○は雌、●は雄、矢印は出穂期、下図の細線は毎日の誘殺雄数、太線はその5日間移動平均値（石本ら、2006）

したがって、合成性フェロモントラップによって防除要否の判定ができる可能性があることがわかった。

そこで、多数の水田に合成性フェロモントラップを取りつけて、出穂後五日間に誘殺される雄成虫数とその後の斑点米の発生程度の関係を調べてみた。この場合、それぞれの水田のトラップへの誘殺成虫数と斑点米率との関係を見るのではなくて、斑点米率が〇・一パーセント以上（米の等級が一等級から二等級に下がる基準）となる確率が誘殺雄成虫数によってどのように変化するか、その関係を調べてみた[3]。

そうすると、トラップへの誘殺雄成虫数が〇～一匹の間の水田では斑点米率が〇・一パーセント以上となる確率は約一五パーセント、一～四匹の間の水田ではこの確率は約二五パーセント、成虫数が四～九匹の水田ではこの確率は約四〇パーセント、成虫数が九～一六匹の水田ではこの確率は約六〇パーセント（以下省略）という関係が明らかになった（**図E**）。

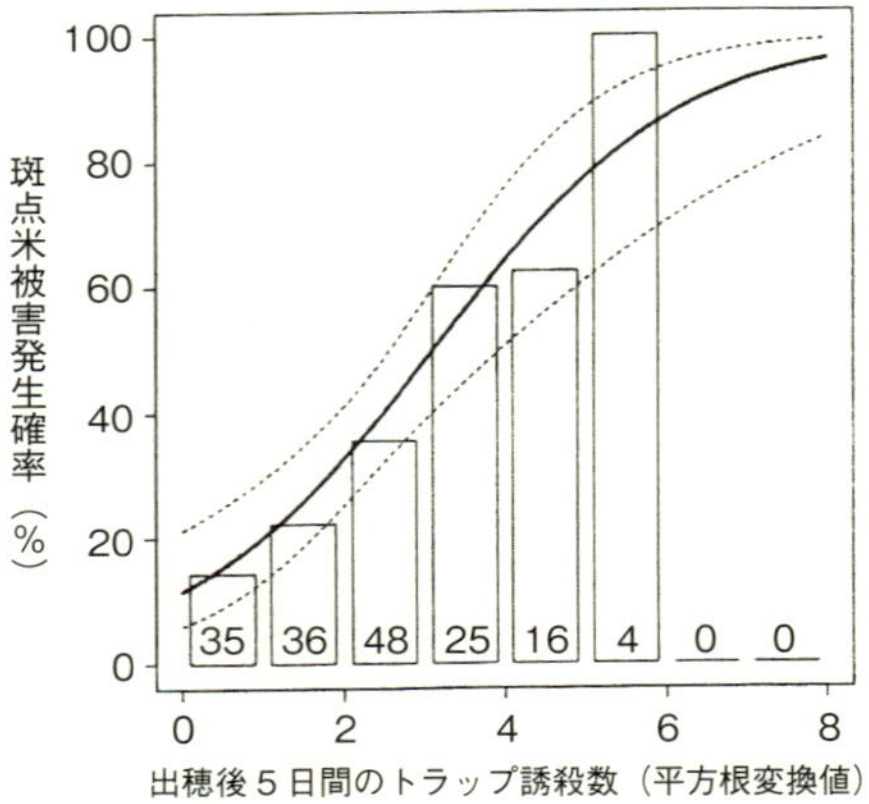

図E　出穂後5日間のトラップ誘殺数による斑点米被害発生確率（斑点米率が0.1%を超える確率）の推定値（ライン）と実測値における斑点米率が0.1%を超えた圃場の割合（棒グラフ）。破線は推定値の95%信頼区間、数値は誘殺数ごとの圃場数をあらわす（高橋ら、2012）

そこで、個々の農家は、水田内に合成性フェロモントラップを取りつけて、そこに誘殺されるカメムシの成虫数から、この関係を使って米の等級が低下する程度を予測して、薬剤散布の要否を判定することができる。これは、これまでのように手間がかかり予測が不正確なすくいとり調査よりも、はるかに手軽で効果のある方法である。

もう一種類の斑点米カメムシ類であるアカスジカスミカメでも性フェロモン剤が開発され、同じ方法で研究が進みつつあり、成果が期待されている。

第7章　昆虫を害虫にしない社会を

わたしの害虫研究の旅は、アワヨトウ、ニカメイチュウ、ミバエ類を経て、森林害虫と水田の生き物調査へと進んだ。

学生時代、わたしは「面白い研究」を志していたのだったが、生活の糧を得るために、いわゆる「役に立つ研究」へと進んだ。しかし、役に立つといっても、薬を撒いて害虫を殺すというだけの研究には、わたしはとてもなじめなかった。もっと長い目で見て「本当に役に立つことはなにか」と考えたとき、昆虫がなぜ害虫になったのかについて、もっと研究する必要があると思った。

その結果わたしが到達した、「社会はどのように昆虫とかかわっていくべきか」についての考えを述べてこの本を終わろうと思う。なお、ここでわたしが害虫というのは農業害虫に限る。このほか、蚊やハエのように人畜の病気の原因になる害虫もいるが、これは衛生害虫として別に考えなければならない。

農耕が生み出した害虫

現在、農業害虫と呼ばれている昆虫は人類が農耕を始めるまでは、いろいろな植物を餌とする普通の昆虫であった。農耕が始まって栽培されるようになった植物、すなわち作物を食う昆虫が害虫と呼ばれるようになり、そこでは作物の栽培条件と害虫の発生の間に深い関係が生まれたのであった。

第2章で述べたように、イネの害虫であるニカメイチュウは早植え、多肥条件の茎の太いイネで発育がよくなり、その結果イネへの被害が多くなる。殺虫剤が開発されるまでは、こうした被害を避けるために、栽培条件と害虫発生の関係がよく研究され、肥料の使用量をひかえたり、作付け時期を遅くするなどの対策がとられてきた。しかし一九五〇年代に化学合成殺虫剤が開発されてからは、害虫の発生を恐れることなく、早植え、多肥栽培による増収がはかられるようになった。そして、これまでのような栽培条件と害虫の発生量の関係についての研究は下火になり、害虫防除はもっぱら殺虫剤に頼るようになって現在に至っている。

その後、稲作の機械化が進み、幼虫の潜るイネの茎が細くなった結果、幼虫の発育が悪くなり、また、越冬場所であるイネワラを裁断することによって幼虫が殺されるなどの理由によって、結果的にニカメイチュウは減っていった。しかし、これまでの習慣的な殺虫剤散布は減るどころか、かえって増えていった。これは農家が以前のように水田を見まわることが少なくなり、虫の発生程度を見て殺虫剤散布の要否を判断することがなくなったためである。薬剤散布は、自治体や農協の発行するいわゆる「防除暦」にしたがって、虫の多少にかかわらず、ヘリコプターによって毎年いっせいに行われるようになった。わたしはニカメイチュウの被害実態を研究することによって、不必要な習慣的殺虫剤散布を減らそうと試みたが、防除暦が改正されて、ヘリコプター散布が中止されるまでには長い時間がかかった。

第6章で述べたように、今、東北・北陸地方の稲作ではニカメイチュウにかわって斑点米カメムシ類が習慣的薬剤散布の対象となっている。

斑点米カメムシ類が増えてきたのは、米の消費量が減り、一九七〇年から減反（げんたん）政策によって水田地帯に休耕地が増え、そこにカメムシ類の餌となるイネ科の雑草が増えてきたためである。最近では、水田の転換作物としてイタリアンライグラスのような牧草が植えられるようになり、これもカメムシ類を増やした。このようにカメムシ類の本拠地は、牧草や雑草である。

水田には成虫がわずかしか飛来しないが、これが籾（もみ）から吸汁することによってできる斑点米が、一〇〇〇粒に一粒を超えれば米の等級が低下し、収益が減る。この厳しい米検査基準が適用されるのも、やはり米余りのためであって、そのためにカメムシ類は大害虫とみなされるようになったのである。

そして、カメムシの繁殖地である牧草地や雑草地の草刈りが斑点米を減らすのに有効であるのにもかかわらず、労力がないということで、防除効果がかならずしも十分でない殺虫剤に頼っているのである。その殺虫剤の人畜への毒性は低いと言われているが、水田害虫の天敵であるクモなどを減らしている。この斑点米は色彩選別機によって取り除くことができるのに、等級選別の手段となって農家を苦しめているのだ。

このように社会条件や栽培条件の変化によって昆虫が害虫となったのにもかかわらず、社会条件や栽培条件のほうを改めるのではなくて、殺虫剤で問題解決をはかろうとするやりかたに、わたしはかねてから疑問を感じてきた。

第3章で述べた、ミバエ類根絶防除についても、同じようなことは言える。ミバエ類のような国際的な害虫が我が国に侵入して広がることを防止するために植物検疫制度が作られた。そのため、ミバエ類が侵入した沖縄・奄美・小笠原ではミバエ類の寄生する作物の本土出荷が制限された。この制限を解くために開始されたミバエ類の根絶事業は、莫大な資金と長年月にわたる人々の努力とによって成功し、寄主作物の自由な本土出荷が実現したことは喜ばしい。しかし、このミバエ類は東南アジアに広く分布しているため、再侵入防止事業を永久に続けなければならない。

第4章で述べた外国のミバエ類根絶防除を見ると、その動機は、メキシコ、チリ、フィリピンのようにミバエ類の寄主果実を商業的に生産して、ミバエ類のいない国に輸出しようとするところにある。しかし、そのために、厳しい検疫制度のもとで、多くの費用と労力が費やされてきた。これに対して、メキシコの隣国グアテマラや、チリの隣国ペルー、フィリピン以外の東南アジアの国々ではそのような動機がないために防除が進まず、これらの国からのミバエ類の侵入が続いている。近年の国際的な物流と人々の交流の増加が、こうした害虫侵入増加の真の原因なのである。

第5章で述べたマツ枯れやナラ枯れについても、マツノマダラカミキリやカシノナガキクイムシを農薬散布で防止しようとしているが、被害の拡大は止まらない。マツ枯れは、これまで燃料として用いられてきた松葉が、石油やガスが燃料とされるようになったいわゆる燃料革命によって放置され、土壌が富栄養化したために、貧栄養条件を好むマツが弱り、害虫への抵抗力が減ったことが真の原因である。ナラ枯れもこの燃料革命によって薪炭林（しんたんりん）が放置され、ナラの木が適時に伐採されず老木になったことによってカシノナガキクイムシの被害を受けやすくなったことによる。こうした近年の森林管理の実情をそのままにして、これを殺虫剤散布だけで解決しようとすることは難しく、被害地域は年々拡大している。

昆虫を害虫にしないためには

わたしは害虫防除のための殺虫剤散布をまったく認めないというわけではない。第1章で述べたアワヨトウやウンカ類のように海外から飛来する害虫に対して、水田内の天敵やイネの害虫抵抗性だけで立ち向かうことは現実的ではない。このような害虫に対しては、発生予察(はっせいよさつ)と被害予測を行い、必要な場合にのみ一時的に殺虫剤を散布することはやむをえない。しかし発生予察を無視して、虫のいるいないにかかわらず習慣的に散布するという現在のやりかたに反対しているのである。この習慣的散布が害虫の天敵を減らすとともに、害虫に殺虫剤抵抗性をもたらし、害虫と殺虫剤の際限のない「いたちごっこ」が繰り返されてきたのだった。最近では薬剤抵抗性のあるウンカ類が中国から飛んでくるようになった。また、近年日本に頻々と侵入するアザミウマ類やハモグリバエ類のような微小な侵入害虫も、すでに薬剤抵抗性をもっていることが多い。

害虫の薬剤抵抗性に対して、これまでは、絶えず新しいタイプの有効な薬剤を開発することによって対処してきたのだが、近年、農薬の安全性テストに費用や時間が多くかかるようになり、以前のように代替の薬剤が容易に得られなくなっている。そのため将来は有効な薬剤が得られなくなるというおそれも出てきた。したがって、これまで以上に薬剤散布の乱用を避け、抵抗性の発達を遅らせなければならないのである。

そこで第6章では、有機無農薬栽培や農薬の使用を減らす減農薬栽培について述べた。化学肥料と化学合成農薬をいっさい使わない有機無農薬栽培については、非科学的であるという研究者が多く、その研究に取り組む人は少ない。しかし、例えば水田稲作について見ると、水田にはイネと多くの生き物が相互に関係をもちながら生存している。その相互関係についてのわたしたちの知識はまだごく限られている。一方、健全に育てられたイネは仮に害虫にある程度食われても、その被害を補償して収量を上げる能力を備えている。殺虫剤にのみ頼る稲作は、こうしたことを無視して行われてきた。有機無農薬栽培についての科学的研究は、どのような栽培条件をイネに与えれば、水田の生き物の働きを活用し、害虫の被害に対する補償力のあるイネを育てることができるかについての貴重な情報を、わたしたちに与えてくれるであろう。

　また減農薬栽培については、これまで農薬だけに頼ってきた農家が農薬について見直すよい機会となるであろう。そこで、農薬を減らすことによって、水田の環境がどう変わるかを知る一つの手段として「田んぼの生き物調査」は有効な方法だと思う。これによって、作物の栽培は、自然の力を利用して行われているということを農家自らがさとる機会になり、農薬への過度の依存を考え直すきっかけが生まれることであろう。

　これまで害虫をいかに防除するかという研究はさかんに行われてきた。その中で、農薬にはいろいろな欠陥があることがわかり、農薬にかわる、天敵、フェロモン剤、不妊虫放飼法（ふにんちゅうほうしほう）などの新しい防除法が探究され、総合的有害生物管理（ＩＰＭ）が提唱されてきた。しかし、害虫を生み出す栽培条件やその背後にある社会条件についての研究は、まだまだ少ないように思う。

　これまで述べてきたように、わたしがこれまでかかわってきた、さまざまな害虫の真の発生原因は、それぞれの作物の栽培条件や社会的要因であった。これらの条件をそのままにしておいて、農薬やそのほかの防除法によって、害虫の発生をおしとどめようとしても、その目的は必ずしも達せられない。わたしはむしろ、害虫の発生原因となっている栽培条件や社会的要因を見直すことによって、昆虫を害虫にしない社会を目指すべきだと考えるのである。

参考文献

第1章　アワヨトウ大発生の謎

（1）農林省農政局（一九六五）『普通作物病害虫発生予察事業実施要領』
（2）巖俊一（一九六四）異常気象と病害虫　アワヨトウ。植物防疫一八：二四一—二四四
（3）小山重郎（一九六六）アワヨトウの大発生とイネの多窒素肥料栽培との関係について。応動昆一〇：一二三—一二八
（4）小山重郎（一九七〇）アワヨトウ大発生記録についての2、3の考察。応動昆一四：五七—六三
（5）岸本良一（一九七五）『ウンカ海を渡る』中央公論社
（6）神田健一（一九八七）アワヨトウ成虫の吸蜜活動。応動昆三一：二九七—三〇四
（7）神田健一・内藤篤（一九七九）アワヨトウ成虫の羽化から産卵までの行動。応動昆二三：六九—七七
（8）斉藤修・北村實彬（一九九五）札幌市におけるアワヨトウ多発世代成虫の発生圃場周辺での消長と性成熟程度および集団吸蜜行動の観察。応動昆三九：二三五—二四〇
（9）梅谷献二・大矢慎吾・平井一男（一九八三）中国における長距離移動性害虫の研究の現状（2）。植物防疫三七：一九—二二
（10）小山重郎（一九六八）アワヨトウ成虫の糖蜜誘殺。応動昆一二：一二三—一二八
（11）奥俊夫・小山重郎（一九七六）東北地方における1969年のアワヨトウ第2回多発生の原因に関する考察。応動昆二〇：一八四—一九〇

(12) 奥俊夫（一九八三）北日本におけるアワヨトウの発生様相の変動と移動侵入との関係。東北農試研究資料三：一―四九
(13) 高知県病害虫防除改善圃協議会（一九七〇）昭和44年度（1969）改善圃場調査報告（害虫編）―特に塩素系と有機燐系殺虫剤の防除効果と天敵類に与える影響の比較
(14) 小山重郎・藤村建彦・伊藤征司（二〇一一）青森県と秋田県におけるアワヨトウの糖蜜誘殺による発生予察。北日本病虫研報六二：一一二―一一八
(15) 神田健一（一九八五）アワヨトウの産卵習性とそれを利用した耕種的防除法。植物防疫三九：二四四―二四七

第2章　農薬のヘリコプター散布を減らすために

(1) 西尾敏彦（一九九八）『農業技術を創った人たち』家の光協会
(2) 農林省農務局（一九二八）『二化性螟虫ト其ノ防除法』病虫害駆除予防奨励資料第九号
(3) 小山重郎（二〇〇〇）『害虫はなぜ生まれたのか―農薬以前から有機農業まで』東海大学出版会
(4) 桐谷圭治・中筋房夫（一九七七）『害虫とたたかう―防除から管理へ』日本放送出版協会
(5) 小山重郎（一九七三）ニカメイチュウに対する殺虫剤散布軽減に関する研究　Ⅰ　ニカメイチュウの被害とイネの収量との関係。応動昆一七：一四七―一五三
(6) 小山重郎（一九七五）ニカメイチュウに対する殺虫剤散布軽減に関する研究　Ⅱ　ニカメイチュウの要防除被害水準とその予測。応動昆一九：六三―六九
(7) 小山重郎（一九七八）イネクビホソハムシの被害解析。応動昆二二：二五五―二五九
(8) Koyama, J. (1978) Control threshold for the rice leaf beetle, *Oulema oryzae* KUWAYAMA (Coleoptera : Chrysomelidae). Appl. Ent. Zool. 13 : 203–208［イネクビホソハムシの要防除水準］

（9）小山重郎（二〇〇九）発生生態と防除（桐谷圭治・田付貞洋編『ニカメイガ—日本の応用昆虫学』東京大学出版会、一七—三六）
（10）深谷昌次・桐谷圭治編（一九七三）『総合防除』講談社
（11）農林水産技術会議事務局（一九七八）『害虫の総合防除—害虫の総合的防除法策定委員会報告』
（12）Koyama, J. (1977) Preliminary studies on the life table of the rice stem borer, *Chilo suppressalis* (WALKER) (Lepidoptera : Pyralidae). Appl. Ent. Zool. 12 : 213-224［ニカメイガの生命表に関する予備的研究］

第3章　沖縄のミバエ類の根絶防除

（1）沖縄県農林水産部（一九九四）『沖縄県ミバエ根絶記念誌』
（2）Knipling, E. F. (1979) The Basic Principles of Insect Population Suppression and Management［小山重郎・小山晴子訳『害虫総合防除の原理』東海大学出版会］
（3）小山重郎（一九八四）『よみがえれ黄金(クガニー)の島—ミカンコミバエ根絶の記録』筑摩書房
（4）Koyama, J. T. Teruya and K.Tanaka (1984) Eradication of the Oriental fruit fly (Diptera : Tephritidae) from the Okinawa Islands by a male annihilation method. J. Econ. Entomol. 77 : 468-472［沖縄群島における雄除去法によるミカンコミバエの根絶］
（5）小山重郎（一九九四）『530億匹の闘い—ウリミバエ根絶の歴史』築地書館
（6）Koyama, J. H. Kakinohana and T. Miyatake (2004) Eradication of the melon Fly, *Bactrocera cucurbitae*, in Japan : Importance of behavior, ecology, genetics, and evolution. Annu. Rev. Entomol. 49 : 331-349［日本におけるウリミバエの根絶：行動学、生態学、遺伝学、そして進化学の重要性］
（7）伊藤嘉昭（一九八〇）『虫を放して虫を滅ぼす—沖縄・ウリミバエ根絶作戦私記』中央公論社

(8) 伊藤嘉昭・垣花廣幸（一九九八）『農薬なしで害虫とたたかう』岩波書店

(9) Koyama, J., Y. Chigira, O. Iwahashi, H. Kakinohan, H. Kuba and T. Teruya (1982) An estimation of the adult population of the melon fly, ***Dacus cucurbitae*** COQUILLETT (Diptera : Tephritidae), in Okinawa Island, Japan. Appl. Ent. Zool. 17 : 550–558［沖縄本島におけるウリミバエ成虫の個体数推定］

(10) 野口邦和（二〇一一）『放射能のはなし』新日本出版社

(11) Ohno, S., Y. Tamura, D. Haraguchi, T. Matsuyama and T. Kohama (2009) Re–invasions by ***Bactrocera dorsalis*** complex (Diptera : Tephritidae) occurred after its eradication in Okinawa, Japan, and local differences found in the frequency and temporal patterns of invasions. Appl. Entomol. Zool. 44 : 643–654［沖縄におけるミカンコミバエ種群の根絶後の再侵入、および侵入の頻度と時間的パターンにみられた地域差］

(12) 沖縄県ミバエ対策事業所（二〇〇三）『ミカンコミバエの再侵入と対策（平成一四年度版）』

(13) Suzuki, Y. and J. Koyama (1980) Temporal aspects of mating behavior of the melon fly, ***Dacus cucurbitae*** COQUILLETT (Diptera : Tephritidae) : A comparison between laboratory and wild strains. Appl. Ent. Zool. 15 : 215–224［ウリミバエの交尾行動における時間的局面：実験室系統と野生系統の比較］

(14) Suzuki, Y. and J. Koyama (1981) Courtship behavior of the melon fly, ***Dacus cucurbitae*** COQUILLETT (Diptera : Tephritidae) . Appl. Ent. Zool. 16 : 164–166［ウリミバエの配偶行動］

(15) Kuba, H., J. Koyama and R. J. Prokopy (1984) Mating behavior of wild melon flies, ***Dacus cucurbitae*** COQUILLETT (Diptera : Tephritidae) in a field cage : Distribution and behavior of flies. Appl. Ent. Zool. 19 : 367–373［ウリミバエ野生系統の野外網室内での交尾行動：成虫の分布と行動］

(16) Kuba, H. and J. Koyama (1985) Mating behavior of wild melon flies, ***Dacusu cucurbitae*** COQUILLETT (Diptera : Tehritidae) in a field cage : Courtship behavior. Appl. Ent. Zool. 20 : 365–372［ウリミバエ野生系統の野外網室内での交尾行動：配偶行動］

（17）Koyama, J., H. Nakamori and H. Kuba（1986）Mating behavior of wild and mass-reared strains of the melon fly, *Dacus cucurbitae* COQUILLETT（Diptera：Tephritidae）. Appl. Ent. Zool. 21 ：203–209［ウリミバエの野生系統と大量増殖系統の野外網室内での交尾行動］
（18）Matsuyama, T. and H. Kuba（2009）Mating time and call frequency of males between mass-reared and wild strains of melon fly, *Bactrocera cucurbitae*（Coquillett）（Diptera：Tephritidae）. Appl. Entoml. Zool. 44：309–314［沖縄県大量増殖系統及び台湾系統ウリミバエにおける交尾開始時刻及び求愛行動の比較］
（19）Iwahashi, O. and T. Majima（1986）Lek formation and male-male competition in the melon fly, *Dacus cucurbitae* COQUILLETT（Diptera：Tephritidae）. Appl. Ent. Zool. 21：70–75［ウリミバエにおけるレック形成と雄同士の競争］

第4章　世界のミバエ類防除

（1）小山重郎（一九八〇）メキシコのチチュウカイミバエ侵入阻止作戦。植物防疫三四：二三七―二四一
（2）小山重郎（一九八二）ミバエ類防除の現状と将来。植物防疫三六：二四五―二五〇
（3）Villaseñor, A., J. Carrillo, J. Zavala, J. Stewart, C. Lira and J. Reys（2000）Current progress in the Medfly Program Mexico-Guatemala.（Tan, K. H. ed.（2000）Area-Wide Control of Fruit Flies and Other Insect Pests：361–368）［メキシコ・グアテマラ、チチュウカイミバエ根絶計画の現状］
（4）Dowell, R.V., I. A. Siddiqui, F. Meyer and E. L. Spaugy（2000）Mediterranean fruit fly preventative release programme in Southern California.（Tan, K. H. ed.（2000）Area-Wide Control of Fruit Flies and Other Insect Pests：369–375）［カリフォルニア州南部におけるチチュウカイミバエ防除用不妊虫放飼計画］
（5）チリ大使館商務部（一九八〇）非伝統的輸出品の輸出動向。チリ経済情報一九八〇年六月号

(6) 農林水産省（一九八八）告示第百三十二号（昭和六三年二月六日）
(7) 農林水産省（一九九一）告示第九百四十七号（平成三年七月一七日）
(8) 農林水産省（一九九六）告示第百四十一号（平成八年二月五日）
(9) 農林水産省（一九九九）省令第五十六号（平成一一年九月六日）
(10) Covacha, S. A., H. G. Bignayan, E. G. Gaitan, N. F. Zamora, R. P. Marañon, E. C. Manoto, G. B. Obra, S. S. Resilva and M. R. Reyes (2000) Status Report on "The Integrated Fruit Fly Management Based on the Sterile Insect Technique in Guimaras Island, Philippines" (Tan, K. H. ed. (2000) Area-Wide Control of Fruit Flies and Other Insect Pests : 401-408)［『フィリピン、ギマラス島における不妊虫放飼法にもとづくミバエの総合防除プロジェクト』の現状報告］
(11) Chiu, H. T. and Y. I. Chu (1991) Male annihilation operation for the control of Oriental fruit fly in Taiwan. (Kawasaki, K., O. Iwahashi and K. Y. Kaneshiro ed. (1991) Proceedings of the International Symposium on the Biology and Control of Fruit Flies : 52-60)［台湾におけるミカンコミバエの雄除去法による防除作戦］
(12) Sutantawong, M. (1991) Problems of fruit flies and its control by the sterile insect technique in Thailand. (Kawasaki, K., O. Iwahashi and K. Y. Kaneshiro ed. (1991) Proceedings of the International Symposium on the Biology and Control of Fruit Flies : 98-104)［タイにおける不妊虫放飼法によるミバエ防除の問題点］

第5章　森は病んでいる

(1) 桐谷圭治編（一九八六）『日本の昆虫—侵略と撹乱の生態学』東海大学出版会
(2) 富樫一巳（二〇〇六）マツノマダラカミキリの生活（柴田叡弌・富樫一巳編著〈二〇〇六〉『樹の中の虫の不思議な生活—穿孔性昆虫研究への招待』東海大学出版会：八三—一〇六）

（3）二井一禎（二〇〇三）『マツ枯れは森の感染症―森林微生物相互関係論ノート』文一総合出版
（4）小川真（二〇〇七）『炭と菌根でよみがえる松』築地書館
（5）小山晴子（二〇〇四）『マツが枯れる』秋田文化出版
（6）小山晴子（二〇〇八）『マツ枯れを越えて―カシワとマツをめぐる旅』秋田文化出版
（7）金子智紀・田村浩喜（二〇〇七）広葉樹を活用した海岸防災林造成技術の開発。秋田県森技研報一七：三七―六〇
（8）黒田慶子編著（二〇〇八）『ナラ枯れと里山の健康』全国林業改良普及協会
（9）小林正秀（二〇〇六）ブナ科樹木萎凋病を媒介するカシノナガキクイムシ（柴田叡弌・富樫一巳編著〈二〇〇六〉『樹の中の虫の不思議な生活―穿孔性昆虫研究への招待』東海大学出版会：一八九―二一〇）
（10）斉藤正一（二〇一〇）山形県におけるナラ枯れと新たな防除方法の実証試験の結果。平成21年度ナラ枯れ被害の総合的防除技術高度化事業報告書：二八―三九
（11）斉藤正一（二〇一〇）山形県におけるナラ枯れ被害林分の林分構造と被害林の推移。平成21年度ナラ枯れ被害の総合的防除技術高度化事業報告書：五五―七五

第6章　再び田んぼへ

（1）小野亨・加進丈二・城所隆・佐藤浩也・石原なつ子（二〇一〇）アカスジカスミカメに対する繁殖地の密度抑制技術と新規殺虫剤による斑点米被害の抑制。宮城県古川農業試験場研究報告八：三五―四五
（2）松崎卓志（二〇〇一）富山県における斑点米カメムシ類の防除対策。植物防疫五五：四五一―四五四
（3）小野亨（二〇〇八）斑点米カメムシ類防除が水田内の天敵等の生物種に与える影響。北日本病虫研報五九：一―三八
（4）中田健（二〇〇〇）水田域におけるアカスジカスミカメの発生動向。植物防疫五四：三一六―三二一
（5）星寛治（一九八六）『かがやけ、野のいのち―農に生きる』筑摩書房

（6）有吉佐和子（一九七五）『複合汚染（上）（下）』新潮社
（7）宮下直（二〇〇九）生食連鎖と腐食連鎖の結合した食物網と害虫管理（安田弘法・城所隆・田中幸一編〈二〇〇九〉『生物間相互作用と害虫管理』一一五―一三三）
（8）古野隆雄（一九九七）『無限に広がるアイガモ水稲同時作』農山漁村文化協会
（9）岩澤信夫（二〇一〇）『究極の田んぼ―耕さず肥料も農薬も使わない農業』日本経済新聞出版社
（10）池橋宏（二〇〇五）『稲作の起源―イネ学から考古学への挑戦』講談社
（11）館野廣幸（二〇〇七）『有機農業みんなの疑問』筑波書房
（12）小山重郎（二〇一一）生物多様性と生き物調査（特定非営利活動法人環境保全米ネットワーク『環境保全米農法の手引き』七七―八五）

コラム1

（1）小山重郎（一九六二）コブアシヒメイエバエ*Fannia scalaris* FABRICIUSの群飛、一般的観察と群飛個体数について。日生態会誌一二：一一―一六
（2）小山重郎（一九六二）コブアシヒメイエバエの群飛の際に起こる交尾の観察。日生態会誌一二：七二―七三
（3）小山重郎（一九七四）コブアシヒメイエバエの交尾行動における性的および生理的特性。日生態会誌二四：九二―一一五
（4）千葉喜彦（一九七五）『生物時計の話』中央公論社

コラム2

（1）松村正哉・渡辺朋也（二〇〇二）長距離移動性ウンカ類の飛来源地帯における近年の発生動向。植物防疫五六：三一六―三一八

（2）松村正哉・竹内博昭・佐藤雅（二〇〇七）長距離移動性イネウンカ類に対する薬剤抵抗性の現状。植物防疫六一：二五四―二五七

コラム3

（1）Carson, R.（1962）Silent Spring［青樹簗一訳『沈黙の春』新潮社］

（2）Norris, R. F., E. P. Caswell-Chen and M. Kogan（2003）Concepts in Integrated Pest Management［小山重郎・小山晴子訳『ＩＰＭ総論―有害生物の総合的管理』築地書館］

（3）深谷昌次・桐谷圭治編（一九七三）『総合防除』講談社

コラム4

（1）Knipling, E. F.（1979）The Basic principles of insect population supression and management［小山重郎・小山晴子訳『害虫総合防除の原理』東海大学出版会］

（2）栗和田隆（二〇一三）サツマイモの特殊害虫アリモドキゾウムシの根絶に関する最近の研究展開。応動昆五七：一―一〇

コラム5

（1）西田律夫（二〇〇九）昆虫と植物の共存―花の香りを介した相互の適応戦略（藤崎憲治・西田律夫・佐久間正幸編〈二〇〇九〉『昆虫科学が拓く未来』京都大学学術出版会、一九一―二二〇）

コラム6

（1）Kakizaki, M. and H. Sugie（2001）Identification of female sex pheromone of the rice leaf bug, *Trigonotylus caelestialium*. J. Chem. Ecol. 27 : 2447–2458
（2）石本万寿広・佐藤秀明・村岡裕一・青木由美・滝田雅美・野口忠久・福本毅彦・望月文昭・高橋明彦・樋口博也（二〇〇六）合成性フェロモントラップによるアカヒゲホソミドリカスミカメの水田内発生消長の把握。応動昆五〇：三一一―三一八
（3）高橋明彦・石本万寿広・中島具子・横山克至・西島裕恵・吉島利則・片山雅雄（二〇一二）圃場単位の要防除水準の策定（1）斑点米被害予測モデルの構築。植物防疫六六：四一九―四二二

あとがき

わたしは二〇〇〇年に、『害虫はなぜ生まれたのか―農薬以前から有機農業まで』という本を書いた。しかし、その内容は農薬の問題点と農薬にかかわる害虫防除法について述べたものであって、害虫が生まれる真の原因にせまるものではなかった。それから一〇年余を経て書いた本書は、わたしの研究生活をふりかえりながら、昆虫が害虫になる栽培条件と、その背後にある社会的要因を明らかにして、「社会はどのように昆虫とかかわっていくべきか」という問題を考えようとしたものである。わたしたちは農作物への病害虫の発生という形で、日々、農業生産のありかたに対して自然から警告を受けている。その警告に素直に耳を傾けて、昆虫を害虫にしないような社会を目指すことが必要だと思う。

執筆にあたっては、数えきれないほど多くの先輩、友人たちから参考文献や資料、図、写真などの提供を受け、また原稿に対する貴重なご意見をいただいた。これらの皆様に心から感謝の意を表したい。築地書館の土井二郎社長と編集担当の橋本ひとみさんには、この本の出版について大変お世話になったことを厚く御礼申しあげる。また、挿図を描き、原稿を読んで表現上のアドバイスをしてくれた妻、小山晴子にもお礼を言いたい。

二〇一三年三月

仙台市にて　　小山重郎

著者略歴

小山重郎（こやま・じゅうろう）
一九三三年生まれ。
東北大学大学院理学研究科博士課程修了。理学博士。
秋田県農業試験場、沖縄県農業試験場、農林水産省九州農業試験場、同省四国農業試験場、同省蚕糸・昆虫農業技術研究所を歴任し退職。

主な著書

『よみがえれ黄金(クガニー)の島――ミカンコミバエ根絶の記録』（筑摩書房）
『害虫総合防除の原理』（E・F・ニップリング著、共訳、東海大学出版会）
『530億匹の闘い――ウリミバエ根絶の歴史』（築地書館）
『寄生虫放飼による害虫防除法の原理』（E・F・ニップリング著、共訳、東海大学出版会）
『昆虫飛翔のメカニズムと進化』（アンドレイ・K・ブロドスキイ著、共訳、築地書館）
『害虫はなぜ生まれたのか――農薬以前から有機農業まで』（東海大学出版会）
『IPM総論――有害生物の総合的管理』（R・ノリス、E・カスウェル－チェン、M・コーガン著、共訳、築地書館）

昆虫と害虫

害虫防除の歴史と社会

二〇一三年五月一五日　初版発行

著者――――小山重郎

発行者――――土井二郎

発行所――――築地書館株式会社

東京都中央区築地七―四―四―二〇一　〒一〇四―〇〇四五

電話〇三―三五四二―三七三一　FAX〇三―三五四一―五七九九

http://www.tsukiji-shokan.co.jp/

振替〇〇一一〇―五―一九〇五七

印刷・製本――――シナノ印刷株式会社

装丁――――吉野愛

 ISBN978-4-8067-1456-9　C0045

● 築地書館の本 ●

「ただの虫」を 無視しない農業

生物多様性管理

桐谷圭治［著］
2400円＋税　◉2刷

20世紀の害虫防除を振り返り、減農薬・天敵・抵抗性品種などで害虫管理するだけではなく、自然環境の保護・保全までを見すえた21世紀の農業のあり方・手法を解説する。

虫と文明

螢のドレス・王様のハチミツ酒・カイガラムシのレコード

G.ワルドバウアー［著］　屋代通子［訳］
2400円＋税

ミツバチの生み出す蜜蝋はろうそくに、タマバチの作り出す虫こぶはインクの原料に、カイガラムシは美しい赤い染料となり、蚕の繭から絹が生まれる。

人々が暮らしの中で寄り添ってきた虫たちの営みを、丁寧に解き明かした一冊。